一看就懂的
Python 算法教程

THE DESIGN AND ANALYSIS OF
PYTHON ALGORITHM

Python
算法设计与分析

王硕 董文馨 张舒行 张洁 李秉伦 编著

人民邮电出版社

北京

图书在版编目（CIP）数据

Python算法设计与分析 / 王硕等编著. -- 北京：
人民邮电出版社，2020.5（2023.1重印）
ISBN 978-7-115-52900-8

Ⅰ．①P… Ⅱ．①王… Ⅲ．①软件工具—程序设计
Ⅳ．①TP311.561

中国版本图书馆CIP数据核字（2019）第269407号

内 容 提 要

本书内容包括算法初步、排序算法、查找、双指针问题、哈希算法、深度优先搜索算法、广度优先搜索算法、回溯算法、动态规划、贪心算法、分治算法、并查集、最短路径算法和数论算法等常见算法。每个算法都做了深入的讲解，同时通过实例介绍了如何应用这些算法。书中算法都以 Python 语言进行描述。

本书的特色在于讲解知识点的同时，辅以大量生动的例子，以更好地帮助读者深刻理解算法的原理。读者可以通过本书快速了解并掌握这些算法。

本书适合有 Python 语言基础，了解基本数据结构知识，渴望深入学习算法的读者阅读。

♦ 编　著　王　硕　董文馨　张舒行　张　洁　李秉伦
　　责任编辑　刘　博
　　责任印制　王　郁　陈　犇
♦ 人民邮电出版社出版发行　　北京市丰台区成寿寺路 11 号
　　邮编　100164　　电子邮件　315@ptpress.com.cn
　　网址　https://www.ptpress.com.cn
　　北京虎彩文化传播有限公司印刷
♦ 开本：787×1092　1/16
　　印张：15.25　　　　　　　　2020 年 5 月第 1 版
　　字数：438 千字　　　　　　2023 年 1 月北京第 6 次印刷

定价：49.80 元

读者服务热线：(010)81055256　　印装质量热线：(010)81055316
反盗版热线：(010)81055315
广告经营许可证：京东市监广登字 20170147 号

前　言

为什么要写这本书

本书是讲解算法的教材。为帮助大家理解，书中使用了大量的代码和图表。

学习算法不是一件容易的事情，再加上复杂的场景和数学理论，会让算法的学习曲线更陡。因此，本书尽量使用通俗易懂的语言描述。同时，我们选择了 Python 这门简单易懂的语言作为本书的编程语言。对于初学编程的人来说，Python 可以缩短学习编程语言的时间和降低学习编程的难度，使得初学者可以更加关注算法本身的魅力，而不是拘泥于复杂的语法结构。

随着编程学习的深入，大家自然会发现算法才是编程的核心，这也是为什么像 Google、Facebook、阿里巴巴等这类大公司在面试中主要会考查算法的原因。并且，很多算法的智慧都可以应用到人们的生活中去，因此，算法的知识不仅对计算机专业的人有用，大家都应有所了解。

算法离不开数据结构，为此，本书选取了几大经典算法和数据结构进行讲解。而算法和数据结构的学习也能充分锻炼读者的编程和解决问题能力。

本书有何特色

1. 涵盖核心算法知识点

本书涵盖排序算法、查找、双指针问题、哈希算法、深度优先搜索算法、广度优先搜索算法、回溯算法、动态规划、贪心算法、分治算法、并查集、最短路径算法和数论算法共 13 个常见算法，帮助读者全面掌握核心算法的知识点。

2. 以 Python 语言为载体，降低学习难度

抛弃其他复杂的编程语言，本书采用简单的编程语言 Python 作为算法的载体，降低学习算法的难度。

3. 选择经典算法的经典问题，有较高的通用性

本书在简单介绍算法基础以后，选择了 13 个经典算法，重点讲解算法原理，并选择丰富、经典问题进行有针对性的练习和讲解。

4. 提供完善的技术支持和售后服务

由于笔者水平有限，时间仓促，书中难免存在疏漏和不足之处，敬请读者批评指正。欢迎发送邮件至邮箱：317977682@qq.com。读者在阅读本书的过程中有任何疑问，都可以通过该邮箱获得帮助。

本书内容及知识体系

第 1 章　算法初步

本章详细介绍了算法的本质、意义和应用。在了解算法本质的同时，要掌握时间复杂度和空间复杂度，以判断一个算法的效率和实用性。时间复杂度和空间复杂度是衡量一个算法优劣的标尺。

第 2 章　排序算法

本章讲解了 8 种常用排序算法，重点在于理解各个排序算法的核心思想，并把它们应用到其他算法中。

第 3 章　查找

本章讲解了顺序查找、二分查找及树中的查找这三大类查找方法，其中详细讲解了二叉搜索树的操作以及 AVL 树的平衡方法，并给出了部分示例程序。合理地使用二分查找、二叉搜索树和平衡树，可以使查找效率大大提高。

第 4 章　双指针问题

"指针"是编程语言中的一个对象，它存储着一个内存空间的地址，计算机可以通过这个地址找到变量的值。也就是说，这个特定的地址指向这个特定的值。指针最大的优点在于它可以有效利用零碎的内存空间。双指针问题通过两个指针辅助求解。

第 5 章　哈希算法

哈希算法也是一种查找算法，应该说哈希算法是最快的查找算法。使用哈希算法解决查找问题，不仅效率高、代码少，而且容易理解。读者在遇到查询问题能用哈希算法的时候，一定要记得使用哈希算法。

第 6 章　深度优先搜索算法

深度优先搜索算法是经典的图论算法，深度优先搜索算法的搜索逻辑和它的名字一样，只要有可能，就尽量深入搜索，直到找到答案，或者尝试了所有可能后确定没有解。

第 7 章　广度优先搜索算法

广度优先搜索算法与深度优先搜索算法类似，也是查询的方法之一，它也是从某个状态出发查询可以到达的所有状态。但不同于深度优先搜索算法，广度优先搜索算法总是先去查询距离初始状态最近的状态，而不是一直向最深处查询结果。

第 8 章　回溯算法

回溯算法和"暴力"线性搜索法的相似点在于两者在最坏的情况下都会尝试所有的可能，导致时间复杂度为指数级别。与"暴力"线性搜索法相比，回溯算法是一种有条理的、最优化的搜索技术。回溯算法会通过提前放弃一些已知不可能的选择，加快速度。

第 9 章　动态规划

动态规划是一种算法设计技术，通常用于求解最优化问题。它和分治算法很类似，都是通过划分并求解子问题来获得原问题的解。但与分治算法将子问题递归求解不同，动态规划旨在剔除递归中的重叠子问题，对每个子问题只求解一次，从而可以极大地节省算力资源。

第 10 章　贪心算法

算法求解虽比一般的递归求解资源消耗小，但是我们通常还是要将每个子问题都求解出来。对于很多最优化问题而言，我们还能不能简化呢？答案当然是肯定的，这就需要使用贪心算法。

第 11 章　分治算法

分治算法的主要思想是将原问题分成若干个子问题，解决这些子问题再最终合并出原问题的答案。在计算过程中，子问题会被递归地分解成更小的子问题，直到子问题满足边界条件。最后，算法会层层递归回原问题的答案。

第 12 章　并查集

并查集是解决图的遍历问题的一种优化数据结构，在元素的划分和查找问题中，可以有效降低解决问题时的时间复杂度。

第 13 章　最短路径算法

从手机导航到人工智能，最短路径问题在人们生活中无处不在。在之前介绍了关于图的基本知识，包括权重、路径、有向图及无向图。这一章则介绍四个解决最短路径问题的算法。

第 14 章　数论算法

本章详细介绍了欧几里得算法、扩展欧几里得算法、中国余数定理以及两个素性检验算法：费马素性检验与米勒-拉宾素性检验。数论中的算法在计算机领域可能不像排列或查找那么常见，但是它们在密码学中十分重要。另外，除米勒-拉宾素性检验，这些算法都历史悠久，希望读者在学习的同时也感受一下古人的智慧。

适合阅读本书的读者

- 需要全面学习算法的人员。
- 对编程算法感兴趣的人员。
- 希望提高算法水平的程序员。
- 开设相关课程的大专院校师生。

目　录

第1章
算法初步

1.1　什么是算法

1.1.1　算法的定义

对算法的解释，从古至今定义是不唯一的。本书给出的算法的定义是：一系列用来解决单个或多个问题，或有执行计算功能的命令的集合。而联系上输入与输出，算法就是将输入转换为输出的一系列计算步骤的集合。生动地讲，可以把一个程序比作一道菜。如图 1-1 所示，做菜的原材料就是输入，做出来的成品即为输出；而算法，就是做菜过程中的复杂步骤。

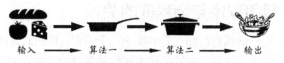

输入 ———→ 算法一 ———→ 算法二 ———→ 输出

图 1-1　算法和做菜步骤的对比

算法的本质其实是数学的理论与推导。在还没有发明求和公式之前，如何求出 $1+2+3+\cdots+n$？逐个数求和虽能算出答案，但终究过于繁杂，如果 $n=10000$ 呢？但反观求和公式，无论 n 取多大的值，计算的步骤和繁琐程度基本不会增加。这就是算法存在的意义。人类在解决复杂问题时所采用的一系列特定的方法，即为算法。

1.1.2　算法与程序的区别

算法和程序的定义有很大交集。通常来说，（计算机）程序指一组计算机能识别和执行，并有一定功能的指令。后者的定义似乎和算法很相似，但两者最大的区别在于程序是以计算机能够理解的各式各样的编程语言编写而成的，而算法是可以通过编程语言、图绘、口述等人能够理解的方式来描述的，不一定局限于编程语言的诠释，如图 1-2 所示。不过，算法和程序之间并没有明确的分界线，理解二者的意思就足够了。

刚才曾提过，算法是一种以数学为本质的计算方法。然而作为方法，则必有正确（可行）、不正确（不可行），高效、低效之分。若一个算法对每一个恰当的输入（严格地符合问题的前提条件，且可以为空）都以正确的输出终止程序，则可以称该算法是正确的，并正确地解决了给定的

图 1-2　算法和程序的关系

算法　　　程序

不受计算机指令形式式的限制

可以通过各种形式呈现

其宗旨都是实现一定的功能来解决问题

程序中的指令必须具有可执行性

通过编程语言实现

问题。若算法以不正确的输出而终止程序，或根本无法终止程序（如程序陷入死循环），则这个算法是不正确的。

但显而易见，不是所有的算法都可以通过输入和输出的正确和不正确而简单地分为两大类。譬如人们要预测未来特定事件发生概率，而这种问题无法用结果来检验解决方法正确与否。因此，算法的正确性的检验也可以回溯到其本质，就是数学的检验，也就是说用数学来证明算法的正确性或可行性。

对算法至关重要的不只有其正确性，还有它的效率。人类至今的发展，提高最迅速的可以说就是计算的效率了。从原始人的结绳计数，到现在的超级计算机，计算能力的提升不是区区几个数量级能说明的。但很不幸，当今计算机的运算速度不是无限快，存储器也不是免费的，所以如何高效地利用好有限的时间和空间就是算法存在的意义。有趣的是，求解相同问题而设计的不同算法在效率方面通常有显著的差异，而这些算法效率上的差异要比在硬件或者软件效率上的差异大得多。

回到 1+2+3+⋯+n 这个求和问题中。一定程度上说，逐个数相加也可以被看作一种解决求和问题的算法，一种简单、低效的算法。相反，求和公式则是一种较复杂、高效的算法。但如何来评判一个算法是否高效？时间复杂度和空间复杂度就是很好的丈量工具。

1.2　时间复杂度

1.2.1　运行时间和程序复杂程度的关系

一个高级语言编写的程序的运行时间主要取决于三个因素：算法的方法、策略（复杂度），问题的输入规模，计算机执行指令的速度。问题的输入规模是客观的、限定的，要加快算法的效率绝不能影响问题的输入规模；计算机执行指令的速度虽然可以有显著提升，但其发展时间较长，也不是确定的，总不能终日盼着计算机性能的提升。所以提高算法的效率，减少程序运行时间，改进算法的策略是至关重要的。

在讲解时间复杂度之前，需先引入一个概念——时间频度。时间频度代表一个算法中的语句执行次数，其又称为语句频度。显然，时间频度越高的算法运行的时间越长。

时间频度也可被记为 $T(n)$，其中 n 为问题的规模，即输入值的规模。当 n 不断变化时，时间频度 $T(n)$ 也会不断变化。为了探究自变量 n 和因变量 $T(n)$ 变化的关系，我们引入时间复杂度这个概念。不同于时间频度，时间复杂度考察的是当输入规模趋于无穷时，时间频度的渐近情况。时间复杂度的具体定义为：若有某个辅助函数 $f(n)$，使得 $\dfrac{T(n)}{f(n)}$ 的极限值（当 n 趋近于无穷大时）为不等于 0 的常数，则称 $f(n)$ 是 $T(n)$ 的同数量级函数。记作

$$T(n) = O(f(n))$$

$O(f(n))$ 称为算法的渐进时间复杂度，简称时间复杂度。在数学上，O 符号（Landau 符号）用来描述一个函数数量级的渐近上界。因为 O 符号表示法并不是真实代表算法的执行时间，而是表示代码执行时间的增长变化趋势。

1.2.2　时间复杂度是渐进的

如果我们将算法中的一次计算记为 1，那么如果有 n 个输入值，算法对每一个输入值做一次运算，那么整个算法的运算量即为 n。这个时候，我们就可以说，这是一个时间复杂度为 $O(n)$ 的算法。

同理，如果仍有 n 个输入值，但算法对每一个输入值做一次运算，这个操作需要再重复 n 次，那么整个算法的运算量即为 $n \cdot n = n^2$，时间复杂度为 $O(n^2)$。这时如果对每一个输入值做一次运算，这个操作需要重复 $n+1$ 次，算法运算量变为：

$$n \cdot (n+1) = n^2 + n$$

这时的时间复杂度是否变为 $O(n^2+n)$？上文曾提到时间复杂度考察的是当输入量趋于无穷时的情况，所以当 n 趋于无穷的时候，n^2 对算法运行时间占主导地位，而 n 在 n^2 面前就无足轻重，不计入时间复杂度中。换句话说，n^2+n 渐近地（在取极限时）与 n^2 相等。此外，就运行时间来说，n 前面的常数因子远没有输入规模 n 的依赖性重要，所以是可以被忽略的，也就是说 $O(n^2)$ 和 $O\left(\dfrac{n^2}{2}\right)$ 是时间复杂度相同的，都为 $O(n^2)$。

1.2.3　简单程序的时间复杂度分析

让我们先看一段代码：

```
def square(n):
    Partial_Sum = 0
    for i in range(1, n + 1):
        Partial_Sum += i * i
    return Partial_Sum
```

上面是一段求 n 以内自然数的平方和的代码，其时间复杂度的分析也相对简单。代码的第二行只占一次运算，因为变量的声明不计入运算之中而赋值为一次运算。第三行的 for 循环中 i 从 1 加到了 n，其中过程包括 i 的初始化、i 的累加和 i 的范围判断（每执行一次 for 循环其实都要判断 i 是否超过了所定义的范围），分别消耗 1 次运算、n 次运算和 $n+1$ 次运算（当 n 为 $n+1$ 时判断仍会执行，所以从 1 到 $n+1$ 共 $n+1$ 次运算）。至此，代码的前三行共进行了 $2n+3$ 次运算。第四行是相乘、相加和赋值三个功能的组合的代码，相乘需 n 次运算，相加需 n 次运算，而赋值也需 n 次运算，所以第四行一共进行了 $3n$ 次运算。最后一行返回消耗一次运算。

总体来看，这段代码一共需进行 $2n+3+3n+1 = 5n+4$ 次运算。根据上文的渐进原则，这段代码的时间复杂度为 $O(n)$。

通过上面的分析，可以看出细致的时间复杂度分析十分烦琐。但毕竟时间复杂度追求渐进原则，所以在这里为大家整理了一下快速算时间复杂度的技巧。

1. 循环结构

```
for i in range(1, k*n+m+1):
    I += 1
```

上述代码中的 n 为输入规模，k、m 均为已知常数。依旧根据之前的步骤分析时间复杂度：第一行代码是一个 for 循环，一共会进行 $2(k \cdot n + m) + 2$ 次运算，而第二行无论多么复杂，也只会进行 $d \cdot n$ 次运算（d 为一个常数）。我们会发现，for 循环中的运算次数一定在 n 的有限倍数以内。因此根据渐进原则，只要 for 循环的循环范围是在 n 的有限倍数以内（range 的上界始终可以被表示为 $k \cdot n + m$ 的形式），则一个 for 循环的时间复杂度必然为 $O(n)$。换句话说，我们可以忽略 for 循环里的赋值、比较、增值等操作，而单纯地将这些操作看成一个时间复杂度为 $O(n)$ 的整体。

```
while(n > 0):
    Partial_Sum += 1
    n -= 1
```

while 循环和 for 循环其实异曲同工。while 循环中，除没有新声明一个变量 i 并赋初值外，其余的运算几乎和 for 循环相同，所以 while 循环的时间复杂度也为 $O(n)$。

```
for i in range(n):
    for j in range(n):
        Partial_Sum += 1
```

我们将两个 for 循环迭代在一起。现在我们可以大胆假设一个 for 循环的时间复杂度为 $O(n)$，而对于第一行 for 循环中的每一个 i，都会对应 n 个不同的 j，而每一个 j 都会对应 Partial_Sum 的一次相加和赋值。所以在有 n 个不同的 i，每个 i 会对应 n 的不同的 j 的情况下，会有 $n \cdot n = n^2$ 次第三行的操作。在这里我们可以说这段代码的时间复杂度为 $O(n^2)$。实际上，真实的运算次数会有 $k \cdot n^2$（k 为一个常数）次，其中 k 始终是有限的，尽管 k 有时会非常大。所以当我们考虑 n 趋于无穷的时候，常数因子 k 就可以被忽略了。

```
for i in range(n):
    Partial_Sum += 1
for i in range(n):
    for j in range(n):
        Partial_Sum *= 2
```

如果我们把一个单层 for 循环和一个双层 for 循环并列，如上所示的代码的时间复杂度可以计算出为 $O(n) + O(n^2) = O(n + n^2)$。当然，由于渐进原则，$O(n)$ 的复杂度可以被忽略，所以整段代码的时间复杂度仍是 $O(n^2)$。

综上所述，我们可以总结出循环结构时间复杂度的一些规律。

- 无论是 for 还是 while 循环，只要循环的范围可以表示为 $k \cdot n + m$，则该循环的时间复杂度为 $O(n)$。
- 如果循环中嵌套循环，则时间复杂度将变成每一层循环的时间复杂度相乘的结果。
- 在决定时间复杂度时，往往只需要关注层数最多 for 循环结构的时间复杂度，因为其他循环的时间复杂度很大程度上会被忽略。

2. 分支结构

所谓分支结构，就是 if…elif(elseif)…else 的结构，一般解决条件不同的平行问题。以下代码即为分支结构的一些例子：

```
if n % 2 == 0:          #分支 S1
    n //= 2
    for i in range(n):
        Partial_Sum += 1
else:                   #分支 S2
    n -= 1
```

因为分支即意味着不可兼得，所以绝不可能出现同时进入同一个前提下的两个分支的情况。因此我们可以得出结论，一个分支结构的运行时间绝不会超过前提条件判断的运行时间（如上面代码中的 $n\%2 == 0$），加上分支结构中较复杂的分支的运行时间（如上面代码中的第一个分支 S1）。

所以面对简单的分支结构，我们可以大胆估计，虽然估计的结果会比实际的大一些。当然，适当的计算也可以使我们的估计更加准确，其也需因情况而定。

3. 递归结构

递归，指一个函数的定义中包含了调用自身的语句。通过使用递归，一个复杂的问题可以被转化成一个相似但相对简单的问题，使用少量的代码就可以实现大量相似的运算。

我们都听过一个故事：从前有座山，山上有座庙，庙里有一个小和尚和一个老和尚，老和尚对小和尚说："从前有座山，山上有座庙，庙里有一个小和尚和一个老和尚，老和尚对小和尚说'从前有座山，山上有座庙……'"我们无法用有限语言讲完这个故事，但是递归可以帮助我们用有限的代码来完成这项任务，代码如下：

```
def story():
    print("从前有座山，山上有座庙，庙里有一个小和尚和一个老和尚，老和尚对小和尚说")
    story()
```

请不要运行这段代码！因为缺少边界条件，所以这是一个无限循环的函数。这个例子的意义在于展示递归对重复循环进行概括的能力。

创建递归函数时，通常有三个主要结构需要考虑：边界条件、递归前进阶段和递归返回阶段。

边界条件指停止递归的条件。如果没有边界条件，递归可能无限循环地自我调用，如上例。边界条件语句一般根据函数的参数或者全局变量的值作出判断，如果判断为已经到达递归底层，则使用 return 语句返回上一层递归，否则继续递归。

递归前进阶段，始于边界条件之后，止于自我调用。而递归返回阶段，指自我调用的进程返回后，还需要再执行的代码。一些递归函数没有返回阶段，这主要取决于需实现的具体功能。

在图 1-3 中，递归的三个结构已经用大括号标记出来了。

```
            def recurse(n):
边界条件  {    if n < 1:
                return
            for i in range(1, n+1):
递归前进阶段 {   print(i)
                recurse(n-1)
递归返回阶段 {  print('END')
            recurse(5)
```

图 1-3　递归函数

运行这段程序，输出结果如下：

```
1
2
3
4
5
1
2
3
4
1
2
3
1
2
1
END
END
END
END
END
```

在程序主体中调用 recurse 函数时，数据 5 被传给了 recurse 函数中的 n。此时，递归的边界条件并未达到，所以 for 循环输出了从 1 到 n 的所有整数。随后，再次调用自身，并使下一个传入函数的数据值减 1。一直到 n 减少到 0 时，函数达到边界条件，返回上一层并执行返回阶段的代码。由输出结果我们可以看出，代码中的前进阶段全部运行完毕后，递归函数才会来到返回阶段。

需要注意的是，设计递归函数时，边界条件要与递归调用语句相对应。以图 1-3 中的程序为例，如果 recurse 函数在调用自身的时候，传入下一层递归的数据是 $n+1$，那么边界条件永远不会判定为真，递归也永远不会停止。

虽说递归方便操作，但由于计算机对每一层递归进行压栈操作，所以过多层的递归容易造成栈溢出，效率也比一般的循环算法低。同时，由于递归重复调用自身，在对程序进行手动调试时也会因为逻辑较为复杂而降低效率。但是，在一些特定的情况下，递归是最适合解决问题的算法。

大部分递归算法是可以用循环结构来解决的，例如：

```python
def factorial(n):
    if n == 1:
        return 1
    else:
        return n * factorial(n - 1)
```

这类递归函数就很容易用循环来完成。

```python
def factorial(n):
    result = 1
    for i in range(1, n + 1):
        result *= i
    return result
```

被改写完的函数与原函数实现的功能完全一样，除额外的赋值运算外，基本运算次数没有改变。因此我们可以得出结论，前者递归函数的时间复杂度与后者 for 循环函数相同，都为 $O(n)$。

但如果递归函数无法被完美地写成 for 循环或者 while 循环结构，就需要细致地分析递归函数的细节和原理。

```python
def feb(n)
    if n <= 1:
        return 1
    else:
        return feb(n - 1) + feb(n - 2)
```

如上所示的是一个计算斐波那契数列函数。而我们都知道斐波那契数列的公式为：

$$f(n) = f(n-1) + f(n-2)$$

因为 return 不计入运算，而判断语句为一次运算，所以假设当输入规模为 n 时该函数的运行次数为 $T(n)$，通过上面公式我们可以得到：

$$T(n) = (T(n-1)+1) + (T(n-2)+1)$$

由于常数不会影响到函数整体的时间复杂度，所以可以被简化为：

$$T(n) = T(n-1) + T(n-2)$$

到这一步，我们已经知道当输入规模为 n 时，斐波那契数列函数时间复杂度的递推公式，而我们只需求出通项公式即可分析出其时间复杂度为 $O\left(\left(\dfrac{1+\sqrt{5}}{2}\right)^n\right)$，约为 $O(1.618^n)$，简化默认为指数级复杂度 $O(2^n)$。可以看出，该斐波那契数列函数的时间复杂度成指数增长，说明这是一个较为低效的递归函数。

1.2.4　时间复杂度的意义

计算时间复杂度的意义在于何处呢？读者或许认为，两个不同算法的时间复杂度的差距还没有刚才所提到的优化算法优化的程度高，但其实如果输入规模极为庞大，时间复杂度的差距能使计算机运算的效率提升很多个数量级。

以经典的排序算法为例。简单、基础的插入排序算法（后文将详细介绍），其时间复杂度是

$O(n^2)$。但有更高效的算法可以解决排序问题，如归并排序（后文将详细介绍），其时间复杂度为 $O(n\lg n)$。

如图 1-4 所示，实线代表 n^2，虚线代表 $n\lg n$。从图 1-4 中可以基本看出 n^2 和 $n\lg n$ 的增长趋势。当 $n=1000$ 时，$\lg n$ 大致为 3，$n\lg n$ 大致为 3000，而 $n=1000000$ 时，$\lg n$ 大致为 6，$n\lg n$ 大致为 6000000。如此看来结果一目了然，当输入的规模较小时，插入排序通常会比归并排序运行时间短，但当输入规模逐渐增大时，归并排序的速度将远超插入排序。

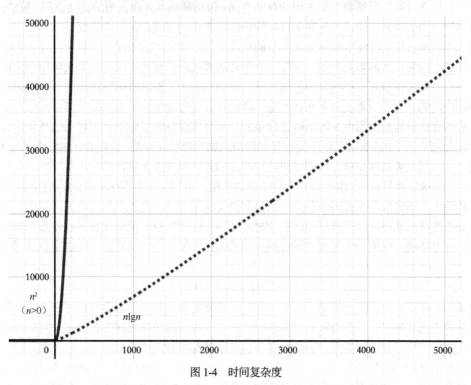

图 1-4　时间复杂度

举一个具体的例子，我们现在用两台完全相同的计算机甲和乙，分别运行插入排序和归并排序来解决输入规模为 1000 万的排序问题（这 1000 万个数都会是 8 字节的整数，并存在一个数组或列表中；而总的输入所需的存储空间大约 80MB，完全不会影响一台计算机的运算效率）。假设两台计算机每秒能执行 1000 亿条指令；同时假设使用计算机甲的程序员巧妙地使用机器语言实现插入排序，结果整个代码需要 $2n^2$ 条指令的运算。使用计算机乙的程序员仅使用普通的高级语言来编写归并排序，整个代码需要执行 $50n\lg n$ 条指令的运算。在这种情况下，为了排序这 1000 万个数，使用插入排序的计算机甲需要：

$$2\times\frac{(10^7)^2 \text{条指令}}{(10^{10})\text{条指令/秒}}=2\times10^4 \text{秒}\approx5.6\text{小时}$$

而使用归并排序的计算机乙需要：

$$50\times\frac{(10^7\lg10^7)\text{条指令}}{(10^{10})\text{条指令/秒}}=0.35\text{秒}$$

显然，运行时间的差距是复杂度前的常数因子无法弥补的。而如上所示的只是输入规模为 1000 万的情况，运行时间差距之大不言自明。若是输入规模为 1 亿或 10 亿呢？这两个算法的运行时间差距就会让人讶异。一般来说，随着输入规模的增大，时间复杂度越低的算法的优势越明显。

虽然时间复杂度可以定量地描述出一个算法的复杂度，但时间复杂度在一定情况下是会变化的。

比如说，如果运用快速排序算法来对一序列数进行排序，时间复杂度会因原始的输入序列不同而改变，输入序列与排序后的序列越接近，更改元素位置的次数越少，时间复杂度越小。

1.3　空间复杂度

一个算法在计算机存储器上所占用的存储空间，包括算法本身所占用的存储空间，算法的输入、输出数据所占用的存储空间，算法在运行过程中临时占用的存储空间三个方面。

算法本身所占用的存储空间由算法本身的长度决定。在大多数情况下，算法自身占用的空间对算法整体的空间复杂度的影响有限。毕竟一个手写的算法的长度是有限的，而代码用字符串的方式存储，不会占用过多空间。在绝大多数情况下，算法的输入、输出数据所占用的存储空间是由要解决的问题决定的，它不随算法的不同而改变。算法在运行过程中临时占用的存储空间随算法的不同而异。有的算法只需要占用少量的临时工作单元，而且这些临时工作单元不随问题规模的大小而改变。有的算法需要占用的临时工作单元数量与解决问题的规模 n 有关，它随着 n 的增大而增大，当 n 较大时，将占用较多的存储单元，例如快速排序和归并排序就属于这种情况。

而空间复杂度就是对一个算法所需存储空间的量度，但其并不考虑算法本身所占用的存储空间。若算法的输入、输出数据所占用的存储空间只取决于问题本身，则也不列入考虑范围中。因为后两个因素并不能精准地体现一个算法的优劣。类似于时间复杂度，空间复杂度也是自变量为输入规模 n 的函数，并考察输入规模趋于无穷时所占用空间的渐近情况，所以空间复杂度也用 O 符号来表示，记作

$$S(n) = O(f(n))$$

直接插入排序的时间复杂度是 $O(n^2)$，而空间复杂度是 $O(1)$，因为插入排序只是在已存储好的数组或列表上进行排序，不需要额外存储临时变量。一般的递归算法就要有 $O(n)$ 的空间复杂度了，因为每次递归都要存储返回信息，否则大部分递归运算都在做无用功。

时间复杂度和空间复杂度往往是相互制约、相互影响的。在解决同一个问题的时候，当追求降低时间复杂度时，可能会不可避免地提高空间复杂度，即可能导致占用较多的存储空间；反之，当追求降低空间复杂度时，可能会不可避免地提高时间复杂度，即可能导致占用较长的运行时间。所以在设计一个算法的同时，要综合考虑算法的各项性能，从而更有效地提高效率。

1.4　算法的应用

算法无论在任何方面都是极为实用的，因为其能为解决实际问题大幅提高效率。算法的应用无处不在，小到普通的排序问题，大到最近举世瞩目的神经网络和深度学习，无论是现实中的实际问题，还是网络上的虚拟产物，都很容易寻觅到算法的影子。在此列举几个赫赫有名的例子。

1. 深度学习

神经网络和深度学习可谓当今最热门的算法，而如今这两个算法的应用范围有目共睹——从图像识别到 AlphaGo，再到语音识别和机器翻译，人工智能一次又一次地刷新人们对信息学的认识。神经网络是以脑神经学中的神经元为参考，以一个神经元为基本运算单位，并以若干个神经元设为一层，在层与层之间通过激活函数链接，形成的一个复杂的网络。该网络可以利用 BP 算法（Back Propagation Algorithm）让一个人工神经网络从大量样本中训练统计规律，从而对未知事件做出预测。深度学习则更要高深，且出现得也较晚，其也可以被看作神经网络的升级版。深

度学习的主旨在于强调神经网络模型的深度。其在神经网络模型的基础上减少了参数的繁杂度，更加逼近人脑工作的机制。最著名的例子便是卷积神经网络（CNN），其极大地加强了计算机的图像识别功能。

2. 人类基因工程

人类基因工程发展极为迅速，基因的解码是生物学发展的焦点问题。其目标是在已知构成人类 DNA 的 30 多亿个碱基对中识别确定有特定作用的基因，以治疗有关基因的疾病。目前基因的修改剪切技术已经相对成熟，而如何快速地定位所有引发特定疾病的不良基因，并确保不改变良好的正常基因，就必然需要计算机在数据库中存储信息并为数据分析提供复杂的算法支持。计算机的高效算法计算能力使科学家在这个领域能从实验中获取更多有用的新基因信息，极大地减少了实验的投入。

3. 搜索引擎和网络爬虫

搜索引擎的核心机制其实就是网络爬虫（也称为网络蜘蛛）。为了高效地为客户提供搜索结果，搜索引擎往往会先收集互联网中成千上万的网页，并根据网页中的关键字建立数据索引库。搜索引擎和网络爬虫收集网页的过程都会以基础的 BFS（广度优先搜索）、DFS（深度优先搜索）为核心思想，并针对要抓取的网页附加更有针对性的复杂算法，如网页过滤算法等。随着搜索技术越来越成熟，其算法的复杂程度也逐渐提高，但溯其本源仍是简单的搜索算法。

1.5　Python 算法的优势

目前，Python 已经发展成为世界上最受欢迎的编程语言之一，使用非常广泛。由于 Python 的简洁性和丰富的第三方库，相比其他编程语言，使用它编程会更加容易。

Python 是一种非常高级的语言，为我们提供了很多高级的数据结构和相关操作，例如，列表这一数据结构就比其他语言的类似结构使用起来方便很多。同样，针对不同算法，Python 也提供了集合、字典等非常高效的数据结构，操作非常简单，可以直接使用。这一点，不像其他语言（如 C 语言），只提供数组、指针等低级的数据结构，还需要我们自己编写相应的增、删、改、查等方法才能实现算法。

使用 Python 学习算法，最大的优势就是可以看到复杂的算法是怎样一步步地从基本的语言机制实现出来。由于 Python 语法的简洁，使得编写算法不用拘泥于复杂的语法，而更关注算法的思想本身——这不就是学习算法的目的吗？

1.6　小结

本章详细介绍了算法的本质、意义和应用。在了解算法本质的同时，要掌握时间复杂度和空间复杂度来判断一个算法的效率和实用性。时间复杂度和空间复杂度是衡量一个算法优劣的标尺。面对相同问题时，算法的复杂度越低，证明算法的效率越高。本质上，输入规模往往是对空间复杂度与时间复杂度影响最大的因素。对于时间复杂度来说，输入量越多，所需处理的数据量越多，计算次数越多，算法运行的时间越多。对于空间复杂度来说，因为绝大多数算法需要占用的临时工作单元数量与解决问题的规模（输入规模 n）有关，所以输入规模不但影响算法对输入数据的存储空间，还影响了算法临时占用的空间。

算法在现实中的应用有很多，而有更多的高效算法需开发。算法在生活中无处不在，意义非凡。表 1-1 为常见排序算法的复杂度汇总。

表 1-1　　　　　　　　　　　常见排序算法的复杂度汇总

排序算法	平均时间复杂度	最优时间复杂度	最差时间复杂度	空间复杂度
选择排序	$O(n^2)$	$O(n^2)$	$O(n^2)$	$O(1)$
插入排序	$O(n^2)$	$O(n)$	$O(n^2)$	$O(1)$
冒泡排序	$O(n^2)$	$O(n^2)$	$O(n^2)$	$O(1)$
快速排序	$O(n\lg n)$	$O(n\lg n)$	$O(n^2)$	$O(n\lg n)$
堆排序	$O(n\lg n)$	$O(n\lg n)$	$O(n\lg n)$	$O(1)$
归并排序	$O(n\lg n)$	$O(n\lg n)$	$O(n\lg n)$	$O(n)$

1.7　习题

1. n、a 变量为已知输入，x 变量已被定义，请计算每段代码的时间复杂度。

（1）

```python
for i in range(n):
    x++
```

（2）

```python
for i in range(n):
    for j in range(n):
        x++
```

（3）

```python
for i in range(n):
    for j in range(i):
        x++
```

（4）

```python
for i in range(n):
    for j in range(i*i):
        x++
```

（5）

```python
def power_recur(n, a):
    if a > 0:
        return n * power_recur(n, a - 1)
    else:
        return 1
```

2. 比较插入排序和归并排序的优劣：对数据规模为 n 的输入，假设插入排序需运行 $10n^2$ 条指令，而归并排序需运行 $100n\lg n$ 条指令。问：对于哪些 n 值而言，插入排序优于归并排序？对于哪些 n 值而言，插入排序劣于归并排序？

3. 假设每一个求解问题的算法需要 $f(n)$ 毫秒，已知函数 $f(n)$ 和时间 t，确定在时间 t 范围内可以求解的问题的最大输入规模 n。已知条件及需要填写的参数如表 1-2 所示。

表 1-2 习题 3 表

$f(n)$	$t=1$ 秒时的最大输入规模 n	$t=1$ 分时的最大输入规模 n	$t=1$ 小时时的最大输入规模 n
$\sqrt{n}$			
n			
n^2			
$\lg n$			
$n\lg n$			
2^n			

4. 举一个在生活中算法的例子，详细谈谈其是怎么提高效率的。

第2章
排序算法

排序通常指把毫无规律的数据，按照一种特定的规律，整理成有序排列的状态。一般情况下，排序算法按照关键字的大小，以从小到大或从大到小的顺序将数据排列。

排序算法是最基础也是最重要的算法之一，在处理大量数据时，使用一个优秀的排序算法可以节省大量时间和空间。因为不同的排序算法拥有不同的特点，所以我们应根据情况选择合适的排序算法。

2.1 初级排序算法

初级排序算法是指几种较为基础且容易理解的排序算法。初级排序算法包括插入排序、选择排序和冒泡排序 3 种。虽然它们的效率相对于高级排序算法偏低，但是在了解初级排序算法之后，再去学习相对复杂的高级排序算法会容易许多。

2.1.1 插入排序

直观地讲，插入排序算法是把给定数组中的元素依次插入到一个新的数组中，最终得到一个完整的有序数组。

在第 1 章中，我们已经讲过如何计算时间复杂度与空间复杂度，所以本章不再给出计算过程。插入排序的平均时间复杂度是 $O(n^2)$ ，最好情况下的时间复杂度是 $O(n)$ ，最坏情况下的时间复杂度是 $O(n^2)$ 。它的空间复杂度是 $O(1)$ 。

插入排序是一个稳定的排序算法。这里涉及一个新的概念：排序算法的稳定性。

排序算法可以分为稳定的算法和不稳定的算法两类。在一个数组中，我们假设存在多个有相同关键字的元素。如果使用算法进行排序后，这些具有相同关键字的元素相对顺序一定保持不变，那么我们称这个排序算法为稳定的排序算法。冒泡排序、插入排序和归并排序等都是稳定的排序算法。而不能保证这些元素排序前后的相对位置相同的算法，就是不稳定的排序算法。选择排序、希尔排序和快速排序等都是不稳定的排序算法。

直接插入排序的实现过程较为直观。

排序开始时，对范例数组的每一个元素进行遍历。如图 2-1 所示，虚线的左侧表示已经有序的元素，右侧表示待排序的元素。

初始状态下，所有的元素都处于无序的状态，所以它们都在虚线的右侧。首先遍历的是第一个元素，这时候有序的数组为空（暂且把整个数组在虚线左侧的部分考虑成一个整体），所以第一个元素插入左侧的数组后必定是有序的。

第一个元素插入完成后，接下来遍历的是整个数组中的第二个元素。

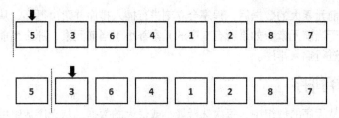

图 2-1　插入第一个元素

此时，我们就要考虑：如何使左侧有序的数组在新元素插入后保持有序？答案是再遍历一遍左侧有序的数组，找到正确的位置再插入新的元素。如图 2-2 所示，第二个元素 3 比有序数组中的 5 小，所以应该把它插入到 5 的左侧。

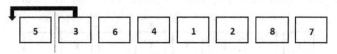

图 2-2　插入第二个元素

如图 2-3 所示，随后的过程是相似的。依次遍历无序数组中的元素，并把它们插入到有序数组中正确的位置。

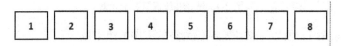

图 2-3　插入排序完成

当对无序数组的遍历完成后，有序数组中就包含了所有原始数组中的元素。这时候对原始数组的排序就完成了。

插入排序的代码再现了这个移动元素的过程。以下代码将数组 nums 正序排序。

插入排序代码：

```
nums = [5,3,6,4,1,2,8,7]
for i in range(1, len(nums)):        #遍历未排序的元素
    for j in range(i):               #遍历已有序的元素
        if nums[j]>nums[i]:          #找到插入位置
            ins = nums[i]
            nums.pop(i)
            nums.insert(j, ins)
            break                    #完成插入后跳出 for 循环
print(nums)
```

运行程序，输出结果为：

```
[1,2,3,4,5,6,7,8]
```

代码中，第一个 for 循环用于遍历未排序元素。在上面的演示中，我们知道下标为 0 的元素，也就是第一个元素，已经处于有序状态，所以可以直接从第二个元素开始插入排序，使用 range(1, len(nums))。

第二个 for 循环用于遍历已排序的元素，也就是下标小于当前元素的所有元素，所以使用 range(i)。判断插入位置时，由于我们想把元素递增地排列，所以当前元素的插入位置应是在第一个大于它的数据之前。

因为找到比当前元素大的数据后，程序会立刻进行插入排序并跳出循环，从而可以确定已经遍历过的元素必定小于当前元素。如果所有有序的元素都小于当前元素，那么当前元素应当留在原来的位置上，不必再进行插入排序。

2.1.2　选择排序

选择排序表示从无序的数组中，每次选择最小或最大的数据，从无序数组中放到有序数组的末尾，以达到排序的效果。

选择排序的平均时间复杂度是 $O(n^2)$，最好情况下的时间复杂度和最坏情况下的时间复杂度都是 $O(n^2)$。另外，它是一个不稳定的排序算法。

选择排序的过程很容易理解。如图 2-4 所示，我们仍以递增排序的算法为例，先遍历未排序的数组，找到最小的元素。然后，把最小的元素从未排序的数组中删除，添加到有序数组的末尾。

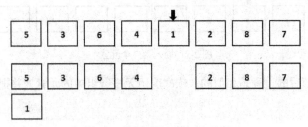

图 2-4　选择并放置第一个元素

因为最小的元素是 1，所以 1 被添加到仍为空的有序数组末尾。

如图 2-5 所示，我们继续对剩余元素进行遍历。这次，最小的元素是 2。我们把它添加到已排序的数组末尾。由于已在有序数组中的元素必定小于未排序数组中的所有元素，所以这步操作是正确无误的。

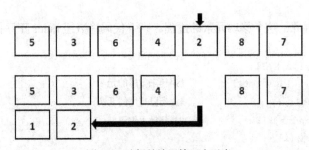

图 2-5　选择并放置第二个元素

如图 2-6 所示，重复上述步骤，当未排序数组中只剩下一个元素时，把它添加到已排序的数组末尾，整个数组的排序就完成了。

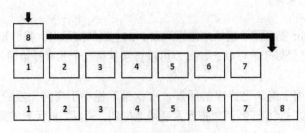

图 2-6　选择并放置剩余元素

以下代码采用图 2-4～图 2-6 中的思路，将数组 nums 进行正序排序。

选择排序代码（基础版）：

```
nums = [5,3,6,4,1,2,8,7]
res = []        #用于存储已排序元素的数组
while len(nums): #当未排序数组内还有元素时，重复执行选择最小数的代码
    minInd = 0 #初始化存储最小数下标的变量，默认为第一个数
    for i in range(1, len(nums)):
        if(nums[i] < nums[minInd]): #更新最小数的下标
            minInd = i
    temp = nums[minInd]
    nums.pop(minInd) #把最小数从未排序数组中删除
    res.append(temp) #把最小数插入到已排序数组的末尾
print(res)
```

运行程序，输出结果为：

```
[1,2,3,4,5,6,7,8]
```

代码中，外层的 while 循环用于判断是否所有的元素都已经进入有序的数组，从而确定排序是否已经完成。如果无序数组中已经没有元素，说明排序已经完成。

在开始遍历无序数组之前，先初始化记录最小值下标的变量为 0，所以 for 循环可以从第二个元素，也就是下标为 1 的元素开始遍历。找到最小值后，用 temp 存储最小数的值。执行 pop()函数把最小数从原数组中删除，这样它不会影响下一步的选择。最后，用 append()函数把 temp 存储的元素插入到有序数组末尾。

虽然这样实现排序较为直观，代码逻辑也比较简单，但可以注意到，这样实现插入排序需要两个同样大小数组的空间。如果要处理的数据量较大，这样的算法会浪费资源。所以，我们要对算法做一些改动，使选择排序能够在同一个数组内完成。同样地，我们用图来展示这个过程。

首先，如图 2-7 所示，在未排序的数组中找到最小的数 1。

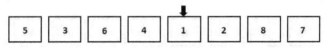

图 2-7　定位最小值

此时，它是我们找到的第一个最小数。如图 2-8 所示，我们把它与数组的第一个元素交换。

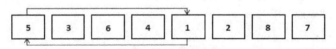

图 2-8　最小值与首元素互换位置

如图 2-9 所示，这时候，数组中的第一个位置就成了有序数组的一部分。

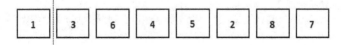

图 2-9　有序数组的第一个元素

接下来，如图 2-10 所示，由于第一个元素已经有序了，所以我们只需要在它之后的数组中搜索最小值。这一遍搜索过后，最小值是 2，所以把 2 和第二个元素交换位置。

如图 2-11 所示，2 和第二个元素交换位置后，第二个位置就成了这个有序数组的一部分。

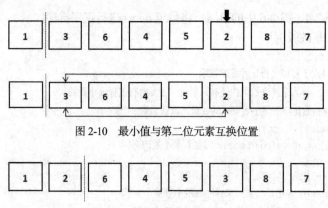

图 2-10　最小值与第二位元素互换位置

图 2-11　第二次交换结束

继续重复以上步骤，直到所有元素都被加入到有序数组中。如图 2-12 所示，下面给出了确定第三小的数并将其排序的过程。

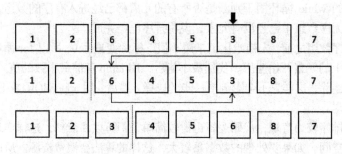

图 2-12　第三次交换结束

当所有元素都加入有序数组后，排序就完成了，如图 2-13 所示。

图 2-13　插入排序完成

我们可以使用代码按照上述思路实现选择排序。

选择排序代码（"原地"版）：

```
nums = [5,3,6,4,1,2,8,7]
for i in range(len(nums)-1): #更新有序数组的末尾位置
    minInd = i
    for j in range(i,len(nums)): #找出未排序数组中最小值的下标
        if nums[j] < nums[minInd]:
            minInd = j
    nums[i],nums[minInd] = nums[minInd],nums[i] #把最小值加到有序数组末尾
print(nums)
```

运行程序，输出结果为：

```
[1,2,3,4,5,6,7,8]
```

在程序中，第一个 for 循环中的 i 代表了有序数组之后的第一个位置，也就是未排序数组中的第一个位置。随后，再使用一个 for 循环，在未排序数组中找到最小值的下标。首先，把最小值下标 minInd 初始化为未排序数组中第一个元素的下标。随后，遍历整个数组，遇到比目前的最小值更小

的元素时，更新下标即可。找出最小值后，把它和未排序数组中的第一个元素交换位置，这时它就成了有序数组中的最后一个元素。

在其他一些编程语言中，不能像 Python 一样使用 pop、insert 等函数对数组进行操作。插入一个数时，需要把插入位置及后面的所有元素都向后移动一位，此时，本小节中的"原地"版算法优势更加明显。

2.1.3 冒泡排序

最后一种基础排序是冒泡排序。该算法采用重复遍历数组并依次比较相邻元素的方法来排序。由于在冒泡算法进行排序的过程中，最大数/最小数会慢慢"浮"到数组的末尾，所以算法由此命名。

冒泡排序的平均时间复杂度是 $O(n^2)$，最好情况下的时间复杂度是 $O(n)$，最坏情况下的时间复杂度是 $O(n^2)$。空间复杂度是 $O(1)$。冒泡排序算法是一个稳定的排序算法。

冒泡排序的过程同样可以用图说明。我们的目标还是把无序数组以从小到大的顺序排列。

首先，我们从第一个数开始遍历，如图 2-14 所示。将第一个数与它后面的元素进行对比，发现后面的元素比它小。

图 2-14　比较相邻数

这时，我们需交换这两个元素的值，如图 2-15 所示。

图 2-15　交换相邻数

接下来遍历到的是第二个元素。如图 2-16 所示，此时第二个元素的值已经变为 5。把它和它后方的元素 6 对比，发现 5 和 6 的排列顺序已经是正确的（前面的数小于后面的数），这时候不用交换这两个元素的值，直接继续遍历。

图 2-16　比较相邻数

如图 2-17 所示，遍历到第三个元素时，发现它比后面的元素更大，这时，继续交换这两个元素的值。

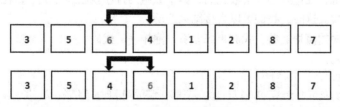

图 2-17　比较并交换相邻数

如图 2-18 所示，在类似的一系列操作后，数组中的最大值被交换到了数组中的最后一个（第 8 个）位置上。

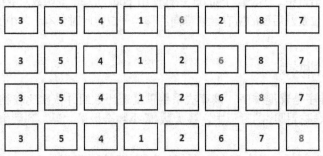

图 2-18　第一次遍历完毕

如图 2-19 所示，我们可以确定末尾元素的值是正确的，所以接下来我们只需要对第 1～7 个位置上的元素再进行遍历。

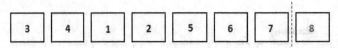

图 2-19　固定末尾元素

在对第 1～7 个位置上的元素进行遍历之后，我们可以确定排在第 7 位的数。同理，在对第 1～6 个位置上的元素、第 1～5 个位置上的元素等进行遍历后，我们可以确定数组中排在第 6 位、第 5 位的数等。冒泡排序的剩下过程如图 2-20 所示。

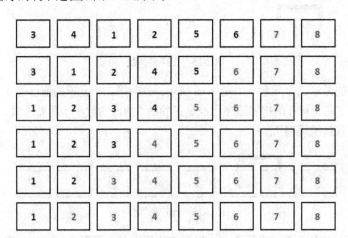

图 2-20　冒泡排序全过程

但是，我们发现，在排好第 5 个数之后，整个数组的排序就已经完成了，在接下来的遍历中不会再产生元素的交换。这时，我们可以直接结束遍历。

了解了冒泡排序的流程之后，我们再来看看冒泡排序的代码。

冒泡排序的代码：

```
nums = [5,3,6,4,1,2,8,7]
for i in range(len(nums),0,-1):        #更新本趟遍历确定的元素位置
    flag = 0                           #flag用于标记是否有元素交换发生
    for j in range(i-1):               #遍历未排序的数组
```

```
            if nums[j]>nums[j+1]:
                nums[j],nums[j+1] = nums[j+1],nums[j]
                flag = 1    #标记存在元素交换
        if not flag:
            break           #如果本趟遍历没有发生元素交换，直接跳出循环
print(nums)
```

运行程序，输出结果为：

```
[1,2,3,4,5,6,7,8]
```

这段冒泡排序的代码中使用了两个 for 循环。外层 for 循环中的 i 代表每一次遍历后确定位置的元素的下标。

变量 flag 用于记录是否有元素交换发生，初始为 0，在遍历开始后，一旦两个元素进行交换，它的值就会变为 1。

随后，再用一个 for 循环对未排序数组进行遍历。为什么遍历的范围是 range(i-1)？因为未排序数组的最后一个元素下标为 i，而我们在遍历时要同时访问下标为 j 和 j+1 的元素。把遍历范围设为 range(i-1)，访问数组时才不会越界。另一个需要注意的点是交换元素的条件：num[j]>num[j+1]。注意不要把大于号写成大于等于号。当这两个元素相等时，为保留它们的原有相对位置，不要进行交换。如果把运算符写成大于等于号，排序算法的稳定性就被破坏了。

遍历结束后，如果 flag 的值仍然是 0，那么说明在完整的一次遍历中没有元素交换发生，也就是说，所有元素都是有序排列的。这时就可以直接跳出循环，节省时间。

掌握了初级排序算法之后，我们再进入高级排序算法的学习。

2.2　高级排序算法

相比起初级排序算法，高级排序算法往往有更加复杂的逻辑，但也会有更高的时间或空间效率。其中有些高级排序算法是由前一小节中所讲的初级排序算法优化而来的。在处理大量数据时，被本书归类为高级排序算法的一般更加常用。

2.2.1　归并排序

本节中的第一种高级排序算法是归并排序。"归并"一词，意为"合并"。顾名思义，归并排序算法就是一个先把数列拆分为子数列，对子数列进行排序后，再把有序的子数列合并为完整的有序数列的算法。它实际上采用了分治的思想，我们会在后面第 11 章中深度讲解分治思想。

归并排序的平均时间复杂度是 $O(n\lg n)$，最好情况下的时间复杂度是 $O(n\lg n)$，最坏情况下的时间复杂度也是 $O(n\lg n)$。它的空间复杂度是 $O(1)$。另外，归并排序还是一个稳定的排序算法。

以升序排序为例，归并算法的流程如图 2-21 所示。

原始数组是一个有 8 个数的无序数组。一次操作后，把 8 个数的数组分成两个 4 个数组成的无序数组。接下来的每次操作都是把无序数组不停分成两半，直到每个最小的数组里都只有一个元素为止。当数组里只有一个元素时，这个数组必定是有序的。然后，程序开始把小的有序数组每两个合并成为大的有序数组。先是从两个 1 个数的数组合并成 2 个数的数组，再到 4 个数然后 8 个数。这时，所有的有序数组全部合并完成，最后产生的最长的有序数组就排序完成了。

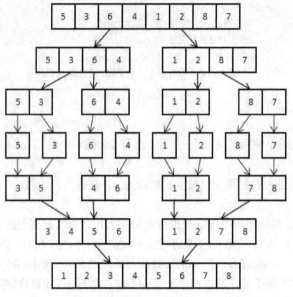

图 2-21 归并排序

归并排序代码：

```
#归并排序
nums = [5,3,6,4,1,2,8,7]
def MergeSort(num):
    if(len(num)<=1):                                #递归边界条件
        return num                                  #到达边界时返回当前的子数组
    mid = int(len(num)/2)                           #求出数组的中位数
    llist,rlist = MergeSort(num[:mid]),MergeSort(num[mid:])#调用函数分别为左右数组排序
    result = []
    i,j = 0,0
    while i < len(llist) and j < len(rlist):        #while 循环用于合并两个有序数组
        if rlist[j]<llist[i]:
            result.append(rlist[j])
            j += 1
        else:
            result.append(llist[i])
            i += 1
    result += llist[i:]+rlist[j:]                   #把数组未添加的部分加到结果数组末尾
    return result                                   #返回已排序的数组
print(MergeSort(nums))
```

运行程序，输出结果为：

```
[1,2,3,4,5,6,7,8]
```

在 MergeSort()函数中，首先进行的是边界条件判断。当传入函数的数组长度只有 1 时，每一个数独立存在于一个数组中，因此数组已经被分到最小。这时候，递归分解数组的任务已经完成，只需要把分解后的数组返回到上一层递归就可以了。

如果未排序数组的长度仍然大于 1，那么使用变量 mid 来存储数组最中间的下标，把未排序数组分成左右两个子数组。然后，新建两个数组，用于存储排好序的左右子数组。这里使用了递归的思想。我们只把 MergeSort()函数视为一个为列表排序的函数，尽管在 MergeSort()函数内部，也可以调用函数本身对两个子数组进行排序。

随后，使用 while 循环合并两个已经有序的数组。由于不能确定两个数组中元素的相对大小，所以我们采用 i 和 j 两个变量分别标记在左子数组和右子数组中等待加入的元素的位置。当 while 循环结束时，可能一个子数组的末尾还剩余一些最大的元素没有被添加到 result 列表中，所以 result+=llist[i:]+rlist[j:]语句是为了防止漏掉这些元素。数组合并完成后，函数输出有序数组。

2.2.2　快速排序

快速排序的思想是：取数组中的一个数作为基准值，把所有小于基准值的数都放在它的一侧，再把所有大于基准值的数都放在它的另一侧。随后，对基准值左右两侧的数组分别进行快速排序。由此可以看出，快速排序的整个排序过程也是递归进行的。

快速排序的平均时间复杂度是 $O(n\lg n)$，最好情况下的时间复杂度是 $O(n\lg n)$。最坏情况下，快速排序的时间复杂度可能退化成 $O(n^2)$，但这种情况很少见。它的空间复杂度是 $O(n\lg n)$。它是一个不稳定的排序算法。如果使用得当，快速排序的速度可以达到归并排序和堆排序的数倍，所以快速排序是一种极其常用的算法。

快速排序的流程如图 2-22 所示（以升序排序为例）。

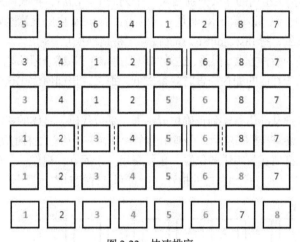

图 2-22　快速排序

一般情况下，我们取数组的第一个数作为基准进行快速排序。在第一步中，基准数为 5。可以看出，在第二行的数组中，比 5 小的元素：3、4、1、2，都被置于 5 的左侧，而比 5 大的元素则被置于 5 的右侧。这时，元素 5 在有序数组中的位置就确定了。第三行中，我们再取左右两个无序数组的第一个数 3 和 6，分别作为它们的基准数，然后再次对数组进行分拆。分拆结束之后，3 和 6 在有序数组中的位置也确定了。接下来，继续处理分拆出来的 4 个子数组：[1,2]、[4]、[]、[8,7]。其中，一个子数组只剩一个数，一个为空。这意味着[4]与[]已经完成了对自己的快速排序。而其他的两个子数组则需继续处理。全部处理完毕后，我们将得到一个完整的有序数组。

可以看出，快速排序也是通过这样的分治思想来排序的。关于它的分治思想我们在第 11 章会继续讲解。

快速排序代码（基础版）：

```
nums = [5,3,6,4,1,2,8,7]
def QuickSort(num):
    if len(num) <= 1: #边界条件
        return num
    key = num[0] #取数组的第一个数为基准数
```

```
    llist,rlist,mlist = [],[],[key] #定义空列表，分别存储小于/大于/等于基准数的元素
    for i in range(1,len(num)): #遍历数组，把元素归类到3个列表中
        if num[i] > key:
            rlist.append(num[i])
        elif num[i] < key:
            llist.append(num[i])
        else:
            mlist.append(num[i])
    return QuickSort(llist)+mlist+QuickSort(rlist) #对左右子列表快排，拼接3个列表并返回
print(QuickSort(nums))
```

运行程序，输出结果为：

```
[1,2,3,4,5,6,7,8]
```

在 QuickSort()函数中，首先是边界条件：如果传入函数的列表长度小于等于1，那么这一段列表必定是有序的，可以直接返回。如果不满足边界条件，则继续执行函数。先用 key 存储基准值，再定义3个列表存储小于基准数的元素 llist，大于基准数的元素 rlist 和等于基准数的元素 mlist。由于接下来 for 循环的范围不包括列表中的第一个数，所以对 mlist 初始化时，多加一个初始元素 key。

接下来的 for 循环把数组内的元素分别归入3个列表中。随后，再次调用 QuickSort()函数，对 llist 和 rlist 进行排序。这样，llist 和 rlist 就是有序的了，而 mlist 内的元素刚好处于它们中间的连接部分。所以，排序完成后，把 llist、mlist、rlist 按顺序拼接到一起并输出。

这是实现快速排序的一种方式。但是，这样实现快速排序需要额外开辟空间给用于归类的列表。并且，相似的思路应用于其他的编程语言时效率较低。那么，该如何优化这个算法，使得数组可以原地排序呢？

我们需要优化的是把基准值移动到正确位置的那一部分代码。具体的移动流程如下。

我们用一个变量存储基准值。然后，再使用两个指针，一个从左往右遍历，一个从右往左遍历。开始遍历时，可以把基准值在数组中的位置，也就是第一个元素，视作一个没有元素的空位。

第一步：如图 2-23 所示，移动右边的指针，一直到指针指向的元素小于基准值为止。

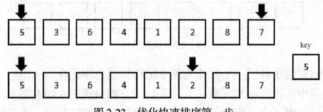

图 2-23　优化快速排序第一步

第二步：如图 2-24 所示，把右边的指针指向的值2赋给左边的指针指向的位置。这时候，原来2所在的位置实际上是空出来的空位，空位在图 2-24 中用浅色字体表示。

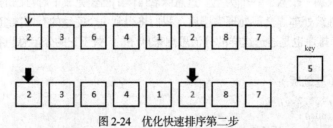

图 2-24　优化快速排序第二步

第三步：如图 2-25 所示，移动左边的指针，等到它指向了一个大于等于基准值的数再停下。类似地，把左边的指针指向的值赋给右边的指针指向的位置。左边指针指向的位置成为空位。

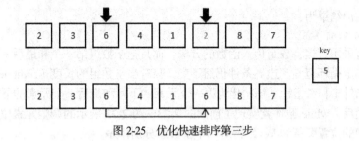

图 2-25 优化快速排序第三步

第四步：重复以上步骤，不断地交替移动左边的指针和右边的指针，并赋值，如图 2-26 所示。

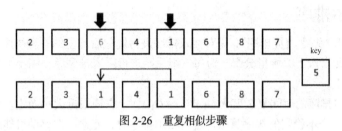

图 2-26 重复相似步骤

第五步：如图 2-27 所示，当左指针和右指针重合时，所有必要的移动都已经完成。左指针和右指针共同指向的位置就是基准值在有序数组中的位置。它的值大于它左侧的所有元素，并小于等于它右侧的所有元素（如果有相等的元素出现）。剩余的步骤为递归地排序左右子数组，直到全部数组排序完毕。

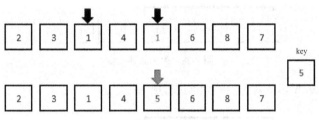

图 2-27 当前范围内移动完成

快速排序代码（"原地"版）：

```
nums = [5,3,6,4,1,2,8,7]
def QSort(left,right):              #子数组第一个元素和最后一个元素在原数组中的位置
  if(left >= right):                #边界条件
    return
  l,r,key = left,right,nums[left]   #初始化左指针，右指针和基准值
  while(l < r):                     #调整元素位置
    while l < r and nums[r] >= key:
      r -= 1
    nums[l] = nums[r]
    while l < r and nums[l] < key:
      l += 1
    nums[r] = nums[l]
  nums[l] = key                     #把基准值赋给左指针和右指针共同指向的位置
  QSort(left,l-1)                   #左侧数组排序
  QSort(l+1,right)                  #右侧数组排序
QSort(0,len(nums)-1)
print(nums)
```

运行程序，输出结果为：

```
[1,2,3,4,5,6,7,8]
```

这段代码没有采用直接将数组传入函数的方法，而是把子数组第一个和最后一个元素的位置传入函数中，从而确定循环范围。边界条件仍然不变：只有当子数组的长度（right−left+1）大于 1 时才继续递归。左指针 l 和右指针 r 初始化为第一个元素的下标和最后一个元素的下标，变量 key 用于存储基准值。随后，while 循环就实现了前面图 2-23～图 2-27 展示的调整元素位置的过程。最后把两个子数组中间的位置赋值为 key，再对两个子数组分别排序。

在函数外部，先调用 QSort()函数对 nums 数组进行排序，再输出 nums 数组。

2.2.3 希尔排序

希尔排序，又叫"缩小增量排序"，是对插入排序进行优化后产生的一种排序算法。它的执行思路是：把数组内的元素按下标增量分组，对每一组元素进行插入排序后，缩小增量并重复之前的步骤，直到增量到达 1。

一般来说，希尔排序的时间复杂度为 $O(n^{1.3}) \sim O(n^2)$，它视增量大小而定。希尔排序的空间复杂度是 $O(1)$，它是一个不稳定的排序算法。进行希尔排序时，元素一次移动可能跨越多个元素，从而可能抵消多次移动，提高了效率。

下面是使用（数组长度/2）作为初始增量的升序希尔排序，每一轮排序过后，增量都缩小一半。

第一步：如图 2-28 所示，从第一个元素开始，以增量 4 来分组。可以看出，当增量为 4 时，一组内只有两个元素，否则元素的下标就超出了数组的范围。

图 2-28　第一轮第一步

第二步：如图 2-29 所示，对组内的元素进行插入排序。

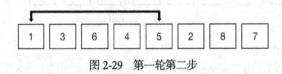

图 2-29　第一轮第二步

第三步：如图 2-30 所示，继续用相同的方法分组，对组内的元素进行插入排序使得它们有序。

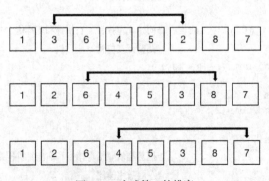

图 2-30　完成第一轮排序

整个数组内的数都被遍历完成后，这一轮排序就结束了。把增量缩小一半，继续进行下一轮排序。

　　第四步：如图 2-31 所示，增量为 2 时，可以看出每一组内的元素增多了，组的总数减少了。继续对每一组内的元素进行插入排序，直到每一组都遍历完成。

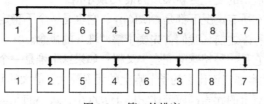

图 2-31　第二轮排序

　　第五步：最后一轮排序如图 2-32 所示，再次把增量缩小一半；这时增量为 1，相当于对整个数组进行插入排序，也就是最后一轮排序。

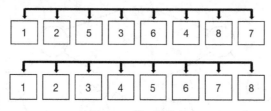

图 2-32　第三轮排序

最后一轮排序结束后，整个希尔排序就结束了。

希尔排序代码：

```
nums = [5,3,6,4,1,2,8,7]
def ShellSort(nums):
    step = len(nums)//2                  #初始化增量为数组长度的一半
    while step > 0:                      #增量必须是大于 0 的整数
        for i in range(step,len(nums)):  #遍历需要进行插入排序的数
            ind = i
            while ind >= step and nums[ind] < nums[ind-step]:  #对每组进行插入排序
                nums[ind],nums[ind-step] = nums[ind-step],nums[ind]
                ind -= step
        step //= 2                       #增量缩小一半
    print(nums)
ShellSort(nums)
```

运行程序，输出结果为：

```
[1,2,3,4,5,6,7,8]
```

　　在 for 循环中，由于每组的第一个元素不用进行插入排序，而它们的下标处于 0～step-1，所以从下标 step 开始遍历。

　　需要注意的是，如果要模拟流程图中的做法，要使用两个循环：先分组，然后一次性使同组内的元素有序。为了提高效率，我们直接使用一个 for 循环，每遍历到一个数，就对它所在的组进行插入排序。这样遍历同样符合插入排序的顺序要求。在插入排序中，要改变当前下标的值，所以使用变量 ind 存储当前下标，防止影响 for 循环。

　　普通插入排序等同于增量为 1 的希尔排序，跨元素的希尔排序实际上只改变了增量，逻辑上与普通插入排序没有区别。

2.2.4 堆排序

堆排序，就像它的名字一样，利用了堆的特性来进行排序。实现堆排序的思路是，把数组构建成一棵二叉树，并随着每次堆的变化更新堆顶的最大/最小值。

堆排序的时间复杂度在所有情况下都是 $O(n\lg n)$，它也是一个不稳定的算法。

在开始编写堆排序的程序之前，我们首先要了解"堆"的概念。

堆是一种数据结构，它是一种特殊的完全二叉树：如果这个堆是一个大顶堆（最大的元素在堆顶），那么每个节点上的元素都应该比它的子节点上的元素要大，最大的元素在根节点上；反之，如果是小顶堆，那么每个节点上的元素都应该比它的子节点小，最小的元素在根节点上。

图 2-33 所示为大顶堆，位于根节点上的 59 是整个堆中最大的数。在堆排序中，我们需要把堆用一个数组的形式表示。

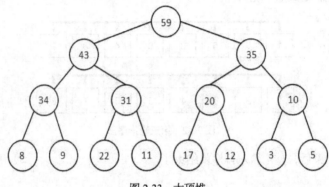

图 2-33　大顶堆

如图 2-34 所示，为堆的每一个节点编号。从根节点开始，把完全二叉树的每一层从左到右依次编号。图 2-34 就是前面的堆编好号的结果。随后，以编号为下标，把堆里的每一个元素放到一个数组里。图 2-35 就是堆里的元素存放在数组中的样子。

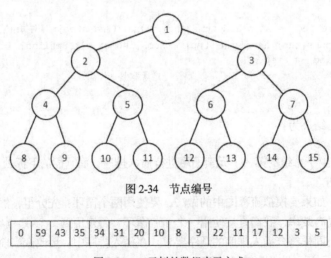

图 2-34　节点编号

0	59	43	35	34	31	20	10	8	9	22	11	17	12	3	5

图 2-35　二叉树的数组表示方式

因为数组的下标从 0 开始，而堆的编号从 1 开始，所以数组的第一个位置留空。为什么可以这样存放元素呢？观察堆的编号，我们发现每个非叶子节点的左子节点，其编号都为父节点的两倍；

每个非叶子节点的右子节点，其编号都为父节点的两倍加一。所以，在数组中，我们可以对元素的下标进行相似的操作，从而找到每个节点的子节点。比如，当父亲节点的下标为 n 时，左子节点的下标为 $2n$，右子节点的下标为 $2n+1$。

由于大顶堆和小顶堆的性质（最大/最小的元素在根节点），我们可以通过它们对数组进行排序。我们以使用大顶堆升序排序为例。

我们先把待排序序列构造成一个初始大顶堆。

编写一个函数，只用于实现一个功能：给定一个堆，当除其根节点之外所有节点都符合堆性质时，对其根节点向下进行调整，直到堆中的所有元素都符合堆性质。

具体步骤如下：从根节点开始，把父亲节点的值和两个子节点中较大的那个进行比较，如果父亲节点较小，就把它和较大的子节点互换位置，并再次对这个子节点作为根节点的堆调用这个方法进行调整。否则，父亲节点的值大于两个子节点，证明堆中的所有数已经符合堆性质，所以结束整个方法。

以图 2-36 中的堆为例，除堆顶 3 外，堆的其他元素都符合堆性质。

为了维护堆性质，应从 3 的两个子节点中选出较大的那一个与 3 作比较。如图 2-37 所示，3 比 17 要小，所以 17 应该与 3 交换位置。

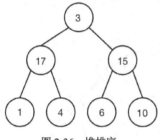
图 2-36　堆排序

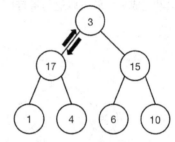
图 2-37　交换元素位置

交换完成后，3 成了 17 的左子节点。类似地，如图 2-38 所示，再把 3 与它两个子节点中较大的比较。4 比 3 大，所以 3 再次与 4 交换位置。

如图 2-39 所示，最后一次调整结束后，3 已经是堆的叶子节点，不再有与它相连的子节点。这时候，调整就完成了。

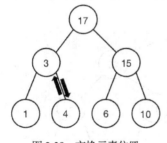
图 2-38　交换元素位置

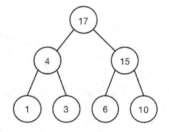
图 2-39　完成调整

若要初始化一个大顶堆，我们使用上述函数，对给定堆中所有的非叶子节点进行遍历调整。把堆末尾的节点的编号除以 2，便可得到堆中所有非叶子节点中，位于最深层最右侧的非叶子节点的编号。从后往前，遍历所有编号小于等于这个编号的节点。如图 2-40 所示，在我们构造的堆中，从数值为 1 的节点开始，一直遍历到数值为 59 的根节点。每遍历一个节点，都对它使用将堆顶向下调整的函数。此时节点所处于的堆，由它自身及它的两个子树组成。

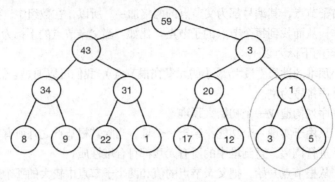

图 2-40   初始化

为什么要从非叶子节点的最底层开始调整？如图 2-40 中圈出来的部分一样，此时节点的两个子树都是叶子节点。因为它们只有单个节点，所以它们必定符合堆性质，因此我们可以直接对最底层的非叶子节点使用之前讲到的函数。当所有最底层的非叶子节点都调整完毕后，遍历到高一层的非叶子节点。这时候，它们的子树已经被调整完毕，符合堆性质，所以也可以使用调整函数。依此类推，可以证明算法的正确性。

初始化大顶堆完成后，就可以进行堆排序了，如图 2-41 所示。

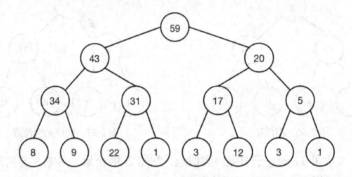

图 2-41   大顶堆初始化完成

初始化完成后，我们知道堆顶的值一定是整个堆中最大的。这时候，我们把它与堆末尾的元素交换，并把这个最大值从堆中删除，如图 2-42 所示。此时，堆的大小减小 1。

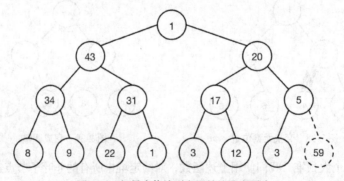

图 2-42   把最大值放到末尾并从堆中删除

接下来，由于整个堆中除了堆顶都符合堆性质，我们对堆顶使用向下调整的函数，如图 2-43 所示。调整完毕后，整个堆中的最大值，也就是整个数组中的次大值，就出现在了堆顶。

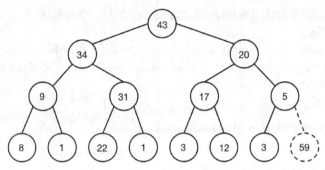

图 2-43　把第二大元素调整到堆顶

类似地，把堆顶和堆末尾元素交换，再对堆顶进行向下调整，如图 2-44 所示。此时，数组中的次大值位于数组的倒数第二个位置。

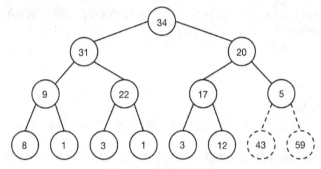

图 2-44　重复相似步骤

对堆中的元素重复这两个步骤，直到堆的大小只剩 1 个元素，也就是根节点为止。到那时，根节点上的元素必是数组中的最小值，如图 2-45 所示。

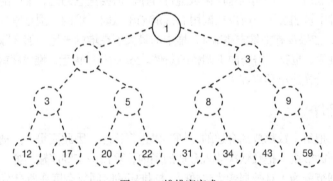

图 2-45　堆排序完成

我们可以看出，堆排序完成后，按照数组编号顺序的元素是升序排列的。

堆排序代码：

```
nums = [4,2,61,8,953,1,3,72,310,113,93,112,32,43,15,5,20,999,678,34,3,2]
def Heapify(start,end):      #向下调整的函数，传入数据为堆顶节点的编号和堆末尾的界限值
    father = start
    son = father * 2         #son 存储较大的子节点的编号，初始化为左子节点
    while son <= end:        #当目前数据所处的节点还有子节点时，继续循环调整
        if son+1 <= end and nums[son+1] > nums[son]:
```

```
                    #如果存在右节点且其值大于左子节点的值，son存储右子节点的编号
                    son += 1
            if nums[father] < nums[son]:              #如果父亲节点的值小于子节点
                nums[father],nums[son] = nums[son],nums[father] #交换父亲和子节点
                father = son
                son = father * 2                      #进入下一层继续调整
            else:                                     #如果父亲节点大于等于子节点，调整完成
                return
    def HeapInit():                                   #初始化大顶堆的函数
        nums.insert(0,0)
        #堆顶编号从开始，在位置0插入一个数使得堆中元素的编号与在数组中的下标一样
        for i in range((len(nums)-1)//2,0,-1):        #从最底层最右侧的非叶子节点开始调整
            Heapify(i,len(nums)-1)
    def HeapSort():                                   #堆排序函数
        for i in range(len(nums)-1,0,-1):             #从堆末尾开始进行元素交换
            nums[1],nums[i] = nums[i],nums[1]
            Heapify(1,i-1)
    HeapInit()
    HeapSort()
    print(nums)
```

运行程序，输出结果为：

```
 [0, 1, 2, 2, 3, 3, 4, 5, 8, 15, 20, 32, 34, 43, 61, 72, 93, 112, 113, 310, 678, 953,
999]
```

先调用 HeapInit()函数对堆进行初始化。函数中的 for 循环对所有非叶子节点进行遍历。传进向下调整的 Heapify()函数的参数有两个，一个是要调整的堆的堆顶，另一个是堆中最大的叶子节点的范围。因为可能调整的所有堆的末尾都是叶子节点，而叶子节点的编号乘 2 必定大于数组长度，所以可以使用要排序的数组长度（len(nums)-1，因为下标 0 的元素不在排序范围内）作为范围。

初始化大顶堆完成后，再调用堆排序函数进行排序。需要注意的是，堆中的最大值与堆末尾元素交换后，它就从堆中被删去了，所以在调用 Heapify()函数时，堆的范围是原本堆末尾元素的编号减 1，即 i-1。否则，如果没有把堆末尾减 1，堆中的最大值在堆的末尾，那么除堆顶元素外的两个子树之一不符合堆性质，也就不符合向下调整的条件。for 循环结束后，堆排序就完成了。如果想要降序排序，把大顶堆转换成小顶堆即可。

2.2.5 桶排序

由于桶排序算法把每个数都放到合适的"桶"里进行排序，因此而得名。桶排序的算法原理可以理解为创建一个新的数组，把数依次放入合适的桶内，再按一定顺序输出桶。

当每个桶的数据范围为 1 且数据皆为整数时，桶排序的时间复杂度在所有情况下都是 $O(n)$ ，因为它是一个线性的排序算法。但是，它的空间需求要视排序数据的范围而定，所以极有可能浪费很多空间。

假设我们有 10 个整数[1,1,3,19,35,49,50,5,10,16]，它们的范围在 1～50。如图 2-46 所示，我们建立 50 个存放数据的桶。

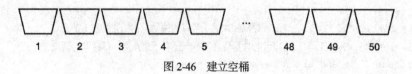

图 2-46　建立空桶

如图 2-47 所示，把数据放入对应编号的桶中。然后，直接把装有元素的桶的编号输出，输出的次数以桶内元素的数量为准。

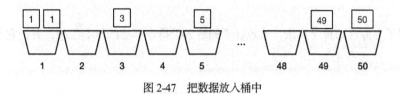

图 2-47　把数据放入桶中

用代码实现上述的桶排序非常简单。

桶排序代码（固定元素范围版）：

```
countn = [0]*51 #建立足够的桶
nums,result = [1,1,3,19,35,49,50,5,10,16],[]
for i in nums:
    countn[i] += 1 #统计每个元素出现的次数
for i in range(1,len(countn)):
    if countn[i]: #如果桶内有元素
        result += [i]*countn[i] #往结果数组中加上相应数量的元素
print(result)
```

运行程序，输出结果为：

```
[1, 1, 3, 5, 10, 16, 19, 35, 49, 50]
```

代码中，countn[i]存储的值是元素 i 在数组中出现的次数。所以，在往 result 数组中添加元素时，要添加 countn[i]次。代码实现的程序是升序排序，若想要降序排序，遍历 countn 数组时从后往前即可。

如果要排序的元素范围不确定，我们需要采用稍有不同的一种方法。

桶排序代码（非固定元素范围版）：

```
nums,result = [19,21,23,14,35,49,37,59,10,16],[]
minv,maxv = min(nums),max(nums) #找出所有元素中的最小值和最大值
countn = [0]*(maxv-minv+1) #算出需要桶的最大个数
for i in nums:
    countn[i-minv] += 1 #桶的编号与对应元素不一致，需要通过计算调整
for i in range(1,len(countn)):
    if countn[i]:
        result += [i+minv]*countn[i]
print(result)
```

运行程序，输出结果为：

```
[14, 16, 19, 21, 23, 35, 37, 49, 59]
```

在这段代码中，与固定元素范围版不一样的地方在于每个桶的编号和它存储的元素不同。最小值对应的是编号 0，最小值+1 对应的是编号 1，也就是说，元素 i 对应的编号是它自身减去最小值。往桶里放入元素和输出元素时都要以这个规律为准。

以上的方法都只适用于对整数的排序。可以看出，为了排序定义的大部分桶都没有被使用。如果数据量不大但出现了极值，会造成严重的空间浪费。为了满足这两种需求，我们可以把排序范围分段，例如在 $1<x\leqslant100$ 范围内的元素放入同一个桶内，$100<x\leqslant200$ 的元素放入一个桶内，以此类推。每一个桶内所包含的元素范围大小必须相等。在每一个桶内，再使用其他排序算法对元素进行排序，之后按顺序合并所有的桶即可。

2.3　小结

本章讲解了 8 种常用排序算法，重点在于理解各个排序算法的核心思想，并把它们应用到其他算法中去。

2.4　习题

1. 给定 n 个数，并按从小到大的顺序，以列表的形式输出这 n 个数中前 m 小的数。

输入格式：第一行输入两个数 n 和 m，第二行输入 n 个数。

输出格式：输出一个列表。

保证数据范围 $1 \leqslant m \leqslant n \leqslant 10^6$。

范例输入：

```
6 3
5 10 3 1 9 8
```

范例输出：

```
[1,3,5]
```

2. 给定 n 个数，不断输入 m 并输出这 n 个数中第 m 大的数。当最新输入的 m 为 0 时，程序结束。

保证数据范围 $1 \leqslant m \leqslant n \leqslant 10^6$。

输入格式：第一行输入一个数 n，第二行输入 n 个数。接下来的每一行都输入 m。

输出格式：对于每一行的 m，在单独一行输出列表中第 m 大的数。

范例输入：

```
7
3  14  90  78  32  43  61
1
4
6
0
```

范例输出：

```
90
43
14
```

3. 给定 n 个数，对这串数据进行排序后输出。（使用本章讲到的所有排序算法）

保证数据范围 $1 \leqslant m \leqslant n \leqslant 10^6$。

输入格式：第一行输入一个数 n，第二行输入 n 个数。

输出格式：输出一个元素从小到大排列的列表。

范例输入：

```
4
5  1  2  4
```

范例输出：

```
1  2  4  5
```

4. 给定一组 $n \cdot m$ 排列的数，每个数都有一个坐标 (x, y)，表示这个数在第 x 行第 y 列。通过输入一个坐标(a,b)来指定一个数进行下列操作。

在第 a 行和第 b 列组成的十字中，用 $1\sim k$ 来表示这其中的每一个数，使得它们之间的大小关系与更改前保持一致。其中，给第 a 行和第 b 列中最小的元素赋值为 1，最大的元素赋值为 k。输出使坐标(a,b)的元素符合这种规律的最小值。

举例来说，图 2-48 中的十字可以用多种方法来重新表示。

```
            2
            5
            6
   3 7 8 9 5
            8
            7
```

图 2-48　习题 3 图 1

但是，在图 2-49 所示的两种表示方法中，图 2-49（b）所示的方法才是最小的方法。所以在这种情况下，输出(a,b)的最小值为 6。

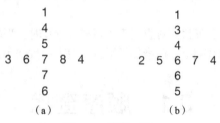

```
        1              1
        4              3
        5              4
   3 6 7 8 4     2 5 6 7 4
        7              6
        6              5
       （a）            （b）
```

图 2-49　习题 3 图 2

保证数据范围 $1\leqslant m$，$n\leqslant 10^3$。坐标从 1 开始，a 和 b 皆为正整数，$a\leqslant n$，$b\leqslant m$。

输入格式：第一行输入两个数 n 和 m，第 2 至 $n+1$ 行每行输入 m 个数，第 $n+2$ 行输入两个数 a 和 b。

输出格式：输出最小值 min。

范例输入：

```
3 4
3 1 9 4
2 5 1 7
8 6 5 2
2 2
```

范例输出：

```
3
```

5. 给定 n 个数，求这串数据中存在多少个逆序对。（逆序对的定义：对于列表中的任意两个数而言，如果排在前面的数大于排在后面的数，则它们构成一个逆序对。）

保证数据范围 $1\leqslant n\leqslant 10^8$。提示：使用归并排序。

输入格式：第一行输入一个数 n，第二行输入 n 个数。

输出格式：输出逆序对的总数 x。

范例输入：

```
5
3 1 9 4 2
```

范例输出：

```
5
```

第3章
查找

查找的定义为：在一个数据元素集合中，通过一定的方法确定与给定关键字相同的数据元素是否存在于集合中。一般来说，如果查找成功，程序会返回数据的位置或相关信息；如果查找失败，则返回相应的提示。

查找的方法可以分为两种：比较查找法与计算式查找法。比较查找法基于两种数据结构：线性表和树。查找的对象（一般是由同一类型的数据元素/记录构成的集合）又可以被称为查找表。本章专注于比较查找法。

查找还分为静态查找和动态查找。对查找表进行静态查找时，程序只进行查找并返回信息；进行动态查找时，在静态查找的基础上，还增加了增删查找表中数据元素的操作。

3.1 顺序查找

顺序查找是所有查找方法中最基础也最简单的一种，一般用于对线性表的查找。它是按照数据在查找表中原有的顺序进行遍历查询的算法。由于需要遍历整个查找表，所以顺序查找的时间复杂度为 $O(n)$。

举例来说，如图 3-1 所示，在一个数组中，顺序查找就是按数据的下标从小到大查找。这时候，只要知道数组的长度，使用一个 for 循环就可以完成查找了。在 for 循环内部的代码根据输出要求而定。

图 3-1 顺序查找

接下来介绍两个顺序查找的例题。

例 3-1：在一个已知的列表[1,3,5,4,2,4,6,5,1]中查找给定的元素出现的第一个位置。如果给定的元素存在于列表中，输出它的下标；如果不存在，输出-1。输入的给定元素是 int 类型。

参考代码如下：

```
arr = [1,3,5,4,2,4,6,5,1]
key = int(input()) #输入关键字


for i in range(len(arr)): #顺序遍历列表
    if arr[i] == key:
```

```
        print(i)
        break #保证只输出第一个位置就跳出遍历循环
#关键字不存在于列表中
print(-1)
```

在这段程序中,print(-1)只会在 for 循环被自然终止时执行。(自然终止指 i>=len(arr)时跳出循环,而不是因为 break 结束循环)因此,当跳出 for 循环时,我们可以确定在列表中不存在与 key 相等的元素,所以输出-1。

例 3-2:在一个已知的列表[1,3,5,4,2,4,6,5,1]中查找给定的元素。输出给定元素出现的所有下标。若给定元素不存在于数组中,不输出。输入的给定元素是 int 类型。

参考代码如下:

```
arr = [1,3,5,4,2,4,6,5,1]
key = int(input()) #输入关键字

for i in range(len(arr)): #顺序遍历列表
    if arr[i] == key: #只要关键字与当前元素相等,就输出当前下标
        print(i)
```

不同于例 3-1,例 3-2 的代码中没有 break 语句,从而可以保证每个与 key 相等的元素的位置都被输出。

总体来说,按照数据的顺序依次查找,顺序查找就水到渠成了。

3.2　二分查找

二分查找,也叫折半查找,是一种适用于顺序存储结构的查找方法。它是一种效率较高的查找方法,时间复杂度为 $O(\lg n)$,但它仅能用于有序表中。也就是说,表中的元素需按关键字大小有序排列。

二分查找用左右两个指针来标注查找范围。程序开始时,查找范围是整个线性表,左指针指向第一个元素,右指针指向最后一个元素;每一次循环过后,查找范围都缩小为原先的一半,直到左右指针重叠或者左指针处于右指针的右侧。因为每次缩小一半的范围,所以可以得出二分查找的时间复杂度为 $O(\lg n)$。

我们以图 3-2 中的有序数组为例进行二分查找。格子中的数是数组的每个位置上存储的数据,格子下方的数是下标。

2	5	6	8	12	15	17	23	27	31	39	40	45	56	79	90
0	1	2	3	4	5	6	7	8	9	10	11	12	13	14	15

图 3-2　有序数组

我们以 31 为关键字,在数组中进行二分查找,来找出关键字出现时的下标。

首先,如图 3-3 所示,初始化左右指针。左指针存储着第一个元素的下标,右指针存储着最后一个元素的下标。此时查找的范围是整个数组。

随后,求出左右指针的平均值 mid=7,如图 3-4 所示。由于数组有序,mid 指向的元素必定大于等于左指针指向的数,小于等于右指针所指向的数。将 mid 指向的元素与关键字 31 比较,发现 23 小于 31。

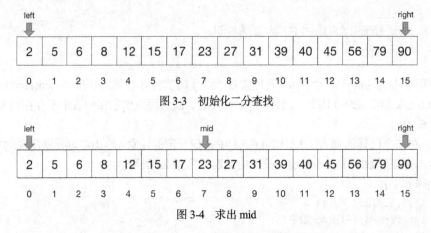

图 3-3　初始化二分查找

图 3-4　求出 mid

　　因为 23 小于 31，又因为数组有序，可以得出下标小于等于 7 的数皆小于关键字。此时，把左指针 left 赋值为 mid+1，缩小搜索范围，去掉已知小于关键字的部分，把查找范围缩小到下标 8～15，如图 3-5 所示。

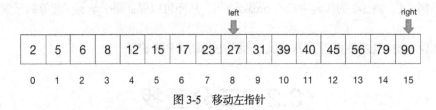

图 3-5　移动左指针

　　类似地，再次求出左右指针的平均值 mid。此时 mid=11，mid 指向的元素为 40。40 大于关键字 31，如图 3-6 所示。

图 3-6　求出 mid

　　因为 mid 指向的元素 40 大于关键字，又因为数组有序，可以得出下标大于等于 11 的元素皆大于关键字。此时，把右指针 right 赋值为 mid-1，把查找范围缩小至下标 8～10，缩小搜索范围，去掉已知大于关键字的部分，如图 3-7 所示。

图 3-7　移动右指针

　　重复求平均值的步骤。此时，发现 mid 指向的元素等于关键字，如图 3-8 所示。输出 mid，即为关键字在数组中的下标。

　　以上是当数据存在于数组中的二分查找全过程。如果数据并不存在于数组中，左右指针会重叠甚至过界，这时候就需要循环条件来作判断。

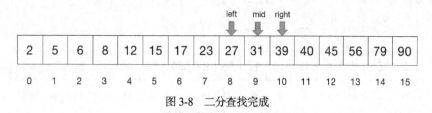

图 3-8　二分查找完成

我们以 16 作为关键字，在相同的有序数组中做二分查找来演示关键字不存在于数组中的情况。如图 3-9 所示，初始化左右指针，指向头尾元素。

图 3-9　初始化左右指针

求出左右指针的平均值 mid=7，如图 3-10 所示。mid 指向的元素 23 大于关键字 16。

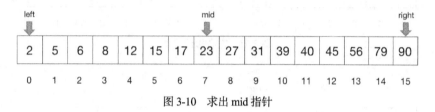

图 3-10　求出 mid 指针

已知 mid 指向的元素小于关键字（见图 3-11），把右指针赋值为 mid-1，把搜索范围缩小到下标 0～6，缩小搜索范围，去掉已知大于关键字的部分。

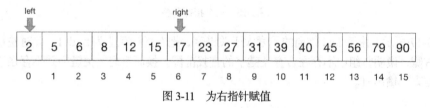

图 3-11　为右指针赋值

如图 3-12 所示，再次求出左右指针的平均值 mid=3。mid 指向的元素 8 小于关键字 16。

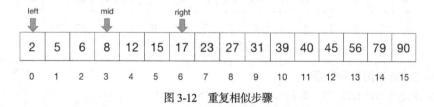

图 3-12　重复相似步骤

已知 mid 指向的元素大于关键字（见图 3-13），把左指针赋值为 mid+1，把搜索范围缩小到下标 4～6，缩小搜索范围，去掉已知小于关键字的部分。

如图 3-14 所示，再次求出左右指针的平均值 mid=5。mid 指向的元素 15 小于关键字 16。

把左指针赋值为 mid+1=6，此时左右指针重叠，如图 3-15 所示。

再次求出左右指针的平均值 mid。此时，mid 指向 17（见图 3-16），17 大于关键字 16。

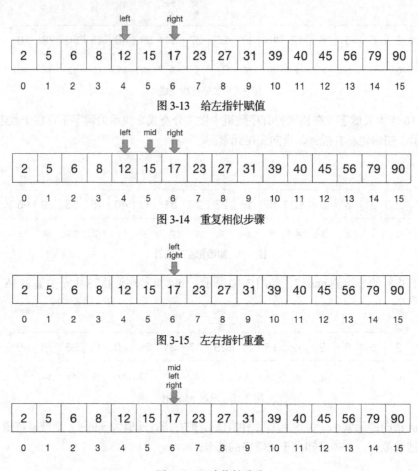

图 3-13　给左指针赋值

图 3-14　重复相似步骤

图 3-15　左右指针重叠

图 3-16　三个指针重叠

如图 3-17 所示，由于 mid 指向的元素大于关键字，把右指针赋值为 mid-1。此时左指针已处于右指针的右侧，说明数组中不存在含有关键字的查找范围。换而言之，关键字并不存在于数组中。二分查找结束，输出-1。

图 3-17　二分查找完成

下面是二分查找的代码实现：

```python
arr = [2,5,6,8,12,15,17,23,27,31,39,40,45,56,79,90]
l,r = 0,len(arr)-1      #初始化左右指针
n = int(input())        #输入关键字

while l <= r:           #循环条件，判断是否存在合理的查找范围
    mid = (l+r)//2      #求出左右指针的平均数
    if arr[mid] < n:    #折半缩小查找范围
        l = mid+1
```

```
        elif arr[mid] > n:
            r = mid-1
        else: #如果mid指向的元素与关键字相等，直接输出下标并跳出循环
            print(mid)
            break
#while循环自然结束，说明没有查找到与关键字相等的元素
print(-1)
```

运行程序，输入 8 时，输出结果为 3；输入 20 时，输出结果为-1。

程序中，为了保证 mid 存储的数据是 int 类型（列表的下标必须是整数），使用//来对左右指针取平均数。同时，因为列表是有序的，所以当 mid 指向的元素大于关键字时，可以直接得出 mid 以及下标大于 mid 的元素组成的集合中必定没有关键字存在。此时可以直接把这一侧的元素排除出查找范围；由于右指针指向查找范围的上限，此时右指针指向 mid-1。同理，当 mid 指向的元素小于关键字时，左指针指向 mid+1。

循环条件 l>=r 是为了保证当前的查找范围合法。当 l==r 时，查找范围内仅有一个元素。如果范围再次缩小（l>r 时），代表查找范围内已经没有元素或是有负数个元素。这明显处于不合法的状态，也说明列表中并不存在与关键字相等的元素。

在需要查找的结果不同时，二分查找也需要在细节方面进行改动。下面，我们仍对同一个列表做二分查找，但这次要找出在列表中不大于关键字的最大值。

图 3-18～图 3-23 中的过程以 38 作为关键字。

首先初始化左右指针并计算左右指针的平均值，如图 3-18 所示。此时，mid 指向的元素小于关键字 38。

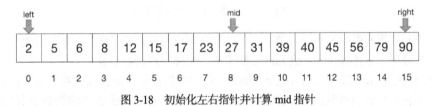

图 3-18　初始化左右指针并计算 mid 指针

这次计算平均值的公式为 mid=(l+r+1)//2，为了防止循环无法顺利结束，在取平均值前+1 的具体理由会在算法结束时讲到。

如图 3-19 所示，由于 mid=8 时指向的 27 小于关键字，为左指针赋值 8。这是因为题目要求找出不大于关键字的最大值。此时已知确定的不大于关键字的最大值为 27——列表中的元素有序排列，下标小于 8 的元素必定不大于关键字的最大值，因为它们已经小于已知的 27。而下标大于 27 的元素又无法保证不大于关键字。所以，缩小左指针标记的范围时，需要保留 mid 指向的元素。

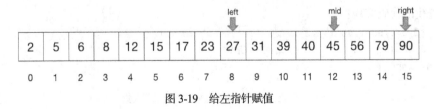

图 3-19　给左指针赋值

再次求出 mid=12，此时 mid 指向的元素大于关键字。

如图 3-20 所示，上一个 mid=12 指向的元素 45 大于关键字 38，此时给右指针赋值 mid-1。这是因为 mid 指向的元素已经确认不符合题目要求，所以可以把 mid 指向的元素直接排除出查找范围。

再次求出平均值 mid=10，此时 mid 指向的元素仍大于关键字。

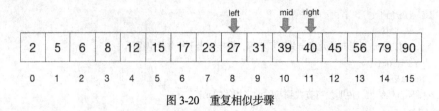

图 3-20 重复相似步骤

由于下标为 10 的元素 39 大于关键字 38，把右指针赋值为 mid-1，如图 3-21 所示。

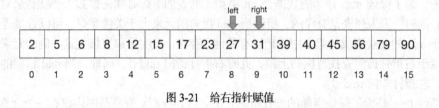

图 3-21 给右指针赋值

再次求出 mid。如图 3-22 所示，由 mid=(l+r+1)//2 可得，当左指针与右指针相邻时，mid 等于右指针。

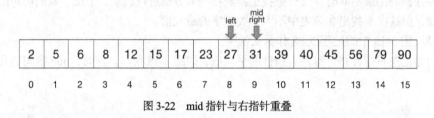

图 3-22 mid 指针与右指针重叠

此时，若 mid 指向的元素小于关键字，左指针会移动到 mid 的位置与右指针重叠；若 mid 指向的元素大于关键字，右指针会移动到 mid-1 的位置，同样与左指针重叠。

在当前列表中，mid 指向的元素小于关键字，所以左指针被赋值为 mid 并与右指针重叠，如图 3-23 所示。当左右指针重叠时，二分查找便结束了。查找到的答案就是左右指针同时指向的元素。

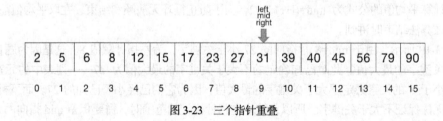

图 3-23 三个指针重叠

二分查找的代码实现：

```
arr = [2,5,6,8,12,15,17,23,27,31,39,40,45,56,79,90]
l,r = 0,len(arr)-1        #初始化左右指针
n = int(input())

while l < r:              #仅当左右指针没有重叠时继续二分查找
    mid = (l+r+1)//2      #求平均值
    if arr[mid] <= n:     #折半缩小查找范围
        l = mid
    else:
        r = mid-1
```

```
print(l)    #输出不大于关键字的最大元素下标
```

运行程序，输入 66 时，输出结果为 13；输入 3 时，输出结果为 0；输入 27 时，输出结果为 8。

与前一段程序相比，这一段二分查找的主要差别有 3 个：求平均值的方法不同、循环条件不同、折半缩小时处理 mid 的方法不同。

求平均值采用(l+r+1)//2 是为了避免程序陷入死循环。当左右指针相邻时，若取平均值时使用 l+r，mid 的值将永远等同于 l 的值。而 l 的值必定小于等于关键字的值，所以 l 会被再次赋值为 mid，从而陷入死循环。在取平均值时+1 可以有效地解决这个问题。

循环条件不采用 l<=r，是因为当左右指针相等时，循环无法结束（同样，mid 等于 l，所以 l 不会+1，永远小于等于 r）。并且，左右指针相等已经代表查找完成了。所以，使用 l<r 作为循环条件是必要的。处理 mid 的不同已经在前文详细解释过了。

最后输出下标时，由于左右指针 l 和 r 相等，所以输出 l 或 r 是同样的效果。

二分查找是一种很实用也很常用的查找方法，它的代码编写较为简单，但需要注意适应不同要求时细节上的调整。只要数据有序排列，二分查找就能派上用场。一个常见的例子：在一段实数域中查找一个精确值。掌握二分查找是学习查找方法中必不可少的一环。

我们对二分查找的学习到此结束，接下来要学习的是在树结构中的查找。它是将查找范围内的所有数据构建成树形数据结构之后，再进行查找的一种查找方法，其中主要有二叉搜索树以及各种平衡树等。

3.3　树

在学习树中的查找方法之前，首先要了解“树”这种数据结构。

树是一种由 n 个元素组成的集合，元素间具有层次关系。如图 3-24 所示，这种数据结构叫作“树”，是因为它就像一棵倒过来的树，茂密的叶子在下面，而根在最上面。

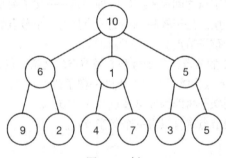

图 3-24　树

当 n=0 时，树被称作空树。

当 n>0 时，树被称作非空树。

对于非空树，最基本的概念有三个。

（1）树中的每个元素被称为节点。

（2）树最顶层的节点称作根节点；比当前节点深度小但与当前节点之间相连的节点称为节点的前驱；每棵树只有一个特定的根节点，它没有直接前驱。

（3）当 n>1 时，根节点及其之下的所有节点构成原树，而根节点之外的节点可以被划分为 m 个互不相交的有限集 $T_1, T_2, \cdots, T_m$。每个集合 T_i 本身也是一棵树，被称作根的子树。

例如，图 3-25 中的这棵树可以被分为根节点和三个互不相交的子集，$T_1=\{2,5,9,10\}$，$T_2=\{3,6\}$，$T_3=\{4,7,8,11\}$。T_1、T_2、T_3 都是根的子树，它们自己本身也是一棵树。

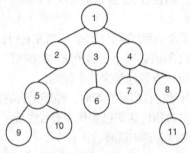

图 3-25　树

所以，也可以定义树为由一个根节点和若干子树构成的数据结构，如图 3-26 所示。

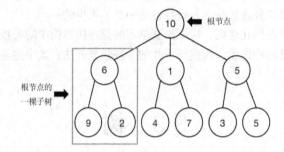

图 3-26　根节点和子树

再换句话说，当从根节点以外的一个节点开始往下遍历时，能遍历到的所有节点以及这个初始节点，就是初始节点的父亲节点的一棵子树。而这个初始节点被称为子树的根。

这里的前驱后继关系也是节点之间最重要的一种关系——父子关系。树中任意两个相连的节点之间，一个必然比另一个高一层。处于较高一层的节点是另一个节点的父亲节点；相反地，处于较低一层的节点是另一个节点的孩子节点。

例如，图 3-27 中编号为 2 的节点就是 5 号和 6 号节点的父亲节点，而 2、3、4 号节点都是 1 号节点的孩子节点。2、5、6 号节点构成了 1 号节点的一棵子树，3、7、8 号节点同样构成了 1 号节点的一棵子树。而 2 号节点的两棵子树即为 5 号节点和 6 号节点。

在一棵树中，所有的非根节点有且只有一个父亲节点。

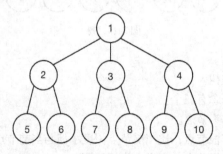

图 3-27　树

另外，具有相同父亲节点的两个节点称为兄弟节点。比如 5 和 6，7 和 8，它们是两对不同的兄弟节点。从根节点到树中某一节点的所经分支上所有的节点，都被称为这个节点的祖先节点。在以一个节点为根的子树中，任意一个节点都是根的子孙节点。而所有没有孩子节点的节点，称为叶子节点。

在树中，一个节点连接的孩子节点数量称为度。比如说，图 3-27 中 1 号节点的度是 3，2 号节点的度是 2。相应地，所有的叶子节点的度都为 0。而在一棵树中，所有节点里最大的度称为树的度。图 3-27 中，这棵树的度就是 3。

一个节点的层次从根开始定义起。根节点是第 1 层，往下层层递增。树的高度即为树中节点的最大层次。图 3-28 中，树的高度为 3。

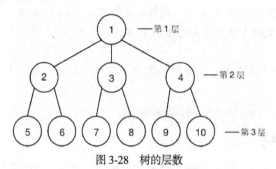

图 3-28　树的层数

最后，若干棵互不重合的树构成的集合，称作森林。对于树中的每个节点而言，其所有子树的集合就为森林。而树还分为两种，有序树和无序树。有序树中的节点有顺序关系，不能轻易改变其中的排列；而无序树中的节点没有顺序关系，也称作自由树。

结束了树的相关概念和术语的介绍，接下来就可以进入下一小节的学习了。

3.4　二叉树

二叉树是一种特殊的树，最直观地体现于它的每个节点至多有两个子节点。二叉树是非常实用的一种数据结构，常常用于实现二叉查找树及二叉堆等，使得数据的存储和搜索效率大大提高。

每个二叉树的节点至多有两棵子树，它们又分为左子树和右子树。根据这种特性，可以把二叉树的形态分为 5 种，如图 3-29 所示。

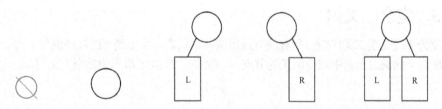

（a）空二叉树　（b）只有根的二叉树　（c）只有左子树的二叉树　（d）只有右子树的二叉树　（e）有左右子树的二叉树

图 3-29　不同的二叉树

3.4.1　二叉树的性质

了解了二叉树的主要性质后，对建立和使用二叉树以及求解相关题目都十分有用。本小节会介绍二叉树的几条主要性质以及它们的证明。

（1）在二叉树的第 i 层上至多有 2^{i-1} 个节点，$i \geq 1$。

当 $i=1$ 时，树中只有一个根节点，$2^{i-1}=2^0=1$。

每多一层，这一层的最大节点数就是前一层的两倍。比如说，第 $i-1$ 层有 $2^{(i-1)-1}$ 个节点，而第 i 层有 2^{i-1} 个节点，恰好等于第 $i-1$ 层节点的两倍，$2 \times 2^{(i-1)-1}=2^{i-1}$。

（2）深度为 k 的二叉树中至多有 2^k-1 个节点。

由性质（1）可得，第 i 层上至多有 2^{i-1} 个节点。

那么，深度为 k 的树中节点数最大时即为每一层都达到最大节点数时。此时，树中节点的总数为 $2^0+2^1+2^2+\cdots+2^{k-1}=2^k-1$（个）。

（3）非空二叉树上叶子节点的数量等于双分支节点的数量+1，即 $n_0=n_2+1$。

设 n_0，n_1，n_2 分别为树中度为 0，1，2 的节点数，此时总节点数 $n=n_0+n_1+n_2$。

设 B 为二叉树的分支数（分支即为连接两个节点的路径）。除根节点外，每个节点都有且仅有一条分支，所以 $n=B+1$。

而每个分支都由度为 1 或 2 的节点发出，度为 1 的节点发出一条分支，而度为 2 的节点发出两条分支，所以 $B=n_1+2n_2$。

最后，$n=B+1=n_1+2n_2+1=n_0+n_1+n_2$，所以 $n_0=n_2+1$。

3.4.2　满二叉树

顾名思义，满二叉树指每一层都达到了最大节点数的二叉树，也就是深为 k 且有 2^k-1 个节点的二叉树。它可以按从左到右、从上到下的顺序编号，如图 3-30 所示。

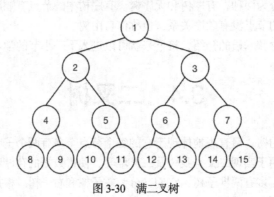

图 3-30　满二叉树

3.4.3　完全二叉树

在深度为 k 的完全二叉树中，所有的节点也按从左到右、从上到下的顺序编号。每个节点的编号都与深度为 k 的满二叉树中相应位置的节点一一对应。图 3-31 所示为完全二叉树。

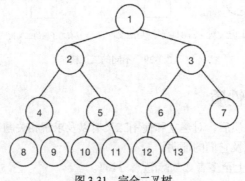

图 3-31　完全二叉树

正因这样的性质，完全二叉树的叶子节点只出现在最底部的两层，而左右子树的深度要么相等，要么相差 1。

同样，可以推出，当完全二叉树有 n 个节点时，它的深度为 $\lfloor \log_2 n \rfloor + 1$ ，这里 $\lfloor\ \rfloor$ 表示向下取整。设 k 为完全二叉树的深度，那么：

$2^{k-1}-1 < n \leqslant 2^k-1$, n 为整数

$2^{k-1} \leqslant n < 2^k$

$k-1 \leqslant \log_2 n < k$

$k = \log_2 n + 1$

我们还可以观察到，在完全二叉树中，父亲节点和孩子节点的编号有着一定的关系。

如图 3-32 所示，当父亲节点的编号为 i 时，左孩子节点的编号为 $2i$，右孩子节点的编号为 $2i+1$。

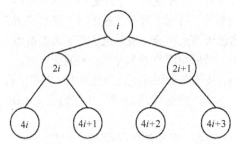

图 3-32　节点之间的编号关系

根据这个规律，我们也可以推出，当某个节点的编号为 i 时，它的父亲节点编号为 $[i/2]$。

在 Python 中，最常见的二叉树存储方法是顺序存储。当把二叉树存储在顺序列表中时，下标即为节点的编号，而元素本身则是节点所存储的数据。比如说，$T[2]=3$ 表示把编号为 2 的节点存储的元素赋值为 3。这时候，我们可以通过上面讲到的父亲孩子节点编号之间的关系来实现遍历等功能。同时，正因为这个性质，根节点在列表中的下标必须大于 0。

3.4.4　创建二叉树

二叉树有两种表示形式，一种是以列表的形式存储，所有元素的下标从 1 开始依次向后排列，编号为 i 的元素的左孩子编号为 $2i$，右孩子编号为 $2i+1$。

另一种表示形式不需要元素按顺序存储，而是在存储每个元素的同时存储左右孩子的位置。

```
#类的定义
class TreeNode:                         #二叉树节点的定义
    def __init__(self, val):
        self.val = val                  #二叉树的值
        self.left = None                #左孩子节点
        self.right = None               #右孩子节点
```

完成了类的定义后，我们开始创建这棵树：

```
Input = [0]                             #Input 列表用于存储输入
tree = [0]                              #tree 列表用于存储节点
Input = Input + input().split()
cnt = 1
for item in Input:                      #将所有节点转换为 treenode 类型
    tmp = TreeNode(item)
    tree.append(tmp)
for item in tree:
```

```
    if item.val == "null":                    #若节点为 "null"，则不加入 tree 中
        continue
    if 2 * cnt <= len(Input) and tree[2*cnt].val != "null": #找到每个节点的左子节点
        item.left = tree[2*cnt]
    if 2 * cnt + 1 <= len(Input) and tree[2*cnt+1].val != "null":#找到每个节点的右子节点
        item.right = tree[2*cnt+1]
    cnt += 1
```

输入格式应为：

```
1 2 3 4 5 null 6 null null 7
```

3.4.5　遍历二叉树

遍历二叉树的方法主要分 3 种：先序遍历、中序遍历和后序遍历。

先序遍历指最先遍历节点本身，再遍历节点的左子树，最后遍历右子树的遍历方法；中序遍历指最先遍历节点的左子树，再遍历节点本身，最后遍历右子树的遍历方法；而后序遍历指最先遍历节点的左子树，再遍历右子树，最后遍历节点本身的一种遍历方法。

在图 3-33 中，L 是左子树，R 是右子树，D 是当前节点。如果用这三个字母来表示 3 种遍历顺序，那么先序遍历是 DLR，中序遍历是 LDR，后序遍历是 LRD。

图 3-33　左右子树和根节点

我们可以看出，在遍历的过程中，无论使用哪种顺序，都是先遍历左子树，再遍历右子树。所以，遍历顺序的先、中、后，实际上是指当前节点在整个遍历顺序中的位置。三种遍历的代码大同小异，注意语句的排列顺序即可。

下面首先是以列表下标表示的二叉树的遍历代码：

```python
def preorder(i): #先序遍历
    if tree[i] == 0:
        return
    print(tree[i])
    preorder(2*i)
    preorder(2*i+1)


def inorder(i): #中序遍历
    if tree[i] == 0:
        return
    inorder(2*i)
    print(tree[i])
    inorder(2*i+1)


def postorder(i): #后序遍历
    if tree[i] == 0:
        return
    postorder(2*i)
    postorder(2*i+1)
    print(tree[i])
```

其次，是以存储的左右孩子地址来表示的二叉树，它的遍历函数写在类的内部：

```python
class TreeNode:
    def __init__(self,x):
        self.val = x
        self.left = None
```

```
        self.right = None

class BST:
    def __init__(self, tlist):
        self.root = TreeNode(tlist[0])
        for i in tlist[1:]:
            self.insert(i)
    def preorder(self,node):    #先序遍历
        if node is None:
            return
        print(node.val)
        self.preorder(node.left)
        self.preorder(node.right)

    def inorder(self,node): #中序遍历
        if node is None:
            return
        self.inorder(node.left)
        print(node.val)
        self.inorder(node.right)

    def postorder(self,node):  #后序遍历
        if node is None:
            return
        self.postorder(node.left)
        self.postorder(node.right)
        print(node.val)
```

二叉树的知识点介绍到这里就结束了，下一节是在二叉树的基础上实现的一类经典数据结构——二叉搜索树（Binary Search Tree）。

3.5　二叉搜索树

二叉搜索树是一种特殊的二叉树，树中的元素排列符合二叉搜索树性质。二叉搜索树中，每一个节点存储的元素称作该节点的键值。二叉搜索树也称二叉查找树。

3.5.1　二叉搜索树基础

二叉搜索树可以是一棵空树，也可以是具有如下几条性质的一棵二叉树。

（1）若任意一个节点的左子树非空，那么左子树中所有的元素都小于当前节点存储的元素。

（2）若任意一个节点的右子树非空，那么右子树中所有的元素都大于当前节点存储的元素。

（3）任意一个节点的左右子树也为二叉搜索树。

（4）二叉搜索树中没有两个节点有相同的键值。

根据这些性质可以推出，插入、删除和查找二叉搜索树操作的时间复杂度都是 $O(\lg n)$。

一般来说，二叉搜索树可以用 3 个列表模拟存储，它们分别是 left、right 和 key。这 3 个列表中，下标相同的位置属于同一个节点。编号为 i 的节点的左孩子用 left[i] 表示，右孩子用 right[i] 表示，而键值用 key[i] 表示。

3.5.2　二叉搜索树的操作

二叉搜索树支持的操作有：

（1）建立二叉搜索树；

（2）插入键值为 *x* 的节点；

（3）查询键值为 *x* 的节点在二叉搜索树中的排名；

（4）删除键值为 *x* 的节点；

（5）求键值为 *x* 的节点的前驱与后继。

二叉搜索树的每个节点和二叉树一样，有一个储存节点本身数据的

变量，还有两个储存左右孩子的变量，如图 3-34 所示。

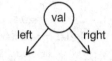

图 3-34　二叉搜索树的节点

同样，把树的节点定义为一个类：

```
class TreeNode:
    def __init__(self, val):
        self.val = val
        self.left = None
        self.right= None
```

随后，把二叉搜索树也定义为一个新的类。假设二叉搜索树中的所有元素都以列表的形式输入，我们可以在类内的 init() 函数中初始化。

初始化空二叉搜索树的代码如下：

```
class BST:
    def __init__(self, tlist):
        self.root = TreeNode(tlist[0]) #把第一个元素建立为根节点
        for i in tlist[1:]: #按顺序把剩下的元素用 insert() 函数插入二叉搜索树中
            self.insert(i)
```

这段代码中，用到了二叉搜索树的插入操作，在本节接下来的部分中会讲到。

在执行插入操作之前，首先要写出查找操作，即在二叉搜索树中查找是否有键值为 val 的节点。如果有，返回节点的位置；如果没有，返回 0。

我们用图 3-35 中这棵二叉搜索树来演示一下查找的过程，以查找键值为 8 的节点为例。

首先，如图 3-35 所示，从根节点开始查找。根节点的键值为 9，比我们要查找的键值要大。可以得出，要查找的节点若存在，必定在它的左子树中。

所以，要查找的下一个节点就是根节点的左孩子节点。如图 3-36 所示，进入左子树。

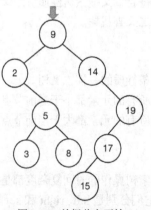

图 3-35　从根节点开始

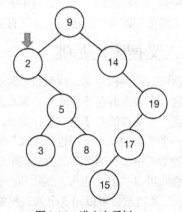

图 3-36　进入左子树

其次，把当前节点的键值和要查找的键值对比，发现它的键值小于要查找的键值。可以得出，要查找的节点若存在，必定在当前节点的右子树中。

重复类似的步骤，在键值为 5 的节点处同样判定为进入右子树，如图 3-37 所示。

此时，节点的键值与要查找的键值相等，返回当前位置，查找结束。

最后，我们用键值 18 来做一次查找，这一次 18 不存在于二叉搜索树中。同样，从根节点开始，通过当前节点的键值大小判定，走过键值为 9→14→19→17 的节点，如图 3-38 所示。

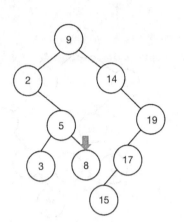

图 3-37　找到节点

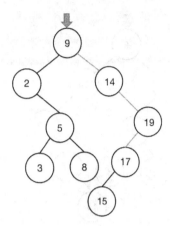

图 3-38　查找键值 18 的路径

此时，要查找的键值 18 大于当前节点的键值 17。如果要查找的节点存在，那么它必定在当前节点的右子树中。但是，当前节点的右孩子为空，说明不存在右子树，也不存在键值为 18 的节点。返回 0，查找结束。查找的路径如图 3-38 所示。

下面是查找操作的代码实现，同样作为类内的一个函数：

```
class BST:
    def __init__(self, tlist):
        self.root = TreeNode(tlist[0]) #把第一个元素建立为根节点
        for i in tlist[1:]: #按顺序把剩下的元素用 insert()函数插入二叉搜索树中
            self.insert(i)
    #查找
    def search(self, node, parent, data):
        if node is None: #如果当前的位置为空，但仍没有查找到与 data 相等的元素
            return 0, node, parent
        elif data == node.data: #查找到了与 data 相等的元素
            return 1, node, parent
        elif data < node.data: #data 小于当前节点的数据，进入左子树
            return self.search(node.left, node, data)
        else: #data 大于当前节点的数据，进入右子树
            return self.search(node.right, node, data)
```

在这段代码中，无论是否成功查找到 data，都要返回最后的节点 node 和它的父亲节点 parent，用于其他操作中。

而插入操作和查找操作的原理极为相似，使用相同的判定方法，为节点查找到插入的正确位置。

我们仍然以同一棵二叉查找树为例，用元素 18 模拟插入的过程。

如图 3-39 所示，插入操作同样从根节点开始，根节点上的键值 9 小于 18，说明 18 正确的插入位置应当在节点的右子树中。

类似地，18 也大于 14，所以仍然进入右子树，如图 3-40 所示。

按照这个规律，元素 18 的插入操作沿着 9→14→19→17 的路线一路向下，到达了键值为 17 的节点，如图 3-41 所示。

此时，元素 18 大于 17，应该进入 17 的右子树；但 17 的右指针为空，说明它没有右孩子。这时候，新建一个空节点，把新节点的键值赋值为 18，再让键值为 17 的节点的右指针指向新的节点。插入之后的二叉搜索树如图 3-42 所示。

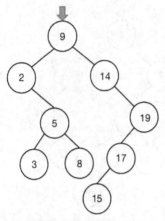

图 3-39　从根节点开始查找

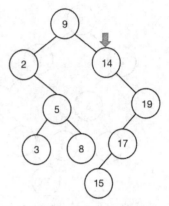

图 3-40　进入右子树

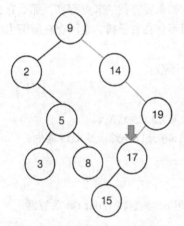

图 3-41　找到插入位置的父亲节点

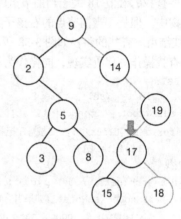

图 3-42　插入节点

这样，节点就插入完成了。如果二叉搜索树中节点的键值没有与要插入的元素重合，那么一定会有这样一个唯一的空位供新节点插入；反之，如果有重合的节点，那么一定会被查找到。这时候，不需要插入，直接 return 退出函数即可。

将插入操作的代码加入类中，具体如下：

```
class BST:
    #初始化
    def __init__(self, tlist):
        self.root = TreeNode(tlist[0])  #把第一个元素建立为根节点
        for i in tlist[1:]:  #按顺序把剩下的元素用 insert 函数插入二叉搜索树中
            self.insert(i)

    #查找
    def search(self, node, parent, data):
        if node is None:  #如果当前的位置为空，但仍没有查找到与 data 相等的元素
```

```
            return 0, node, parent
        elif data == node.data: #找到了与data相等的元素
            return 1, node, parent
        elif data < node.data: #data小于当前节点的数据，进入左子树
            return self.search(node.left, node, data)
        else: #data大于当前节点的数据，进入右子树
            return self.search(node.right, node, data)
    #插入
    def insert(self, data):
        exist, n, p = self.search(self.root, self.root, data) #接收查找操作的数据
        if exist: #如果数据为data的节点已经存在，则不需要执行插入操作，直接返回
            return
        else: #数据为data的节点不存在
            new_node = TreeNode(data) #新建一个节点
            if data > p.data: #如果data大于父亲节点，在右孩子的位置上插入
                p.right = new_node
            else: #如果data小于父亲节点，在左孩子的位置上插入
                p.left= new_node
```

除简单的查找操作外，我们还可以在二叉搜索树中查找一个数的前驱和后继。在二叉搜索树中，x 的前驱指小于 x 的所有数中最大的数，而后继指大于 x 的所有数中最小的数。同样地，我们用图片来演示查找前驱和后继的过程。

首先我们来看在二叉树中如何查找一个数的前驱。我们知道，作为 x 前驱的数一定是小于 x 的。那么，如果键值为 x 的节点有左子树，x 的前驱就是它左子树中键值最大的节点。如果键值为 x 的节点没有左子树，那么 x 的前驱一定在从根节点到 x 经过的查找路径中。很显然，查找的过程就是节点的键值向 x 靠近的一个过程。

以节点 5 为例，在二叉搜索树中查找它的前驱。

如图 3-43 所示，在搜索到键值为 5 的节点后，发现节点有左子树。

此时，进入左子树并查找左子树中的最大值。如果左子树中有多个节点，进入左子树后应当不断地往右继续遍历，直到右子树为空。此时，如图 3-44 所示，键值为 5 的节点的左子树中只有一个键值为 3 的节点；此时，该节点的右子树已经为空，那么 5 的前驱就是 3 了。

我们再以 15 为例求一次前驱。

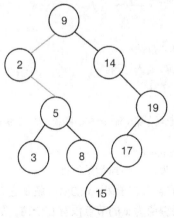

图 3-43　搜索到键值为 5 的节点

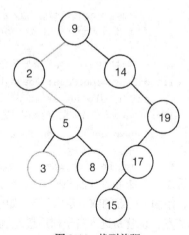

图 3-44　找到前驱

如图 3-45 所示，从根节点开始，查找算法走过了图 3-45 中最右侧的这一条路径，到达了键值为 15 的节点。而键值为 15 的节点没有左子树，则它的前驱在 9→14→19→17 这一条路径中。所以，在这一条路径经过的节点中，所有键值小于 15 的节点里最大的节点就是 15 的前驱。在这棵二叉搜索树中，15 的前驱是 14。

同理，如果二叉搜索树中不存在搜索值 x，那么 x 的前驱仍然在它经过的路径中。假设在同一棵二叉搜索树中搜索 18，会经过图 3-46 所示这样一条路径。

此时，如图 3-46 所示，查找函数到达一个空节点。在这种情况下，当前节点自然不会有左子树。采用同样的方法，在经过的路径中求得前驱 17 即可。

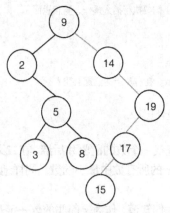

图 3-45　查找节点 15

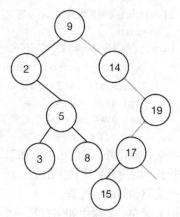

图 3-46　查找节点 18

在二叉搜索树中求前驱的代码如下：

```
#查找前驱
def getlast(self, node, data, maxn):
    if node is None: #如果当前的位置为空，但仍没有查找到与 data 相等的元素
        return 0, maxn #返回目前经过路径上最大的符合前驱要求的数
    elif data == node.data: #找到了与 data 相等的元素
        if node.left == None: #值为 data 的节点没有左子树
            return 1, maxn #返回目前经过路径上最大的符合前驱要求的数
        else: #值为 data 的节点有左子树
            tmp = node.left #进入左子树后找到左子树中最大的数
            while tmp.right is not None:
                tmp = tmp.right
            return 1, tmp #返回左子树中最大的数（最右边的数）
    elif data < node.data: #data 小于当前节点的数据，进入左子树
        return self.getlast(node.left, data, maxn)
    else: #data 大于当前节点的数据，进入右子树
        If maxn.data < node.data #如果当前数据比已经存储在 maxn 中的前驱要大，更新 maxn
            maxn = node
        return self.getlast(node.right, data, maxn)
```

查找后继的方法和查找前驱的方法极为类似，只需要改动一些判断条件即可。

同理，作为 x 后继的数一定大于 x。如果键值为 x 的节点有右子树，x 的后继就是它右子树中键值最小的节点，也就是进入右子树后最左侧的节点。如果键值为 x 的节点没有右子树，那么 x 的后继一定在从根节点到 x 经过的查找路径中。

我们以 14 为例，在图 3-47 中的二叉搜索树进行后继的查找。

在开始查找后，很快就找到了键值为 14 的节点，如图 3-47 所示。此时，进入 14 的右子树，并不断向左搜索，直到当前节点的左子树为空。很快，14 的后继 15 就找到了，如图 3-48 所示。

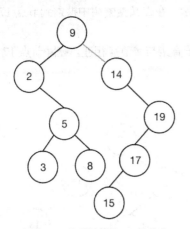 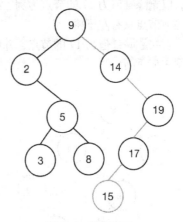

图 3-47　找到键值为 14 的节点　　　　　图 3-48　找到后继

当二叉搜索树中没有要查找的值，或查找到的节点没有右子树时，与查找前驱时一样，在路径中找到最小的后继即可。

下面是后继查找的代码实现：

```
#查找后继
def getnext(self, node, data, minn):
    if node is None: #如果当前的位置为空，但仍没有查找到与 data 相等的元素
        return 0, minn #返回目前经过路径上最小的符合后继要求的数
    elif data == node.data: #找到了与 data 相等的元素
        if node.right == None: #值为 data 的节点没有右子树
            return 1, minn #返回目前经过路径上最小的符合后继要求的数
        else: #值为 data 的节点有右子树
            tmp = node.right #进入右子树后找到右子树中最小的数
            while tmp.left is not None:
                tmp = tmp.left
            return 1, tmp #返回右子树中最小的数（最左边的数）
    elif data < node.data: #data 小于当前节点的数据，进入左子树
        if minn.data > node.data #如果当前数据比已经存储在 minn 中的后继要小，更新 minn
            minn = node
        return self.getlast(node.left, data, minn)
    else: #data 大于当前节点的数据，进入右子树
        return self.getlast(node.right, data, minn)
```

由于查找后继的代码与查找前驱结构基本相同，在此不多做阐述。

最后要讲到的一种操作是二叉搜索树中的删除操作，效果是删除二叉搜索树中键值为 x 的节点。首先，先查找到键值为 x 的节点，再进行删除操作。

在删除二叉搜索树中的节点时，又分为两种情况。

（1）键值为 x 的节点的子节点个数小于 2，此时直接删除掉当前节点，并令当前节点的子节点填补上删除后的空位，与父节点相连。

（2）键值为 x 的节点有左右子树，此时在二叉搜索树中查找键值 x 的后继节点 next。此时，next

必然没有左子树，所以直接删除 next，让 next 的右孩子代替 next 原来的位置。随后，再把键值 *x* 改成 next 的键值。

我们仍然用图解的方法来展示删除节点的过程。

首先，以删除键值为 17 的节点为例。如图 3-49 所示，在二叉搜索树中搜索到节点 17，并且得到判断：当前节点只有左子树。

此时，直接删除键值为 17 的节点，并使它的左孩子直接与父节点相连。删除节点 17 后的二叉搜索树如图 3-50 所示。

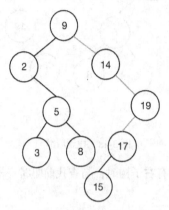
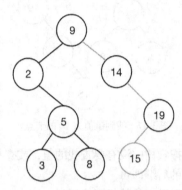

图 3-49　找到键值为 17 的节点　　　　　　　图 3-50　删除完毕

接着，举个待删除节点有两个孩子节点的例子。当要删除键值为 5 的节点时，同样先在二叉搜索树中进行搜索，如图 3-51 所示。

检测到当前节点有两个孩子节点，这时候，如图 3-52 所示，在二叉搜索树中查找 5 的后继，得到键值为 8 的节点。

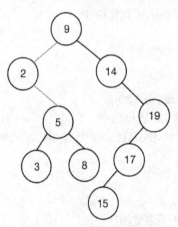
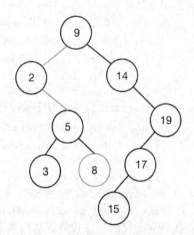

图 3-51　找到键值为 5 的节点　　　　　　　图 3-52　找到 5 的后继 8

此时，对键值为 8 的节点同样执行二叉搜索树中的删除操作。由于这个节点没有孩子节点，所以直接把这个节点删除即可。图 3-53 所示为删除后继完毕之后的二叉查找树。

最后，把原来要删除的节点上的键值改为后继的值，如图 3-54 所示。

至此，删除操作就完成了。

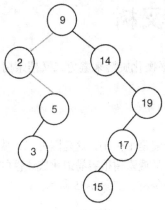

图 3-53　删除后继完毕

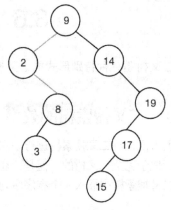

图 3-54　改变要删除节点的键值

二叉搜索树中删除操作的代码实现如下：

```
#删除操作
def delete(self, root, data):
    exist, n, p = self.search(root, root, data)
    if not exist: #要删除的数据不存在
        print("data does not exist")
    else:
        if n.left is None: #要删除的节点左子树为空
            if n == p.left: #如果 n 是左孩子，把 p 的左孩子赋值为 n 的右孩子
                p.left= n.right
            else: #如果 n 是右孩子，把 p 的右孩子赋值为 n 的右孩子
                p.right= n.right
            del n #删除 n
        elif n.right is None: #要删除的节点右子树为空
            if n == p.left: #如果 n 是左孩子，把 p 的左孩子赋值为 n 的左孩子
                p.left= n.left
            else: #如果 n 是右孩子，把 p 的右孩子赋值为 n 的左孩子
                p.right= n.left
            del n #删除 n
        else: # 左右子树均不为空
            tmp = n.right #进入 n 的右子树
            if tmp.left is None: #如果 n 的右孩子没有左子树，则 n 的右孩子就是 n 的后继
                n.data = tmp.data
                n.right = tmp.right
                del tmp
            else:
                next = tmp.left
                while next.left is not None: #在右子树中查找 n 的后继
                    tmp = next
                    next = next.left
                n.data = next.data
                tmp.left= next.right
                del next #删除 next
```

把实现这些操作的函数都写在类中，就可以组成一棵拥有完整功能的二叉搜索树了。

3.6 平衡二叉树

平衡二叉树是一种特别形式的二叉搜索树，它采用平衡化旋转来避免二叉搜索树出现退化的情况。

3.6.1 二叉搜索树的效率

理论上来说，对二叉搜索树进行一次操作的时间复杂度是 $O(\lg n)$，这是因为二叉搜索树在理想状态下是近似于完全二叉树的。但是，在实际操作中，二叉搜索树很容易退化成线性的数据结构。例如，往二叉搜索树中插入一个有序序列，这时会得到一条链，如图 3-55 所示。

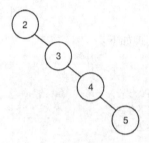

图 3-55　二叉搜索树退化成线性

这时候，对二叉搜索树进行操作的平均时间复杂度就会退化成 $O(n)$。

左右子树的大小相差巨大的二叉搜索树，就处于非常不平衡的状态。这样的状态会使操作的时间复杂度大大提高。为了维持二叉搜索树的平衡状态，就出现了不同的平衡二叉树算法。

3.6.2 AVL 树

本节要讲到的平衡二叉树，又称为 AVL 树。它维持二叉搜索树平衡的根本在于持续维护这样一个性质：二叉搜索树中，每一个节点的左右子树深度差的绝对值不大于 1。

举例来说，图 3-56（a）所示为 AVL 树，而图 3-56（b）所示则不是 AVL 树。

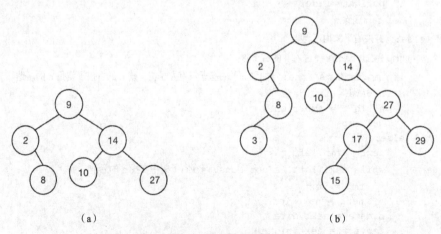

（a）　　　　　　　　　　　　　　　　　（b）

图 3-56　两棵二叉树

那么，如何判断一棵树是否符合 AVL 树的性质？答案就是维护每个节点的平衡因子。

每个节点的平衡因子即为节点左子树的深度减去右子树的深度得到的差。在符合 AVL 性质的情况下，平衡因子只能取-1、0、1。

正因为这样，在插入或删除一个节点之后，要从插入或删除的位置沿通向根的路径回溯，更新这些经过的节点的平衡因子。在检测到当前节点的平衡因子的绝对值大于 1 时，停止回溯，根据回溯路径中当前节点以及当前节点深度+1 和深度+2 两层节点的位置，选择旋转方法对二叉树的结构进行调整。

如果一棵平衡二叉树中的节点发生了变化，使二叉树不再平衡，此时需要采用平衡化旋转来调整树的结构，使得在不破坏二叉搜索树性质的情况下，让二叉树重新达到平衡。

平衡化旋转分为两种：单向旋转和双向旋转。

如果回溯路径中当前节点以及下两层节点处于一条直线上，就可以采用单向旋转。

如果在下两层的节点中，每一个节点都是父亲节点的右孩子，那么如图 3-57 所示，此时采用单向左旋。

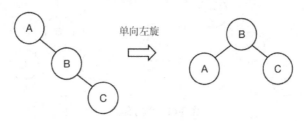

图 3-57　单向左旋

由于此处 A<B<C，所以左旋后并不破坏二叉搜索树的性质，而刚好使得平衡因子恢复到符合 AVL 树性质的大小。

这样的过程同样可以用图来展示。举例来说，在图 3-58 这样一棵平衡二叉树中插入节点后，整棵树就变得不平衡了。每个节点上方的数字就是该节点的平衡因子，而长方形代表子树，长方形里面的式子等于它的深度。

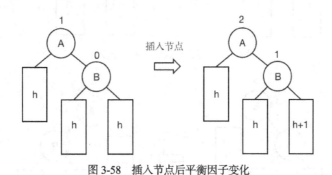

图 3-58　插入节点后平衡因子变化

要想调整二叉树的结构，这里就要用到平衡左旋了。

我们取每一棵子树的根节点来代表这一整棵子树，用一共 5 个节点来演示单向左旋的过程。图3-59 所示就是单向左旋的效果。

平衡树的结构最后被调整成了图 3-60 所示这样，而平衡因子也重新变得符合 AVL 树性质了。

同样的道理，如果需要进行平衡旋转时，当前节点的下两层节点都是父节点的左孩子，那么就需要采用单向右旋。

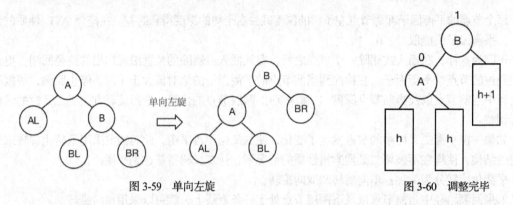

图 3-59　单向左旋　　　　　　　　　　图 3-60　调整完毕

单向右旋的道理和单向左旋非常相似，下面就主要用图来演示，不多做讲解了。单向右旋的过程如图 3-61～图 3-63 所示。

图 3-61　单向右旋

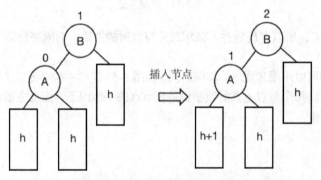

图 3-62　插入节点后平衡因子变化

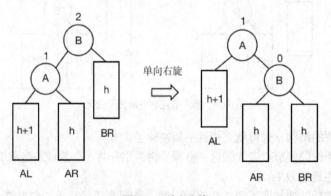

图 3-63　单向右旋

同样，此处 A<B<C，所以右旋后并不破坏二叉搜索树的性质。

下面看看如何用代码实现单向平衡旋转：

```python
#单向左旋函数，其中parent是p的父节点
def SingleTurnL(parent, p):
    q = p.right #找到下一层的节点
    #重新连接子树的位置
    p.right = q.left
    q.left = p
    if p == parent.left: #把q连接到原来p的父节点
        parent.left = q
    else:
        parent.right = q

#单向右旋函数，其中fa是p的父节点
def SingleTurnR(parent,p):
    q = p.left
    #重新连接子树的位置
    p.left = q.right
    q.right = p
    if p == parent.left: #把q连接到原来p的父节点
        parent.left = q
    else:
        parent.right = q
```

双向旋转实际上是进行两次不同方向的单向旋转操作。在当前节点以及下两层的节点构成折线形状时，需要进行双向旋转。根据进行不同方向单向旋转的先后顺序，双向旋转也被分为两类：先左后右双向旋转和先右后左双向旋转。

在经过的回溯路径中，如果深度为当前节点深度+1的节点是当前节点的左孩子，而深度为当前节点深度+2的节点是深度+1层节点的右孩子时，使用先左后右双向旋转。

图3-64所示为旋转的过程。可以看出，在调整二叉树结构的过程中，先进行一次单向左旋，再进行一次单向右旋。

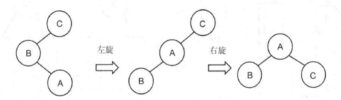

图 3-64　先左后右双向旋转

根据原本的结构可以推断出，B<A<C，经过双向旋转后，二叉搜索树的性质仍然保留着。

把每个节点的子树用长方形表示出来，我们再来模拟一下二叉搜索树的平衡被破坏时的情况（见图3-65）。

在破坏之后，为了维持二叉搜索树的平衡，我们进行先左后右双向旋转。

首先我们要对A、B以及它们的子树做单向左旋，如图3-66所示。

对A、B的单向左旋结束后，把A与C相连，然后再对A和C做单向右旋。如图3-67所示，在单向右旋的过程中，B和B的子树被看作一个整体。

经过两次旋转后，二叉树又重新变得平衡了。

按同样的规律，先右后左双向旋转适用于这种情况：深度为当前节点深度+1的节点是当前节点的右孩子，而深度为当前节点深度+2的节点是深度+1层节点的左孩子。

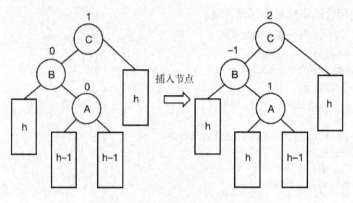

图 3-65　插入节点后平衡因子变化

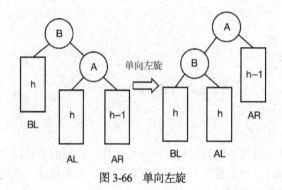

图 3-66　单向左旋

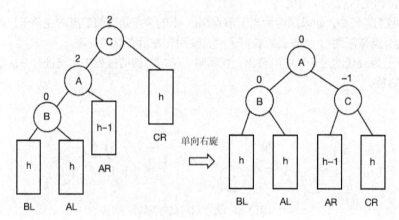

图 3-67　单向右旋

这种情况下，先对 A、B 两节点进行单向右旋，再对 A、C 两节点进行单向左旋，如图 3-68 所示。

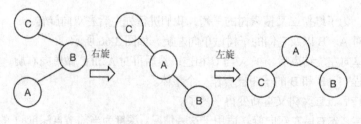

图 3-68　先右后左双向旋转

同样地，我们以图示的形式把旋转过程展现出来。

如图 3-69 所示，在二叉树中插入节点后，二叉树的平衡性被破坏了。

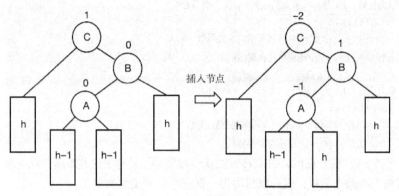

图 3-69　插入节点后平衡因子变化

把节点 A、B 单独拿出来进行单向右旋，如图 3-70 所示。

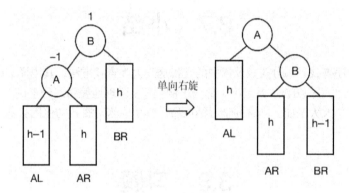

图 3-70　单向右旋

把 B 和它的子树看成一个整体，作为 A 的右子树，再对节点 A、C 进行单向左旋，如图 3-71 所示。

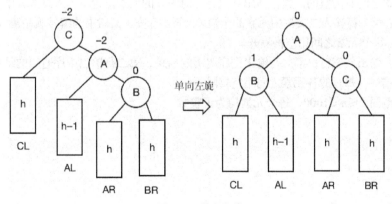

图 3-71　单向左旋

这样，二叉树又重新变得平衡了。

而在写好了单向旋转函数的基础上，双向旋转函数的逻辑就很简单了，即调用两次单向旋转函数。

代码可以这么写：

```
#先左后右双向旋转，fa 是 p 父节点的位置，p 是当前节点
def DoubleLR(fa,p):
    SingleTurnL(p,left[p])  #调用单向左旋函数
    SingleTurnR(fa,p)  #调用单向右旋函数

#先右后左双向旋转，fa 是 p 父节点的位置，p 是当前节点
def DoubleRL(fa,p):
    SingleTurnR(p,right[p])  #调用单向右旋函数
    SingleTurnL(fa,p)  #调用单向左旋函数
```

到这里，维持 AVL 树平衡的 4 种旋转方法就学习完毕了。有了这些旋转方法，再加上前面所学到的二叉搜索树基本操作函数，就可以编写出一棵完整的平衡二叉树了。

除 AVL 树，还有 TREAP（树堆）、红黑树等数据结构，都是以维持二叉搜索树平衡的宗旨来设计的。

3.7 小结

本章讲解了顺序查找、二分查找及树中的查找这三大类查找方法，其中详细讲解了二叉搜索树的操作以及 AVL 树的平衡方法，并给出了部分示例程序。合理地使用二分查找、二叉搜索树和平衡树可以使得查找效率大大增加。本章的学习结束后，学生应当对查找的使用有基本的概念，并能够独立编写查找的程序。

3.8 习题

1. 已知一棵有 n 个元素的二叉树存储在一个列表中。输出先序遍历、中序遍历和后序遍历这棵二叉树的结果。（注：列表中每个元素的下标即为它在二叉树中的编号，下标从 1 开始。如果按编号顺序排列的元素之间有为空的位置，则用 0 代替，值为 0 的元素位置不算入总数 n 中。）

输入格式：第一行输入二叉树中元素的个数 n，第二行按二叉树中的编号顺序输入 $n+x$ 个元素，x 为 0 的个数；每个元素之间用空格隔开。

输出格式：输出共三行；第一行输出先序遍历的结果，第二行输出中序遍历的结果，第三行输出后序遍历的结果，每行的各元素之间用空格隔开。

保证数据范围 $1 \leqslant n \leqslant 1000$，每个元素均为正整数。

范例输入：

```
6
2 9 3 1 0 7 8
```

范例输出：

```
2 9 1 3 7 8
1 9 2 7 3 8
1 9 7 8 3 2
```

2. 有 n 个正整数，已知它们按因数个数的多少从小到大排列；在因数个数相同的情况下，两个数按它们的值从小到大排序。现在，我们想找到所有因数个数等于 x 的数中最大的一个数，该如何

解决这个问题？提示：使用二分查找的思想。

输入格式：第一行输入两个数 n 和 x，中间用空格隔开；第二行输入 n 个按题目要求排序的数。

输出格式：输出一个符合题目要求的数。

保证数据范围 $1 \leqslant n \leqslant 10^4$。

范例输入：

```
6 4
1 3 5 6 8 10
```

范例输出：

```
10
```

3. 按题目要求，建立一棵二叉搜索树。

可以对二叉搜索树进行 3 种操作。

（1）插入元素 x，格式为：I　x。

（2）删除元素 x，格式为：D　x。

（3）查询元素 x 是否存在于二叉搜索树中，格式为：S　x。

其中，x 为一个正整数，x 前面的字母代表进行了何种操作。进行查询操作后，如果元素存在于二叉搜索树中，需要输出 1；如果不存在，输出 0。

一共有 n 条操作，保证输入的所有操作均为合法操作。（当二叉搜索树为空时不会给出删除操作等，即不必对特殊情况进行判定。）

输入格式：第一行输入一个数 n，接下来 2 到 $n+1$ 行每一行输入一个代表操作的字母和一个数 x，中间用空格隔开。

输出格式：每次进行查询操作后输出；每次查询操作的输出结果单独占一行。

保证数据范围 $1 \leqslant n \leqslant 1000$。

范例输入：

```
5
I 1
I 4
S 4
D 4
S 4
```

范例输出：

```
1
0
```

4. 按题目要求，建立一棵二叉搜索树。

可以对二叉搜索树进行 4 种操作。

（1）插入元素 x，格式为：I　x。

（2）删除元素 x，格式为：D　x。

（3）查询元素 x 的前驱，格式为：P　x。

（4）查询元素 x 的后继，格式为：S　x。

其中，x 为一个正整数，x 前面的字母代表进行了何种操作。进行两种查询操作后，如果元素存在于二叉搜索树中：

（1）如果元素有前驱/后继，输出它的前驱/后继；

（2）如果二叉搜索树中不存在它的前驱/后继，输出自己定义的正无穷/负无穷。

如果元素不存在于二叉搜索树中，输出 0。

一共有 n 条操作，保证输入的所有操作均为合法操作。（当二叉搜索树为空时不会给出删除操作等，即不必对特殊情况进行判定。）

输入格式：第一行输入一个数 n，接下来第 2 到 $n+1$ 行每一行输入一个代表操作的字母和一个数 x，中间用空格隔开。

输出格式：每次进行查询操作后输出；每次查询操作的输出结果单独占一行。

保证数据范围 $1 \leqslant n \leqslant 10^5$。

范例输入：

```
8
I 1
I 4
I 5
P 4
P 5
I 3
D 4
P 5
S 6
```

范例输出：

```
1
4
3
0
```

5. 已知有 n 个数，将它们按输入顺序依次插入进一棵二叉平衡树中。请问这棵平衡树的深度是多少？

输入格式：第一行输入一个数 n，第二行输入 n 个正整数，每个数之间用空格隔开。

输出格式：输出一个表示深度的正整数。

保证数据范围 $1 \leqslant n \leqslant 10^5$。

范例输入：

```
8
1 5 4 2 3 7 6 9
```

范例输出：

```
4
```

第4章
双指针问题

指针存储着计算机中一个内存空间的地址，它是编程语言中的一个对象。通过它存储的地址，计算机可以找到存储在计算机存储器中另一个地方的变量单元。一个特定的地址指针指向一个特定的变量单元。在重复读取数据的情况下，使用指针可以改善程序性能。同时，指针还可以有效利用存储器中非连续的内存。

4.1　单链表

链表是用指针连接的用于存储数据的数组。在很多编程语言中，定义数组的大小后不能随便更改，而且数组中只能存储同一类型的变量。为解决这个问题，程序员使用链表来达到随时向数组中添加各种数据的目的。

在 Python 中，并不存在实际意义上的指针，所以也不存在实际意义上的链表。Python 中列表的工作原理就是链表。本章中会用模拟指针的方法来实现链表，以表现链表连接各个元素的思想。

4.1.1　建立单链表

链表的每个元素不仅仅存储这个元素的值，还要存储与它相连的元素的地址，起到连接元素的效果。这个存储在元素中的地址就是指向下一个元素的指针。单链表的每个元素包含本身的值和一个指向下一个元素的指针。因为链表的最后一个数没有下一个数，所以它的指针为空指针。图 4-1 所示为单链表的示例。

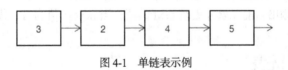

图 4-1　单链表示例

我们人为规定有序链表存储的元素的先后顺序为从小到大。但是，在计算机内部原本的连续存储空间中，元素的存储顺序可能是无规律排列的，如图 4-2 所示。

图 4-2　元素的存储顺序

使用指针连接有序连接各个元素之后，就形成了图 4-3 所示效果。

接下来，按照这种逻辑关系建立一个单链表。

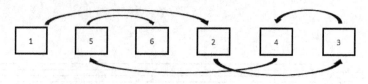

图 4-3　用指针连接元素

把链表中的每一个元素存储的值存储在一个列表里，再把它们的指针存储在另一个列表里。每个元素对应的指针存储着下一个元素的下标。

```
ListValue = [1,5,6,2,4,3]
ListPointer = [3,2,-1,5,1,4]
```

在两个列表中，相同下标的元素属于链表中的同一个元素。也就是说，链表的第一个元素的值是 1，它在列表 ListValue 中的下标是 0，则 ListPointer[0] == 3 就是链表的这个元素存储的指针。

这个指针指向下一个元素，也就是 ListValue 中下标为 3 的数值 2。和 2 属于链表中同一个元素的指针是 ListPointer[3]，它指向下一个数值。以此类推，直到有一个指针的值为-1，代表它的后面没有其他元素了。ListValue 和 ListPointer 这两个列表合起来就建立了一个模拟链表。

需要注意的是，链表的第一个元素并不一定处于列表下标为 0 的位置。所以，往往还需要一个单独的指针变量来存储第一个元素的位置。这个指针被称为头指针。

4.1.2　遍历单链表

通过运用上一小节讲到的链表元素之间的逻辑关系，可以达到遍历列表的目的。

下面的程序在遍历链表的同时依序输出了链表中的元素：

```
ListValue = [1,5,6,2,4,3]
ListPointer = [3,2,-1,5,1,4]
head = 0                          #head 是指向链表第一个元素的指针，需要自己定义
next = head                       #给 next 赋初始值
while next != -1:                 #next 是指向下一个元素的指针，不等于-1 代表后面还有元素
    print(ListValue[next])        #输出下一个元素中存储的值
    next = ListPointer[next]      #把指针变为下一个元素中存储的指针
```

指针 next 存储当前遍历到的元素中指向下一个元素的指针。虽然在第一个元素前并不存在其他的元素，但把 next 赋值为头指针就可以直接从第一个元素输出，开始循环。

每循环一次，都要输出当前元素并更新 next 的值；当 next 的值为-1，代表没有下一个元素时，遍历就结束了。

4.1.3　插入单链表

建立单链表时，必不可少的是向单链表中添加元素。

图 4-4 所示是一个有序单链表。我们想把新元素 3 插入到合适的位置——2 的后面、4 的前面。这时候该怎么做呢？

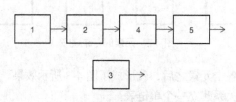

图 4-4　向单链表中插入元素

第一步：把新元素的指针指向它将要插入的位置后方的元素，也就是 4。"指针指向一个元素"的过程即为把指针的值赋为后方元素地址的过程，如图 4-5 所示。

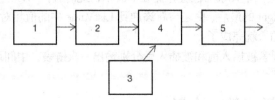

图 4-5　将元素插入单链表的第一步

第二步：像图 4-6 这样，把新元素前面元素的指针指向这个新元素。

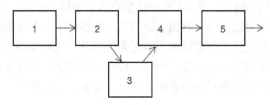

图 4-6　将元素插入单链表的第二步

这样，原来的链表和新元素就被连在一起，形成了一个更长的链表。需要注意的是，给指针赋值的顺序一定不能改变，否则会出现地址丢失的情况。

了解了把元素插入单链表的方法后，我们用程序实现插入单链表：

```
ListValue = [1, 4, 5, 2]
ListRight = [3, 2, -1, 1]
head = 0                                    #初始化头指针
num = 3                                      #num 为要插入的元素
next,last = head,head                        #初始化表示插入位置的下一个元素和上一个元素的指针

def Output():                                #定义一个函数用于输出链表
    next = head
    while next != -1:
        print(ListValue[next])
        next = ListRight[next]

Output()                                     #输出列表查看插入前的顺序

while ListValue[next] <= num and next != -1: #找到适合插入元素的位置
    last = next
    next = ListRight[next]

ListValue.append(num)                        #向数组末尾加上新元素的值
ListRight.append(ListRight[last])            #加上新元素指针指向的位置（下一个元素）
ListRight[last] = len(ListValue)-1           #上一个元素的指针指向新元素

Output()                                     #输出列表查看结果
```

列表中的元素排列顺序只取决于指针存储的地址，而与它实际在数组中的排序无关，所以直接

把新元素加在列表末尾即可；它是最后一个值，所以它的下标即为 len(ListValue)-1。

在把上一个元素的指针指向新元素之前，要把新元素的指针指向下一个元素。假设下一个元素的位置存储在 next 中，上一个元素的位置存储在 last 中，此时我们可以通过 while 循环的代码，把 next 指针的值加在 ListRight 的最后，使之与新添加到 ListValue 中的值相对应，随后把 last 指针赋值为新元素的位置，整个插入就完成了。

在这段程序中，在元素被插入前和被插入后分别输出一次链表，中间用空行隔开，可验证我们的程序是否正确。

4.1.4 删除单链表第 *n* 个数

以上内容讲述了如何向链表中插入元素，接下来的内容是如何删除链表中的元素。我们先来看一看删除单链表中的元素的图示。

图 4-7 所示的是原来的单链表，图 4-8 所示的是完成了单链表中元素的删除的效果。我们发现，单链表的删除只需要一步就可以完成。直接通过当前元素指向下一个元素的指针来找到下一个元素的下一个元素的位置，然后把这个位置赋给当前元素的指针，这样当前元素的指针就跳过下一个元素，直接连接了下一个元素的下一个元素。所以，即使原来的下一个元素仍然有指向下一个元素的下一个元素的指针，以指针的顺序遍历列表时，这个元素也不会出现了。

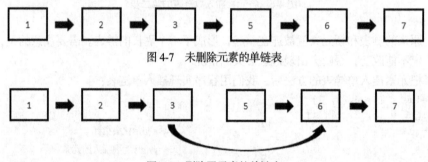

图 4-7　未删除元素的单链表

图 4-8　删除了元素的单链表

现在来编程实现这个删除过程。

第一步还是建立这个单链表并确定头指针的位置：

```
ListValue = [1, 5, 6, 2, 7, 3]                           #建立单链表
ListRight = [3, 2, 4, 5, -1, 1]
head = 0                                                 #确定头指针
```

第二步就是删除元素的过程。我们想删除的是值为 5 的元素，它在 ListValue 中的位置是 1，则需要知道前一个元素的下标，也就是 3 的下标，是 5。真正删除元素的代码只需要一行。我们通过 ListRight[prepos] 得到下一个元素的位置，再通过这个位置来得到下一个元素的下一个元素的位置，也就是 ListRight[ListRight[prepos]]。

```
ListValue = [1, 5, 6, 2, 7, 3]                           #建立单链表
ListRight = [3, 2, 4, 5, -1, 1]
head = 0                                                 #确定头指针
prepos = 5                                               #确定要删除的元素的前一个数的位置
ListRight[prepos] = ListRight[ListRight[prepos]]         #删除元素
```

把得到的这个位置赋给要删除的元素的前一个数，也就是当前的数的指针，就完成了整个删除过程。

4.2 双指针的应用

在算法中，指针的概念常常被应用。比如说二分查找中存储查找范围最左和最右元素的两个变量，就可以理解为左指针和右指针，因为它们起到了"存储数据储存位置"的作用。

在 Python 中，标准意义上的指针并不存在。不过，Python 语言的许多内置函数和功能都使用了指针来编写——比如说列表，实际上是以链表的形式存在的。不过，程序员无法在用 Python 编写程序的时候直接使用真正意义上的指针；所以，本书会以模拟指针的形式在 Python 中传达指针的概念。

4.2.1 数组合并

编写程序时，我们可以通过下标来找出某个值。存储下标值的变量可以被看作一个指针。我们可以以这个概念来实现 Python 中的指针问题。这种问题称为"模拟指针问题"，因为它用到了指针的思想，但没有用到真正意义上的指针。

数组合并问题是一个典型使用了指针思想的问题：有两个从小到大有序排列的数组，如图 4-9 所示。

| 3 | 6 | 9 | 12 | 15 |
| 2 | 4 | 7 | 13 | 14 |

图 4-9 两个有序数组

有两个长度为 5 的有序数组。使用指针的思想，就可以把它们合并成一个从小到大排列的数组。先用图来演示合并数组的过程。

第一步：如图 4-10 所示，拿出第二个数组的第一个元素，把它和第一个数组的第一个元素进行比较。

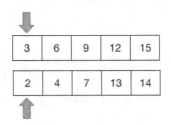

图 4-10 第一次比较

2 小于第一个元素 3，此时把 2 放入一个空列表的第一位，如图 4-11 所示。

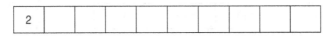

图 4-11 把元素加入结果列表中

第二步：完成第一步后，第二个列表的指针向后一位，指向第二个元素 4。再把两个指针指向的元素比较，3 小于 4，这时把 3 加入结果列表中，如图 4-12 所示。

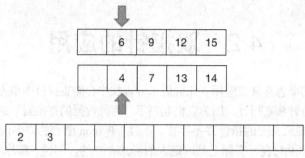

图 4-12　向第一个数组中插入 2

第三步：相似地，不断重复比较两个指针指向的元素并把它们加入结果列表，以图 4-13 为例。

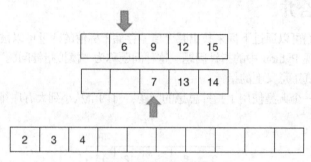

图 4-13　重复以上步骤

第四步：如图 4-14 所示，两个列表中都只剩下一个元素。这时候，第二个列表中的元素 14 比较小。把元素 14 加入结果数组。如图 4-15 所示，此时，已经有一个列表全部加入了结果列表，所以另一个列表中的元素可以直接全部按顺序加入列表的最后几位。

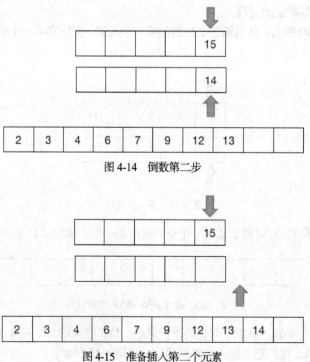

图 4-14　倒数第二步

图 4-15　准备插入第二个元素

数组就合并成图 4-16 所示的样子了。

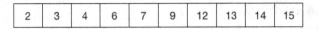

| 2 | 3 | 4 | 6 | 7 | 9 | 12 | 13 | 14 | 15 |

图 4-16　排序完成

再把这个过程转化为程序：

```
arr1 = [3,6,9,12,15]               #初始化两个数组
arr2 = [2,4,7,13,14]
i,j = 0,0                          #指针初始化，指向列表第一个数
ans = []                           #ans 初始化为空
while i < len(arr1) and j < len(arr2):   #当有一个指针不再指向元素时停止循环
    if arr1[i] <= arr2[j]:         #判断大小，把元素加入结果列表，挪动指针
        ans.append(arr1[i])
        i += 1
    else:
        ans.append(arr2[j])
        j += 1

if i == len(arr1):                 #把还有剩余长度的列表中的元素加入结果列表
    ans += arr2[j:]
else:
    ans += arr1[i:]
print(ans)
```

这样，就使用模拟指针完成了两个有序数组的合并。

4.2.2　删除单链表倒数第 n 个数

链表的表示方法除使用两个列表的方法外，还可以使用对象的方式。例如下面的类：

```
#节点定义
class ListNode:
def __init__(self, v):
    self.val = v
    self.next = None
```

类的 val 属性存储数据，next 属性存储下一个节点。

现在的问题是，给定一个链表，删除链表的倒数第 n 个节点。例如，链表为 1→2→3→4→5，删除倒数第三个数据后链表变为 1→2→4→5。

分析下问题，可得知想要删除倒数第 n 个数据，只需要把倒数第 $n-1$ 个节点的 next 值改为第 $n+1$ 个节点即可。那么问题就变成了如何找到第 $n-1$ 个节点的问题。

首先，我们需要创建两个指针 fast 和 slow，同时为了防止出现倒数第 n 个节点正好是第一个节点的特殊情况，需要先创建一个临时节点作为头节点，并把两个指针都赋值为链表的头节点，如下：

```
#删除倒数第 n 个数据
def removeLastNth(head, n):
    temp = ListNode(0)
    temp.next = head
    fast = slow = temp
```

然后，让 fast 指针先走 n 步，slow 指针保持原地不动。

```
while c < n:                #fast 先走 n 步
    fast = fast.next
```

```
    c += 1
```

接下来，让 fast 指针和 slow 指针同时移动，当 fast 指针指到最后一个元素时，那么 slow 指针指向的元素即为倒数第 $n-1$ 个节点。

```
while fast.next:
    fast = fast.next
    slow = slow.next
```

经过前面的操作，slow 指针已经指向倒数第 $n-1$ 个节点，最后，让 slow 指针指到它的下一节点的下一个节点，即删除倒数第 n 个节点，代码如下：

```
slow.next = slow.next.next
```

本问题的核心思想是通过两个指针寻找倒数第 $n-1$ 个节点，再删除第 n 个节点，完整代码如下：

```
#节点定义
class ListNode:
    def __init__(self, v):
        self.val = v
        self.next = None
#删除倒数第 n 个数据
def removeLastNth(head, n):
    temp = ListNode(0)
    temp.next = head
    fast = slow = temp
    c = 0
    while c < n:                    #fast 指针先走 n 步
        fast = fast.next
        c += 1
    while fast.next:
        fast = fast.next
        slow = slow.next
    slow.next = slow.next.next
return temp.next
```

4.3 小结

链表是一种基础的数据结构，常规数组存储数据的方式要求物理位置必须连续，而链表通过指针来保存逻辑顺序，这就是链表最明显的好处——可以最大化利用计算机的零碎空间。在单指针问题中，每个元素只需要一个指针，而如果想要正反都可以遍历链表，往往需要每个元素都包含两个指针才能做到。

4.4 习题

1. 合并两个有序单链表，使得新链表还是有序的。
2. 删除有序单链表中的重复数据。
3. 给定一个单链表，找到其正中间的一个数据，如果链表中含有偶数个数据，返回中间两个数据的任意一个。
4. 给定一个数组，数组中元素有奇数也有偶数。要求对数组进行处理，使得数组的左边为奇数，右边为偶数。

第5章 哈希算法

哈希算法也是一种查找算法，可以说哈希算法是最快的查找算法。对于查找问题而言，哈希算法一直是首选算法。

5.1　哈希算法的原理

在日常生活中，信息的重要性不言而喻，我们常常需要使用搜索引擎来解决日常生活中的大量问题，其中的一项关键技术就是数据查找算法。因此，如何提高数据查找的效率是我们不断追求的目标。

第4章介绍了常见的基础查找算法。后面的章节中还会对深度优先搜索算法和广度优先搜索算法进行介绍。查找算法一般可分为如下几种，如图 5-1 所示。

图 5-1　常见的数据查找算法

顺序查找是最简单的查找方式，需要把所有数据遍历一遍，所以效率相对较低，对大数据量的查找问题不太适合。

二分查找的查找效率非常高，但是数据必须有序，而对数据排序通常需要更多的时间开销，因此只适用于在排好序的数据中查找。

后面章节中介绍的深度优先搜索算法、广度优先搜索算法，是一种暴力查找法的优化算法，同样对大数据量的查找问题效率也不高。

艺术来源于生活，编程也一样来源于生活。

在生活中，要想随时能够找到自己的东西，最好的办法就是把东西放到固定的地方，每次需要它的时候就去相应的地方找，用完以后再放回原处。例如，剪刀就放到阳台柜子的第二个抽屉，袜子就放到衣柜的第三层等。

哈希算法也是一样的原理。简单来说，就是把一些复杂的数据，通过某种函数映射关系，映射成更加易于查找的方式。每个数据都会映射为独一无二的地址，数据存储时，它会存储于这个地址，取数据时，还会在这个地址取。哈希算法就像一本字典，当需要查词的时候，通过目录找到页码，再到对应页码就能找到所需要的内容了。

这种映射关系有可能会发生多个关键字映射到同一地址的现象，称为冲突。在这种特殊情况下，需要对关键字进行第二次或更多次的处理，在其他的大多数情况下，哈希算法可以实现在常数时间内存储和查找这些关键字。

5.2　哈希函数

哈希算法进行查找的基本原理是根据总体数据量预先设置一个数组，使用一个哈希函数并以数据的关键字作为自变量，得到唯一的返回值。这样就可以利用哈希函数将数据元素映射到数组的某一位置并把数据存放在对应位置上。在查找时，通过哈希函数计算该数据应该存储在哪里，再到相应的存储位置取出查找的数据。

哈希是一种高效查找算法，也是一种高效的存储算法。哈希算法是在时间和空间上做出权衡的经典例子。如果没有存储的限制，我们可以直接将关键字作为数组的索引，那么所有查找操作只需要访问内存一次即可完成。但是这种理想情况只在数据量较小时可以应用，而当数据量很大时需要的内存则会太大。哈希算法是在空间和时间的开销之间找到了一种平衡。

因此，设计一个好的哈希函数是重中之重，好的哈希函数应该使每个关键字都尽可能地散列到每一个位置中去。

我们面对的第一个问题就是如何设计一个易于计算并且均匀分布所有的键的哈希函数。这一节将会介绍除法哈希算法、乘法哈希算法、平方取中法、随机数哈希算法。

5.2.1　除法哈希算法

先来看第一个哈希函数：除法哈希。用每一个关键字去除以一个特定的质数，所得的余数就是该关键字的哈希值。通过 x 除以 m 的余数将关键字映射到数组的 m 个位置中。

哈希函数公式为：

$$h(x) = x \bmod m$$

例如，有一组数据 3、11、8、6 需要存储，哈希函数为 $h(x) = x \bmod 7$。关键字 8 的计算过程如下：

$$h(8) = 8 \bmod 7$$
$$h(8) = 1$$

其他关键字的计算过程类似，那么利用哈希函数存储的数据如图 5-2 所示，注意数组下标从 0 开始。

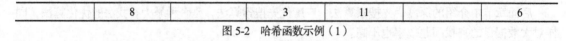

	8		3	11		6

图 5-2　哈希函数示例（1）

在选择 m 的值时，尽量选择质数，免得出现过多的多个关键字映射到同一个位置的情况，降低哈希函数的效率。

按照统一的哈希函数存储数据，也按照统一的哈希函数查找数据，按照这种方法查找数据，理论上可以达到常数级别的查找效率。

除法哈希函数速度相对较快，只需一次求余运算即可。

哈希算法和关键字的类型有关。最好的情况是，每种类型的关键字都需要一个与之对应的哈希函数。在上面的例子中关键字是数字，比如身份证号就可以直接使用这个哈希函数。但是实际的应用中会有很多不是数字的情况，那么我们应该找到一种将它们解释为数字的方法。例如，在做学生成绩的哈希映射时，把学生的姓名作为关键字，我们可以采用把名字的 ASCII 码相加的方式，就转换成了数字版本的关键字。

5.2.2　乘法哈希算法

对给定的长度为 m 的数组，用关键字 x 乘以一个常数 N，N 的值为大于 0 并小于 1 的一个小数，并提取出 Nx 的小数部分。之后，用 m 乘以这个小数，再向下取整。

哈希函数公式为：

$$h(x) = \lfloor m(Nx \bmod 1) \rfloor$$

其中 $Nx \bmod 1$ 的意思就是 Nx 的小数部分。

相对于除法哈希算法，乘法哈希算法对于数组的长度 m 没有过多的要求。研究表明，N 的值为 0.618 较好。

例如，关键字 8 需要存储，哈希函数为 $h(x) = \lfloor 10 \times (0.618 \times x \bmod 1) \rfloor$，计算过程如下：

$$h(8) = \lfloor 10 \times (0.618 \times 8 \bmod 1) \rfloor$$
$$h(8) = \lfloor 10 \times (4.944 \bmod 1) \rfloor$$
$$h(8) = \lfloor 10 \times 0.944 \rfloor$$
$$h(8) = \lfloor 9.44 \rfloor$$
$$h(8) = 9$$

那么利用哈希函数存储的数据如图 5-3 所示，注意数组下标从 0 开始。

									8

图 5-3　哈希函数示例（2）

5.2.3　平方取中法

平方取中法，首先计算出关键字的平方值，然后取平方值中间几位作为哈希地址。

哈希函数公式为：

$$h(x) = \mathrm{mid}(x \cdot x, n)$$

其中 mid 的意思就是选取中间 n 位的函数。

例如，关键字的集合为 {123,234,245}，它们对应的平方值为 {15129,54756,60025}，如果我们选择平方值的千位和百位作为哈希值，则它们的哈希值为 {51,47,0}。

例如，关键字 245 需要存储，哈希函数为 $h(x) = \mathrm{mid}(x \cdot x, 2)$，计算过程如下：

$$h(245) = \mathrm{mid}(245 \times 245, 2)$$
$$h(245) = \mathrm{mid}(60025, 2)$$
$$h(245) = 0$$

那么利用哈希函数存储的数据如图 5-4 所示，注意数组下标从 0 开始。

245									

图 5-4　哈希函数示例（3）

5.2.4　随机数哈希算法

选择一个随机函数，以关键字作为随机函数的种子，然后以随机函数的返回值作为该关键字的哈希值。

通常情况下，当关键字的长度不等且不规则时采用这种方法。

5.3 解决冲突

一般情况下，哈希算法的查询效率可以达到常数级别，哈希表成为直接寻址的有效替代方案。然而由于关键字的取值可能在一个很大的范围，数据在通过哈希函数进行映射的时候，很难找到一个哈希函数，使得这些关键字不能映射到唯一的值，就会出现多个关键字映射到同一个值的现象，这种现象我们称为冲突。

这就对哈希函数的设计提出了更高的要求，如果哈希函数设计得不好，查询效率可能会降低为顺序查找的效率。找到绝对完美的、没有任何冲突的哈希算法也是较困难的。对于特定的数据集而言，好的哈希算法也是少之又少，因此如果想高效地解决哈希冲突，降低解决哈希冲突时的查询时间也是一个需要重点考虑的方面。

在使用哈希算法时，第一步是用哈希函数将关键字转化为数组的一个索引。理想情况下，不同的关键字都能转化为不同的哈希值。当然，这只是理想情况，所以我们需要面对两个或多个关键字都会映射到相同的哈希值的情况。因此，哈希算法的第二步就是一个处理冲突的过程。

解决哈希冲突的方法有很多种，如开放定址法、链地址法、二次再散列法、线性探测再散列等方法。

5.3.1 开放定址法

所谓开放定址法，就是当一个关键字插入到哈希表中遇到冲突时，可以连续地检查哈希表的各个位置，直到找到一个空位置把数据插入进去为止。

接下来，我们介绍 3 种开放定址法：线性探查法、二次探查法、双重散列法。

1. 线性探查法

线性探查法的思想非常简单，对每一个关键字 x，通过哈希函数得到的哈希值为 key，那么当发生冲突时，依次查看 $key+1$、$key+2$，直到 $key+m-1$，然后循环到哈希表的第 0 位，第 1 位，……，直到查询到某一个位置为空，把关键字存储到该位置即可，公式为：

$$h(key,i) = (key + i)\%m, 0 \leqslant i \leqslant m-1$$

例如，有一组数据 3、11、8、6、15、1 需要存储，哈希函数为 $h(x)=x\%7$。关键字 8、15 和 1 的哈希值都为 1，当把 15 放到哈希表中时，由于 8 已经存放到下标为 1 的位置，因而发生冲突。采用线性探查法把 15 放到 $key+1$ 的位置，即放到下标 2 的位置。

关键字 1 也会发生冲突，采用线性探查法把 1 放到 $key+1$、$key+2$、$key+3$ 的位置都不行，直到 $key+4$ 的位置为空才可以。

那么利用哈希函数存储的数据如图 5-5 所示，注意数组下标从 0 开始。

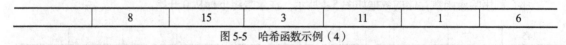

8	15	3	11	1	6

图 5-5　哈希函数示例（4）

线性探查法相对比较容易实现，只需要顺着哈希表的顺序查找即可。但是，线性探查法也存在一个问题，随着数据存储的越来越多，数据很容易聚集起来，那么平均查找时间也会随着不断增加。

2. 二次探查法

二次探查法的公式为：

$$h(key,i) = (key + i \cdot i)\%m$$

二次探查法和线性探查法类似，改变的只是每次探查的偏移量，以 i 的二次方的方式进行变化。

探查时从地址 key 开始，首先探查 key，然后依次探查 $key+1$，$key+4$，$key+9$，……，直到探查到有空余的位置为止。

例如，还是这组数据 3、11、8、6、15、1 需要存储，哈希函数为 $h(x)=x\%7$。在解决关键字 15 的冲突时，采用二次探查法计算出下一个位置为 $key+1$，15 则被放到下标 2 位置。解决关键字 1 的冲突时，由于 $key+1$ 的位置已经存放 15，下一次探查为 $key+4$，这个位置为空，因此把关键字 1 放到下标为 5 的位置。

3．双重散列法

双重散列法的公式为：

$$h(x,i) = (h_1(x) + i \cdot h_2(x))\%m$$

双重散列法更进一步，需要两个哈希函数 h_1 和 h_2，首先探查 $h_1(x)$ 的位置，然后在此位置的基础上加上一些偏移量 $i \cdot h_2(x)$，最后再对 m 取余。和之前的方法不同的地方在于两个哈希函数都依赖于关键字 x，因此不同的关键字会有不同的偏移量。

在实际应用中，$h_2(x)$ 的值要与表的大小 m 互质，才会使得得出的哈希值均匀地分布在哈希表中。

5.3.2　链地址法

链地址法处理冲突的方法本质上是一种数组加链表的处理方法。当发生多个数据通过哈希函数映射后得到相同的哈希值时，通常把具有相同哈希地址的关键字放在同一个链表中，该链表称为同义词链表或桶。

当把相同哈希地址的关键字数据都放在同一个链表中时，有 N 个哈希地址就有 N 个链表。同时，用数组 Hash[0..N-1]存放每个链表的头指针，之后把哈希地址为 i 的数据全部以节点的方式插入对应的链表里，如图 5-6 所示。

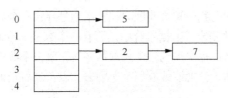

图 5-6　链地址法处理冲突

链地址法存储数据的过程是这样的，首先建立一个数组存储所有链表的头指针，由数据的关键字 key 通过对应的哈希函数计算出哈希地址，找到相应的桶号，之后建立新的节点存储该数据，并把节点放到桶内链表的最后面或者最前面。

和存储数据的方法类似，查找数据的时候，也是由数据的关键字通过哈希函数计算关键字对应的哈希地址，之后顺序比较桶的内部节点是否与所查找的关键字一样，直到找到数据为止。如果全部节点都不和关键字一样，则说明哈希表里没有该数据。这个解决冲突的方法对哈希函数的要求很高，如果哈希函数选得不太好的话，哈希表的查找效率会退化为链表的查找，也就是顺序查找。

用链地址法构造的散列表，插入和删除节点操作易于实现，所以构造链表的时间开销很低，但是指针需要开辟额外的地址空间，当数据量很大时，会扩大哈希表规模，内存空间需求较大。

从上面的分析可以看到，构造优秀的哈希函数和选择解决冲突的方法是哈希查找算法的关键。不管多么高明的算法都不可能避免冲突问题，但是构建计算简单、高效快速，并且能够将关键字集合均匀地分布在地址集中，使得冲突达到最小的哈希算法，一直是计算机科学家追求的目标。

5.4 哈希算法的应用

哈希算法在很多问题都有着广泛的应用，是时候使用哈希算法来解决一些实际问题了。

5.4.1 两个数的和问题

先从一个简单的经典例子开始学起。在给定的一些数字中找出两个数，使得它们的和为 N，前提是这些数据中保证有答案，并且只有一个答案。如图 5-7 所示，给定 5 个数字：3、4、5、7、10，从中选择两个数使它们的和为 11，可以选择 4 和 7，这个问题用哈希算法该如何解决呢？

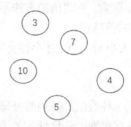

图 5-7 两个数的和

为了使用哈希算法，我们需要先建立一个字典，用于存放数据和下标的对应关系，代码如下：

```
#两个数的和
def twoSums (mynum, target):
    mydict = {}                      #建立一个字典，存储数据和下标的对应关系
```

那么，这个字典是如何帮助我们解决问题的呢？本题是寻找两个数使得它们的和为目标数，每当给定一个数 m，其实问题就变成了数据集合中是否有一个数是 target-m，可以通过使用字典记录目前已经出现过哪些数字，这样每次出现一个新的数字时，就去字典中查找有没有对应的数字，如果有则说明找到了。没有的话，就把该数放到字典中去，以备之后查询使用。

```
#核心思想
i = #someValue                       #i 为给定的某个值
m = mynum[i]                         #定义 m 为当前待查询数字
if target-m in mydict:               #判定 target-m 是否已经在字典中
    return (mydict[target-m], i)     #如果已经存在，则返回这两个数的下标
else:
    mydict[m] = i                    #如果不存在则记录键值对
```

让我们来看一下最终代码：

```
#两个数的和
def twoSums(mynum, target):
    mydict = {}
    for i in range(len(mynum)):
        m= mynum[i]                  #定义 m 为当前待查询的数字
        if target-m in mydict:       #判定 target-m 是否已经在字典中
            return (mydict[target-m], i)  #如果已经存在，则返回这两个数的下标
        else:
            mydict[m] = i            #如果不存在则记录键值对
```

5.4.2 团体赛问题

某届全国乒乓球团体赛开始了，团体赛的比赛项目有男子单打、女子单打、男子双打、女子双打。为了真实地体现团体实力，每场比赛前才会公布此次比赛的出场顺序。同时，赛事还有一项特殊规定，同一类别的比赛项目如果出现多次，则参赛人员必须一致。

比赛双方需要按照赛事规定的出场顺序确定出场选手，我们需要写一个程序来判断派出的选手是否合规。

本问题是经典的模式匹配问题。例如，赛事出场顺序为"男单，女双，女双，男单"，出场选手为"李四，张/王组合，张/王组合，李四"，二者的规律一样，匹配成功，如图 5-8 所示。

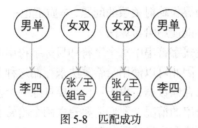

图 5-8 匹配成功

假如赛事出场顺序不变，出场选手为"李四，张/王组合，李四，张/王组合"，则二者的规律不一样，匹配不成功，如图 5-9 所示。

图 5-9 匹配不成功

同理，假如出场选手变为"李四，李四，李四，李四"，二者的规律也是不一样的，匹配不成功，如图 5-10 所示。

图 5-10 匹配不成功

我们来分析一下这 3 个例子，在第一个例子中，"男单"对应"李四"，"女双"对应"张/王组合"，除此之外再无其他映射关系，如图 5-11 所示。

在第二个例子中，第一个位置的"男单"对应了"李四"，第四个位置的"男单"对应了"张/工组合"，而第三个位置的"女双"也对应了"张/王组合"，这里出现了字符串多对多的情况，如图5-12 所示。

再来看第三个例子，第一个位置的"男单"对应了"李四"，第二个位置的"女双"也对应了"李四"，出现了字符串一对多的情况，如图 5-13 所示。

图 5-11　一对一映射关系　　　图 5-12　多对多映射关系　　　图 5-13　一对多映射关系

因此，可以发现，如果赛事出场顺序和出场选手只存在一对一的对应关系，不存在一对多和多对多的对应关系，就可以说明两个字符串匹配成功。

现在的问题其实已经转换为寻找映射关系的问题，本质上也是一个查找问题。既然是查找问题，第一个想到的就是这个问题能不能使用哈希算法。

对于本题来说，我们建立模式字符串中每个字符和目标字符串中每个单词之间的映射关系，而哈希表本身就是一种映射关系，因此可以使用哈希算法来存储这种关系。

第一项任务是建立哈希表来存储数据，由于不仅需要排除一个模式对应多个字符串的情况，还需要排除多个模式对应一个字符串的情况，我们需要建立两个哈希表：mydict 和 used。

mydict 用来存储赛事出场顺序和出场选手的对应关系，used 记录目前已经使用的字符串。另外，还要先排除两个字符串长度不相等的情况，来看一下初始代码：

```python
def pingpong(games, players):
    game   = games.split(',')
    player = players.split(',')
    if len(player) != len(game):        #如果两个字符串的长度不一样，则肯定不匹配
        return False
    mydict = {}                         #记录模式字符串和目标字符串的对应关系
    used= {}                            #记录目前已经使用过的字符串都有哪些
```

首先解决第一个问题，就是出场顺序中每个数据只能对应出场选手的一个选手的问题。为此，我们每次拿到出场顺序中的一个数据的时候，需要检查一下它是否已经被记录过映射关系，如果出现过就要检查之前的映射关系和这次的关系是否一致，如果不一致则返回不成立。如果是第一次出现，那么就把它存储在哈希表中。

```python
for i in range(len(game)):
    if game[i] in mydict:
        if mydict[game[i]] != player[i]:    #不是第一次出现，则检查映射关系是否一致
            return False
    else:
        mydict [game[i]] = player[i]        #第一次出现，则加入哈希表
return True                                 #没有任何问题则返回成立
```

接下来，还需要解决第二个问题。当赛事出场顺序中的某个字符第一次出现时，还需要判断这个单词是否已经和其他的选手绑定，这时需要用到 used 哈希表。每当创建一种映射关系的时候，都需要在 used 中保存，同时还需要检查这个选手是否已经出现过，代码如下：

```python
for i in range(len(game)):
    if game[i] in mydict:
        if mydict [game[i]] != player[i]:   #不是第一次出现，则检查映射关系是否一致
            return False
    else:
        if player[i] in used:               #检查这个选手是否已经出现过，出现过则返回不成立
            return False
```

```
            mydict[game[i]] = player[i]        #第一次出现，则加入哈希表
            used[player[i]] = True             #在 used 中保存哪些单词已经使用过
    return True                                #没有任何问题则返回成立
```

团体赛问题的完整代码如下：

```
#团体赛问题
def pingpong(games, players):
    game = games.split(',')
    player = players.split(',')
    if len(player) != len(game):               #如果两个字符串的长度不一样，则肯定不匹配
        return False
    mydict = {}                                 #记录模式字符串和目标字符串的对应关系
    used= {}                                    #记录目前已经使用过的字符串都有哪些
    for i in range(len(game)):
        if game[i] in mydict:
            if mydict [game[i]] != player[i]:   #不是第一次出现，则检查映射关系是否一致
                return False
        else:
            if player[i] in used:               #检查这个选手是否已经出现过，出现过则返回不成立
                return False
            mydict [game[i]] = player[i]         #第一次出现，则加入哈希表
            used[player[i]] = True               #在 used 中保存哪些单词已经使用过
    return True                                  #没有任何问题则返回成立
```

5.4.3　猜数字游戏

有一种猜数字游戏规则是这样的：一个人写下几个数字让另外一人猜，当每次答题方猜完之后，出题方会给答题方一个提示，告诉他刚才的猜测中有多少位数字和确切位置都猜对了，这种情况为全对的情况；还会告诉他多少位数字猜对了但是位置不对，这种情况为只是数字对的情况。

答题方将会根据出题方的提示继续猜，直到猜出秘密数字为止。前提条件是秘密数字和猜测数字的位数是一样的。

我们需要写一个程序，它能够根据秘密数字和对方的猜测数返回上面提到的两种情况的数量。

请注意秘密数字和对方的猜测数字都可能含有重复数字。

例如，秘密数字为 2018，猜测数字为 8021，由于 0 这个数不仅数字猜对了，位置也和秘密数字一致，所以它算作全对的情况；其他三位都是数字猜对了，但是位置不对，所以只能算作数字猜对的情况，我们的程序应该返回 1,3，如图 5-14 所示。

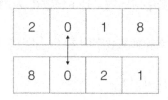

图 5-14　猜数字游戏例子

再如，秘密数字为 1123，猜测数字为 9111，由于 9111 中的第一个 1 不仅数字猜对了，位置也和秘密数字一致，所以它算全对的情况，而其他两个 1 是数字猜对了，但是位置不对，所以只能算作数字猜对的情况，而且只能算一个，因为一旦秘密数字中的某一位和猜测中的某一位匹配，该数就不能和其他数字匹配了，我们的程序应该返回 1,1，如图 5-15 和图 5-16 所示。

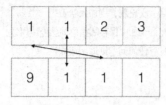

图 5-15　猜词游戏例子 2（1）

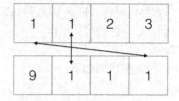

图 5-16　猜词游戏例子 2（2）

对这个问题，最直接的想法是把猜测数字中的每一位数字取出来在秘密数字中找一圈。同时，为了不重复对应，还需要在每次找到对应关系后都对秘密数字已经对应的位置进行记录。

上面的办法虽然简单易行，但是对大数据量的问题，这个算法就有点吃不消了，并且在每次寻找的过程中存在很多重复的判断。

这个问题本质上还是一个查找问题，既然是查找问题，那么首先想到的就是哈希算法。在每一轮查找的过程中如果使用哈希算法将会大大降低查询时间，提高查找效率。

先解决第一个问题，查找全对字符的数量。这个问题比较简单，首先定义变量 count1 表示全对的数量，count2 表示只是数字对的数量，之后循环把每个位置上的数字都取出来，按位置对比即可，数字一样则让 count1 加 1，代码如下：

```
#猜数字游戏
def guessGame(secret, guess):
    count1 = 0
    count2 = 0
    for i in range(len(secret)):
        if secret[i] == guess[i]:
            count1 += 1
```

那么，如何解决计算只是数字对的情况的问题呢？为了解决这个问题，我们使用哈希算法来加快速度，先建立两个字典：

```
def guessGame( secret, guess):
    secret_dict = {}
    guess_dict = {}
```

那么，为什么需要建立两个字典呢？因为在配对的过程中需要知道哪些位置的数字配对了，哪些还没有配对。

记录每一位的情况比较麻烦，有没有什么简便方法能够简化这个过程呢？我们来观察一下最终的结果和数据的关系，对秘密数字为 1123，猜测数字为 9111 的例子，为什么 count2 的数量是 1 呢？

在秘密数字中第二个 1 已经算作全对的数量，而第一个数字 1 只能和猜测数字中两个 1 中的某一个 1 对应，也就是说，最终只是数字对的数量是由该数在秘密数字中和在猜测数字中更小的那一方决定的。

为此，我们只需要记录秘密数字和猜测数字中未匹配的数字和它的个数，之后看相同数字的最小数即可。

记录其他未匹配数字的数量，代码如下：

```
#猜数字游戏
def guessGame(secret, guess):
    secret_dict = {}
    guess_dict = {}
    count1 = 0
    count2 = 0
    for i in range(len(secret)):
```

```
            if secret[i] == guess[i]:
                count1 += 1
            else:
                if secret[i] in secret_dict:
                    secret_dict[secret[i]] = secret_dict[secret[i]] + 1
                else:
                    secret_dict[secret[i]]=1
                    if guess[i] in guess_dict:
                        guess_dict[guess[i]] = guess_dict[guess[i]] + 1
                    else:
                        guess_dict[guess[i]]=1
```

记录好了数量，接下来就可以根据两个数组中的数的最小值来判断 count2 的数量了，代码如下：

```
for digit in secret_dict:
    if digit in guess_dict:
        count2 += min(secret_dict[digit], guess_dict[digit])
```

猜数字游戏的最终代码如下：

```
#猜数字游戏
def guessGame(secret, guess):
    secret_dict = {}
    guess_dict = {}
    count1 = 0
    count2 = 0
    for i in range(len(secret)):
        if secret[i] == guess[i]:
            count1 += 1
        else:
            if secret[i] in secret_dict:
                secret_dict[secret[i]] = secret_dict[secret[i]] + 1
            else:
                secret_dict[secret[i]]=1
                if guess[i] in guess_dict:
                    guess_dict[guess[i]] = guess_dict[guess[i]] + 1
                else:
                    guess_dict[guess[i]]=1
    for digit in secret_dict:
        if digit in guess_dict:
            count2 += min(secret_dict[digit], guess_dict[digit])
    return str(count1)+","+str(count2)
```

5.5　小结

显而易见，使用哈希算法解决查找问题，不仅效率高、代码少，而且容易理解。遇到查询问题能用哈希算法的时候，一定要记得使用哈希算法。本问题还有一些后续问题，比如求三个数的和以及求四个数的和的问题，有兴趣的读者可以继续研究。

5.6　习题

1. 设计一个辅助输入程序，在日常打字中，常常会打错，如把"the"打为"teh"，设计一个方法 respell()，以输入一句话作为参数，需要根据纠错表来把错词修改为正确的词语并返回结果。

例如，纠错表 respellings{}如下：

```
respellings = {
"teh": "the",
"lite": "light",
"lol": "haha",
"ting": "thing",
}
respell("I ate teh whole ting.")
```

调用 respell()函数后结果如下：

```
"I ate the whole thing."
```

2. 设计一个方法 mostword()计算一句话中常用的词语是什么。例如：

```
mostword("he thought a thought that he thought he'd never think")
```

方法返回值为 thought。

3. 假设哈希算法为 $h(x)=x\%13$，冲突解决方法为线性探查法，依次插入[3,6,16,17,20,7]之后，哈希表中元素是怎样的？

第6章
深度优先搜索算法

深度优先搜索算法是经典的图论算法，深度优先搜索算法的搜索逻辑和它的名字一样，只要有可能，就尽量深入搜索，直到找到答案，或者尝试了所有可能后确定没有解。同时，本章会介绍图的基本知识和优秀的图算法。

6.1 搜索

搜索算法里的搜索和平时我们生活里搜索引擎中的搜索不尽相同。前者的意思则是"遍历"，通俗地讲，就是以一定的算法为基础和判断标准，不重不漏地访问每一个元素；后者的意思更趋近于"寻找"，即在互联网的海量信息中寻找带有关键字的有用信息。因此，搜索算法又可以被称为遍历算法。搜索的本质其实就是试探问题的所有可能性，并按照特定的规律和顺序，持续地去遍历每一种可能，直到找到问题的解。如果把所有可能都遍历了一遍也没有找到解，就说明这个问题可能不存在一个完美的解。

在遍历的过程中，最重要的原则即为不重不漏，所以我们要在搜索（遍历）的过程中制定一系列有效的规则来保证这一需求。为了保证不重不漏，最经典的两个规则就是深度优先和广度优先。

6.2 图上的深度优先搜索

图，一个简单而又复杂的模型，在计算机科学中起到很大的作用。图往往可以作为生活中复杂联系的简化结构，一种抽象的数学对象，从而使计算机能够高效地处理分析图中蕴藏的有效信息。

应用图往往能解决"最近""最远""能否到达""不能到达""能到达哪"等问题。图的很多算法是解决许多重要的实际问题的基础。

图论作为数学领域中的一个重要分支已经有数百年的历史了。人们发现了图的许多重要而实用的性质，发明了许多重要的算法，许多困难问题的研究仍然十分活跃。

6.2.1 无向图

无向图是图的一个分支，在无向图的模型中，图中的边仅仅是两个顶点之间的连接，而并没有方向的属性。为了和其他图模型相区别，我们将它称为无向图。作为最简单的图模型，其定义是：由一组顶点和一组能够将两个顶点相连而没有方向的边组成的图。

与数学上图的定义有稍许差别，因为这里定义的图不一定是闭合的，所以所有图上的点都可以被视为顶点。

就定义而言，顶点叫什么名字并不重要，但我们需要一个方法来指代这些顶点。一般使用 1 至 V

来表示一张含有 V 个顶点的图中的各个顶点。这样约定是因为无论对于数组还是列表索引而言，能都更高效地访问各个顶点中的信息，如图 6-1 和图 6-2 所示。

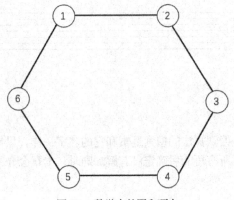

图 6-1　数学中的图和顶点

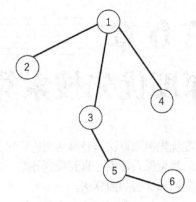

图 6-2　基本无向图和顶点

在绘制一幅图时，往往用圆圈表示顶点，用线段表示连接两个顶点的边，这样就能直观地看出图的结构。但值得注意的是，因为图的定义不会影响绘制出来的图像，所以同一幅图，绘制出的图像可能会有不同。因此，分析图的结构时，不能只看绘制出来的图像，而要观察顶点和边的联系。图 6-3 和图 6-4 就是一个例子。

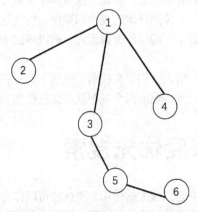

图 6-3　相同图结构的第 1 种形状

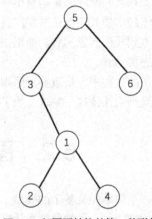

图 6-4　相同图结构的第 2 种形状

图 6-3 和图 6-4 的形状很不同，却其实是一幅图。其实，只要我们合理地把一幅图存储后，我就不再关注其绘制出来的形状了，而是用算法直接分析图的各类性质。

6.2.2　图的术语

除顶点和边外，仍有很多与无向图有关的术语。

邻接点：当两个顶点通过一条边相连时，我们称这两个顶点是相邻的，也可以说这两个顶点互为邻接点，并称这条边依附于这两个顶点，与这两个顶点相关联。

度：对于无向图而言，顶点 V 的度是指与 V 相关联的边的个数。换句话说，度数等于依附于它的边的总数。在有向图中，度有入度和出度之分，入度是指方向指向某顶点 V 的所有与顶点 V 相关联的边的数量，出度是指从顶点 V 出发的所有与顶点 V 相关联的边的数量。以之前的无向图为例，每一个顶点的度数如图 6-5 所示。

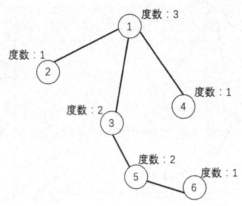

图 6-5　无向图的度数

子图：子图是指在一幅图中所有边的一个子集以及它们所依附的所有顶点组成的图，如图 6-6 所示。

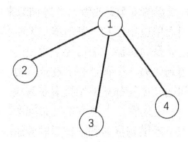

图 6-6　无向图的子图

路径和环：路径是由边顺序连接的一系列顶点的集合，简单路径则是一条没有重复顶点的路径。环是一条至少含有一条边且起点和终点相同的路径。简单环是一个没有重复顶点和边的环（除起点和终点重复外）。路径或者环的长度都等于其所包含的边的长度。

通常情况下，问题所涉及的都是简单环和简单路径，所以往往我们会省略掉简单二字，只提到"环"和"路径"。当两个顶点之间存在一条连接双方的路径时，我们称一个顶点和另一个顶点是连通的。

无环图：无环图是指一种不包含环的图。

权和网：在实际应用中，图上的边往往是有权值的，这些权重具有一定的意义，例如代表边的长度、距离、花费等信息。而我们将每条边都带有权值的图称为"网"。

图的密度：图的密度是指已经连接的顶点对占所有可能被连接的顶点对的比例。在稀疏图中，已连接的顶点对很少；而在稠密图中，基本所有顶点之间都有边相连接。一般来说，如果一幅图中不同的边的数量在顶点总数为 V 的一个小的常数倍以内，那么我们就认为这幅图是稀疏的，否则是稠密的。有时我们也会以 $V \lg V$ 为分界线来区分稀疏图和稠密图，但实际应用中稀疏图和稠密图之间的区别是十分明显的。当前阶段我们分析的几乎都是稀疏图。

二分图：如果一个图能将所有顶点分为两个分离的顶点集合，其中图的每条边所连接的两个顶点都分别属于不同的集合中，则其是一个二分图。二分图的两个顶点集合中的每一个顶点都和相同集合中的顶点不相连接。如图 6-7 和图 6-8 所示，图 6-7 所示为一个二分图，图 6-8 则是图 6-7 二分后的形式（其中每一个集合中均没有边相互连接）。二分图往往会讨论其最大匹配问题，后面几章会涉及。

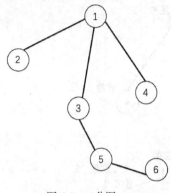

图 6-7　二分图

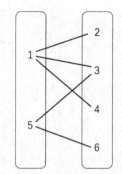

图 6-8　二分图结构示意图

6.2.3　图上的搜索

为了有效地提取图的有用信息，我们往往使用循环来遍历每一个顶点和边，从而获取一个图的某些简单性质（例如一个图的所有顶点的度数，或者所有边加起来的长度）。但通过以任意顺序遍历每条边来分析一个图这样的方法很简单也很便利，其所能提取的信息和性质往往也会价值比较低。

但一个图常常有一些复杂的性质是简单循环遍历无法得出的，比如说判断一个图是否为二叉树，或是否能从一个顶点通过连接的边到达另一个顶点等。在这些复杂性质中，凡是跟路径或转移（从一个顶点到另一个顶点）相关的问题，往往都需要用搜索来解决。

举一个最简单而抽象的例子——走迷宫。走迷宫等搜索问题可以追溯到古希腊时代。甚至现在还流传着一个走迷宫的传说，是关于米诺陶洛斯和忒修斯的希腊故事。

传说由于米诺陶洛斯的儿子被雅典人阴谋杀害，米诺陶洛斯起兵为儿子报仇，给那里的居民造成很大的灾难，为了平息米诺陶洛斯的愤恨，解除雅典的灾难，雅典人向米诺陶洛斯求和，答应每九年送七对童男童女到克里特作为进贡，米诺陶洛斯接到童男童女后，将他们关进半人半牛怪米诺陶洛斯居住的克里特迷宫里，由米诺陶洛斯把他们杀死。

在第三次进贡的时候，年轻的忒修斯带着选中的童男童女向爱情女神阿佛洛狄忒献礼并祈求护送，于是爱情女神阿佛洛狄忒让克里特的公主阿里阿德涅爱上了忒修斯。公主阿里阿德涅给了忒修斯一个线团，叫他把线的一头拴在迷宫入口，一直牵着线走入迷宫，找到怪物米诺陶洛斯藏身的地方。同时还给了他一把能杀死米诺陶洛斯的剑。忒修斯和贡品都被送进迷宫，忒修斯杀了米诺陶洛斯并成功靠线团走出了迷宫。最后忒修斯就带着阿里阿德涅顺利离开了。

其实走迷宫，和搜索图的实质是一样的。我们只需要把迷宫看成图，迷宫里的通道看成边，岔路口和拐角处看成顶点，探索迷宫其实就是搜索一个图。用一段足够长的绳子探索迷宫而不迷路的一种古老办法叫作 Tremaux 搜索，具体方法如图 6-9、图 6-10、图 6-11、图 6-12 所示。

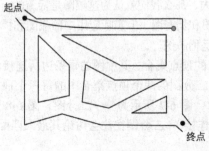

图 6-9　Tremaux 搜索（1）

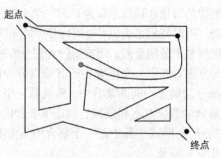

图 6-10　Tremaux 搜索（2）

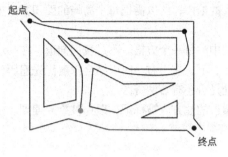

图 6-11　Tremaux 搜索（3）

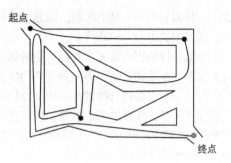

图 6-12　Tremaux 搜索（4）

不难发现，要探索迷宫中的所有通道，我们只需遵循以下几个规则。

（1）在当前路口（起点）选择一条没有绳子标记过的通道，顺着走过的路上铺上绳子做标记。

（2）标记所有路过的路口。

（3）当在走没有标记过的路的时候，来到一个已经标记过的路口时，沿着绳子的方向回退到上一个路口。

（4）当出现没有可走的通道时，也沿着绳子的方向回退到上个路口。

如果严格遵守这四条原则，那么在走迷宫时绳子可以保证总能找到一条出路，标记则能保证不会两次经过同一条通道或者同一个路口。

Tremaux 搜索很直接，深度优先搜索经典递归算法（遍历所有的顶点和边）和 Tremaux 搜索类似，但描述起来更简单。要搜索一幅图，只需用一个递归方法来遍历所有顶点。在访问其中一个顶点时：

（1）将它标记为已访问。

（2）递归地访问它的所有没有被标记过的邻居顶点。

重复上述两个步骤，这种方法称为图上的深度优先搜索（DFS）。总结起来，深度优先搜索算法的本质是以遍历的深度为最优先的因素进行搜索。就好像"一条路走到黑"，直到不能走才回到上一个分岔路口换另一条路，有点"不撞南墙不回头"的意思。

6.2.4　经典例题讲解（最大的油田）

政府现勘探到一片油田，在这一片油田中有很多散落的石油资源。因为经费原因，政府只能开采一处油田，所以需找到最大的油田进行施工。油田的地理情况被简化成了一个矩阵，其中每一个方格代表一块土地，0 代表陆地，1 代表石油资源。如果一处石油资源和另一处石油相连接，则其算一块油田。现要找到最大的相互连接的石油资源，并输出它的面积。

图 6-13 所示就是一个例子，其中灰色的区域都是不同大小的油田。那么对于这个例子来说，左上角的五块石油连在一起的区域就是最大的油田，其面积为 5，如图 6-14 所示。

0	0	0	0	1	1	0
0	1	1	0	1	1	0
0	1	1	0	0	0	0
0	0	1	0	0	1	1
0	0	0	0	0	0	0
0	0	1	1	0	0	0
0	0	0	1	0	0	1

图 6-13　油矿区域地理示意图

0	0	0	0	1	1	0
0	1	1	0	1	1	0
0	1	1	0	0	0	0
0	0	1	0	0	1	1
0	0	0	0	0	0	0
0	0	1	1	0	0	0
0	0	0	1	0	0	1

图 6-14　最大面积油田示意图

首先，我们分析一下这个问题。问题是找到最大的油田，所以需把每个岛屿的面积算出来，然后比较，在其中找出最大的即可。

为了知道一块油田有多大，我们可能需要遍历图中的每一个方格。不过我们知道，在一块油田中，石油资源一定是相邻的，因此只有四种情况：上、下、左、右。所以结合深度优先遍历算法，我们可以对每一个方格进行搜索来寻找该方格相邻处是否还有石油资源。

但要注意的是，搜索应不重不漏，所以已经搜索过的地方应被标记，以免被重复搜到。以下即为搜索前的处理代码：

```
#深度优先代码
def MaxAreaOfIsland(grid):        #grid 为题目给的二维数组，其中存储着地理信息
    row = len(grid)              #row 记录二维数组的行数，也是地图的 y 轴长度
    col = len(grid[0])           #col 记录二维数组的列数，也是地图的 x 轴长度
    arrived = [[False for j in range(col)] for i in range(row)]
                                 #arrived 为一个二维数组，存储一块土地是否被访问过
    ans = 0
    return ans
```

现在就可以开始用深度优先遍历算法测算油田的最大面积了。我们可以用循环依次以每一块土地为起点进行搜索。如果该块土地含有石油资源，则继续搜索，反之则继续循环遍历其他土地。

来看一个例子，最先找到的石油资源是被填充为黑色的土地，如图 6-15 所示。接下来我们需要向它的四个方向查找。如果向上，土地就超出地图的边界了，所以搜索无果。如果向左，该区域其实已经被搜索过，且值为 0，没有石油资源。如果向下，发现没有越出地图边界，并且含有石油资源，这时再搜索我们移动到下面的点。

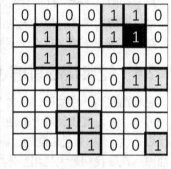

图 6-15　搜索过程示意图

此时来到下面的土地处，还要遵循一样的顺序，先尝试向上走，发现上面为已经访问过的陆地，继而向左搜索，发现左处不含有石油资源，再尝试向右搜索，搜索到了石油资源，并以右处的方格继续开始新的搜索。如此反复，即可将整幅图搜索完，求解出答案。

为此，我们重新定义一个新的函数来进行深度优先遍历算法，在避免越界和重复访问的条件下，向四个不同的方向递归调用搜索代码如下：

```
#深度优先代码
def DFS(x, y,grid):
    row = len(grid)        # row 记录二维数组的行数，也是地图的 y 轴长度
    col = len(grid[0])     # col 记录二维数组的列数，也是地图的 x 轴长度
    arrived = [[False for j in range(col)] for i in range(row)]
                           # arrived 为一个二维数组，存储一块土地是否被访问过
    ans = 0
```

```
    if x >= 0 and x < row and y >= 0 and y < col and not arrived[x][y] and grid[x]
[y] == 1:
        arrived[x][y] = True
        return 1 + DFS(x - 1, y) + DFS(x + 1, y) + DFS(x, y - 1) + DFS(x, y + 1)
    else:
        return 0
```

最后在主函数中调用这个深度优先遍历函数即可。

综合以上分析，合并成完整代码：

```
#最大的油田代码
def MaxAreaOfIsland(grid):          #grid 为题目给的二维数组，其中存储着地理信息
    row = len(grid)                 #row 记录二维数组的行数，也是地图的 y 轴长度
    col = len(grid[0])              #col 记录二维数组的列数，也是地图的 x 轴长度
    arrived = [[False for j in range(col)] for i in range(row)]
                                    #arrived 为一个二维数组，存储一块土地是否被访问过
    ans = 0                         #记录油田的最大面积
    def DFS(x, y):
        if x >= 0 and x < row and y >= 0 and y < col and not arrived[x][y] and grid[x]
[y] == 1:                           #判断现在搜索的土地是否出界，是否已经访问过，以及是否含有石油资源
            arrived[x][y] = True    #标记该块土地已经被搜索过
            return 1 + DFS(x - 1, y) + DFS(x + 1, y) + DFS(x, y - 1) + DFS(x, y + 1)
                                    #搜索其相邻的土地并将答案加上 1
        else:
            return 0
    for i in range(row):
        for j in range(col):
            area = DFS(i, j)        #遍历搜索每一块土地
            if area > ans:
                ans = area
    return ans
```

6.3　二叉树上的深度优先搜索

6.3.1　二叉树相关术语

在第 3 章我们已经详细讲解过二叉树的所有知识。二叉树的相关术语如表 6-1 所示。

表 6-1　　　　　　　　　　　　　　　　二叉树的相关术语

二叉树的术语	相关解释
度	节点的子树个数
根	二叉树的源头节点
深度	二叉树的层数
叶子节点	度为零的节点
分支节点	度不为零的节点
孩子节点	节点下一层的两个子节点
双亲节点	节点上一层的源头节点
兄弟节点	继承于同一个双亲节点的节点

6.3.2 二叉树上的搜索

二叉树属于一种无环连通图，所以深度搜索也可以在二叉树中进行。进行的方式反而更好理解，搜索从根节点开始，以树的深度为标准向叶子节点搜索。

深度优先遍历算法多应用于二叉树结构的图中，因为二叉树的分层天然地使图有深浅之分。

假设有一棵树要求从根节点 v 出发开始进行深度搜索，则算法会遍历父节点的每一个边。值得注意的是，深度优先搜索算法在找到第一条父节点通往子节点的边时，不会直接继续寻找通往其他子节点的边，而是直接以找到的子节点为起点，继续遍历已知子节点的子节点（或者不严谨地说，"孙节点"），如此反复，直到当前子节点已经没有子节点（或叶子节点）。待遍历到叶子节点后，深度优先搜索算法会回溯到叶子节点的父节点，继续遍历其没有遍历过的子节点，直到该父节点的所有子节点均被遍历完，再回溯到当前父节点的父节点，遍历其没有遍历过的子节点。最后直到回到根节点，并把所有的节点遍历完。

6.3.3 经典例题讲解（员工派对）

公司要举办一个员工派对，公司里所有的员工都有资格来参加。如图 6-16 所示，该公司的组织结构是一个二叉树结构。如果一个节点 A 有双亲节点 B，则代表 B 是 A 的上司。实际上，每一个员工为派对所能带来的贡献不一样，有的人幽默，就能使派对更加有趣，而有的人恰恰相反。树上每一个节点圆圈里的数字便代表每一个员工为派对所能带来的贡献值。然而，假如该公司里的所有员工都对自己的上司不满意（如果其有上司的话），那么如果一个员工来到派对，其上司就不能来到派对，反之亦然。但员工和员工上司的上司是可以一起参加派对的，因为他们互相不熟悉。如果你是董事长的秘书，并且已知公司组织结构，应该怎么邀请员工，使得任何一组员工和上司不会同时出现在派对中，并且使得邀请的所有员工的贡献值之和最大？

如图 6-17 所示，秘书必然会邀请标为灰色的两个员工来参加派对，其派对贡献值之和为 $4+5=9$。在这一节中，我们需要找到最优的邀请员工方法。

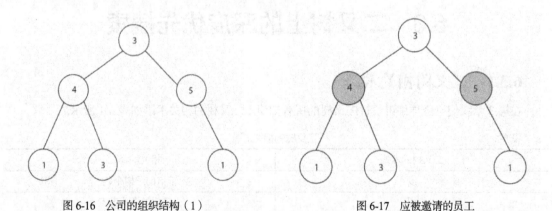

图 6-16　公司的组织结构（1）　　　　　　图 6-17　应被邀请的员工

再来看一个例子，如果公司的组织结构如图 6-18 所示，那么为了达到最优贡献值，秘书会邀请被标为灰色的三位员工，其贡献值之和为 $1+3+3=7$。

首先，我们分析一下前提条件。前面的题目说到任何一组员工和上司均不能同时出现在派对中，所以员工和员工之间的关系是题目的关键。如图 6-19 所示，我们可以把二叉树分层来分析公司员工和员工之间的关系。

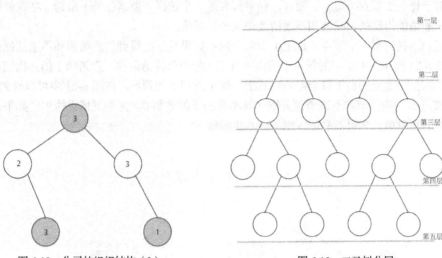

图 6-18　公司的组织结构（2）　　　　　图 6-19　二叉树分层

按题目所说，如果邀请了所有第四层员工来到派对，则第五层的所有员工都不能出现在派对中，而可以邀请到部分第三层的员工。在邀请员工时需要统观全局寻求最优，因为对每一层的邀请的决定都影响相邻的层的邀请。如图 6-20 所示，这里列举了一些不同的邀请方案。

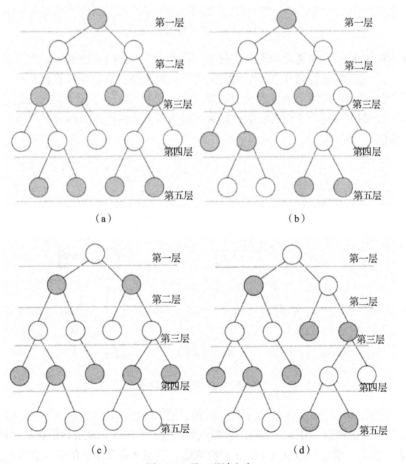

图 6-20　员工邀请方案

所以对于每一个节点（员工）而言，秘书都要做一个选择：邀请还是不邀请。在这种情况下，就需要对比邀请能得到的贡献值和不邀请能得到的贡献值。

因此我们不妨为每一个节点（员工）设两个值：如果邀请能得到的贡献值和不邀请能得到的贡献值。如图 6-21 所示，例子中的每一个节点（员工）旁边都有邀请和不邀请两个值。我们从最底层开始更新，因为最底层的员工只会影响到其上一层（上司）的到场。在图 6-21 中可以看到节点 4、节点 5 和节点 6 的邀请值和不邀请值分别为其本身的贡献值和 0。这层逻辑很简单：如果邀请，则得到相对应的贡献值；如果不邀请，则得到 0 贡献值。

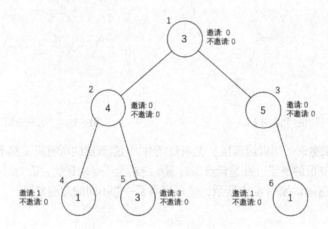

图 6-21　二叉树最底层更新

这时我们使用最底层的邀请值和不邀请值来更新上一层。如图 6-22 所示，先分析节点 2，如果邀请了节点 2 的员工，则会得到 4 点贡献值，但就不能再邀请在节点 4 和节点 5 的员工；如果不邀请节点 2 的员工，就可以邀请节点 4 和节点 5 的员工，仍得到 4 点贡献值。再分析节点 3，如果邀请节点 3 的员工，则可以得到 5 点贡献值；如果不邀请节点 3 的员工，则可以邀请节点 6 的员工，可得到 1 点贡献值。

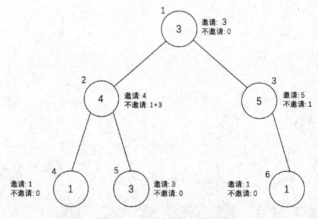

图 6-22　二叉树第二层更新

如图 6-23 所示，最后就可以更新根节点 1 的值，值得注意的是，更新二叉树的时候趋向于自下而上，自叶子节点向根节点，因为二叉树的根节点始终为一，所以应该最后更新从而得到唯一答案。如果邀请节点 1 员工，则会得到节点 1 的 3 点贡献值，节点 4 和节点 5 的共 4 点贡献值，以及节点 6 的 1 点贡献值；如果不邀请，则可以得到节点 2 的 4 点贡献值和节点 3 的 5 点贡献值。

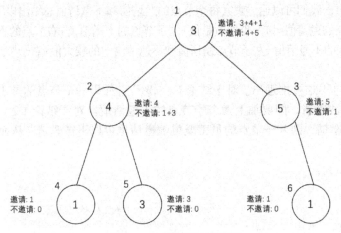

图 6-23 二叉树第三层更新

相互权衡之后，秘书只有两种可以采取的方案，如图 6-24、图 6-25 标灰的节点所示。

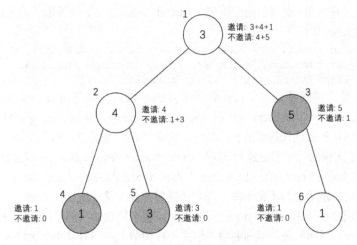

图 6-24 可供选择的方案一

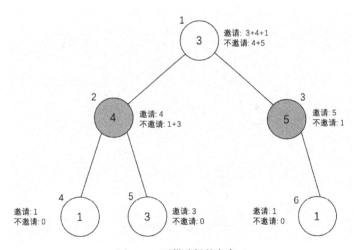

图 6-25 可供选择的方案二

在以上的分析中，我们可以通过观察每个节点的邀请值和不邀请值总结出以下结论。

（1）每一个节点的邀请值=该节点的贡献值+左子节点的不邀请值+右节点的不邀请值。

（2）每一个节点的不邀请值=左子节点邀请值和不邀请值中的较大值+右子节点邀请值和不邀请值中的较大值。

而这两个结论也不难被推理出。对于结论（1）来说，如果一个节点的员工被邀请，则其所有的子节点都不能被邀请，即要加上两个子节点的不邀请值。对于结论（2）来说，如果一个节点的员工没有被邀请，则其子节点的员工既可被邀请也可以不被邀请，从而取二者中的最大值以求出最优解。

如果节点的定义为：

```
#类的定义
class treenode:                              #二叉树节点的定义
    def __init__(self, val):
        self.val = val                       #该节点的贡献值
        self.left = None                     #左侧子节点
        self.right = None                    #右侧子节点
```

那么任何一个节点（用 node 表示）的邀请值（Attend_Value）与不邀请值（Absent_Value）则是：

```
#邀请值和不邀请值的计算
Attend_Value = node.val + node.left.Absent_Value + node.right.Absent_Value
Absent_Value = max(node.left.Attend_Value, node.left.Absent_Value)+
max(node.right.Attend_Value, node.right.Absent_Value)
```

因此现在需要解决的问题是：如何得到子节点的邀请值与不邀请值，也就是说，如何得到 root.left.Attend_Value、root.left.Absent_Value、root.right.Attend_Value 与 root.right.Absent_Value。

答案很简单，也是深度优先搜索的核心思想，向最"深"处递归。顺次找到子节点的子节点的邀请值与不邀请值，向树的叶子节点递归，找到 root.left.left.Attend_Value、root.left.left.Absent_Value、root.left.right.Attend_Value、root.left.right.Absent_Value、root.right.left.Absent_Value、…，直到找到叶子节点已经赋初值后的邀请值和不邀请值，即利用递归来深度优先遍历二叉树。

现在我们尝试把之前的思路用 Python 实现出来。整个问题的代码可以大致分为输入、建树、DFS、输出几大部分。回到原题，原题的输入形式为按树节点的编号从小到大输入该节点的派对贡献值，如果有的节点空缺则输入 null，如图 6-26 所示。

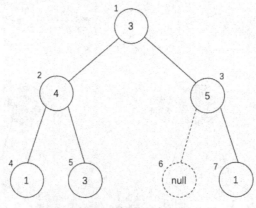

图 6-26　输入二叉树示例

则输入样例应为：

```
3 4 5 1 3 null 1
```

所以我们只需用列表将整棵树读入，然后经过 treenode 类处理之后，将读入的 value 赋值到 treenode 类的 val 中。而建树，则可以用到前文曾讲解过的二叉树的性质，任何一个有子节点的节点，其左子节点的标号等于该节点标号的二倍，右子节点的标号等于该节点标号的二倍加一。通过这个规律，我们可以通过标号来寻找自己的左子节点和右子节点从而完成建树。以下两段代码为建树：

```
#Input 为存放输入的列表
    for item in Input:       #循环将所有输入转换为 treenode 类
        tmp = treenode(item)
        tree.append(tmp)
```

通过二叉树的性质确定每个节点的子节点：

```
for item in tree:                    #循环，在此之前 cnt 赋初值为 1，tree 是一个存有 treenode 类的列表
    if item.val == "null":
        continue
    if 2 * cnt <= len(Input) and tree[2 * cnt - 1].val != "null":    #判断是否有左子节点
        item.left = tree[2 * cnt - 1]
    if 2 * cnt + 1 <= len(Input) and tree[2 * cnt].val != "null":    #判断是否有右子节点
        item.right = tree[2 * cnt]
    cnt += 1
```

以下便是深度优先搜索函数 DFS() 和输出函数 ans()：

```
def ans(root):
    at_val, ab_val = DFS(root)   #at_val 和 ab_val 分别存储 root 节点的邀请值和不邀请值
    return max(at_val, ab_val)   #返回两个值中的最大值，此值为派对所能得到的最大贡献值
def DFS(node):                   #参数为 root 节点，DFS 方法通过递归返回 root 节点的邀请值和不邀请值
    if(node == None):            #如果不存在现有的参数节点，返回邀请值和不邀请值为 0，0
        return 0, 0
    left_at, left_ab = DFS(node.left)          # 存储参数节点左子节点的邀请值和不邀请值
    right_at, right_ab = DFS(node.right)       # 存储参数节点右子节点的邀请值和不邀请值
    Attend_Value = int(node.val) + left_ab + right_ab # 求出参数节点的邀请值
    Absent_Value = max(left_at, left_ab)+ max(right_at, right_ab)
                                               #求出参数节点的不邀请值
    return Attend_Value, Absent_Value          #返回参数节点的邀请值和不邀请值
```

6.3.4　经典例题讲解（城市危机）

已知某个国家中的城市呈二叉树形状分布。这时国家突然出现了断电危机。现在政府要求电力修理部队可以从任意一个城市出发来修理各个城市的电力设施。每个城市有不同的紧急程度，所以以不同的路径来修理电力设施会得到不同的收益。如图 6-27 所示，二叉树节点上的数字代表修理电力设施的收益（可以为负）。不幸的是，修理部队因为种种原因不能掉头，这就意味着其不能来到同一个城市两次，城市与城市之间的边也只能走一回。在这种情况下，我们需求解出一条路径，使修理的收益最大，路径上的和最大。

如果城市的紧急程度如图 6-27 所示，那么最优的修理线路应该是灰色的路径，总共的收益为 7。而如果城市的紧急程度如图 6-28 所示，那么在这个特定的例子中，最优路线为灰色的路径，且不经过根节点，总共的收益为 24。而图 6-29 所示的这个例子中，最佳路线只为一个顶点，总共收益为 6。

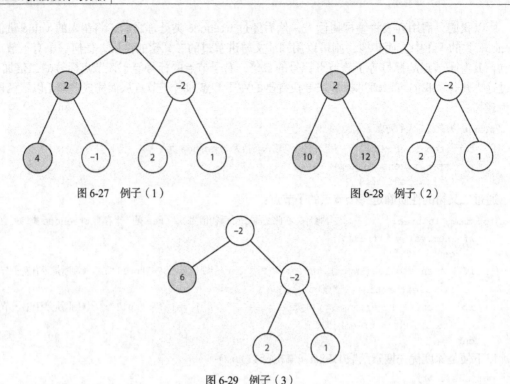

图 6-27　例子（1）　　　　　　　　　　图 6-28　例子（2）

图 6-29　例子（3）

在分析题目的同时，我们会找到该题目最重要的约束条件，即访问过的节点不能再次访问。这也间接地暗示着，如果修理部队到达了一个在叶子节点上的城市，就无法再去其他城市了。当然修理部队不一定只在叶子节点终止路径，其可以在任何时候停止，及时止损。

仍然依照前面的思路，尽量地简化问题。对于这个问题而言，树上的每一个节点（城市）都只有两个可能：继续或者停止。继续修理的前提条件为路径的两段至少有一段不为叶子节点，而停止路径则没有条件约束。我们依旧将二叉树分层，按层数来实现更新，最后通过根节点来得出最终答案。这也是深度优先搜索在二叉树中的核心思想。

让我们来看一个例子。每一个节点都有两个值：停或不停。"停"值可以被理解为：以当前节点为根节点的子树中，所有已经结束的路径中所能得到收益的最大值；而"不停"值可以被理解为：以当前节点为根节点的子树中，仍可被延伸的所有路径中所能得到收益的最大值。如图 6-30 所示，二叉树的底层节点4、节点5、节点6、节点7已被更新，其节点的停与不停值都是一样的，为自身的收益值。因为在每一个只有一个节点的子树中，能否被延伸所对应的情况是相通的。

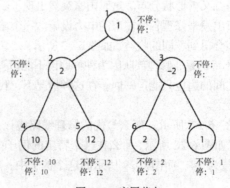

图 6-30　底层节点

　　这时我们再来更新上一层的节点，先分析节点 2 的停值和不停值。如图 6-31 所示，节点 2 可能的停值有三种，因为在以节点 2 为根节点的子树中，所有可能已经停止的路径有三种，如图 6-31 所示。

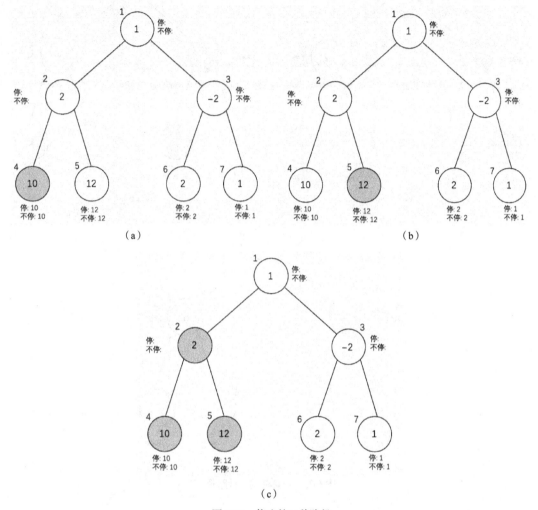

图 6-31　停止的三种路径

　　图 6-31（a）和图 6-31（b）均为只有一个叶子节点已停止的路径，收益为节点数值本身。而图 6-31（c）是一个经过节点 2 的路径。这条路径的两段都是叶子节点，所以已经停止了，其收益为 $10 + 2 + 12 = 24$。

　　因此节点 2 的停值有三个候选收益值：10, 12, 24。这时我们只需要记录最大值，因为其他的值已经不可能成为题目的最优解。节点 2 的停值可以被更新为 24。

　　再来分析节点 2 的不停值。如图 6-32 所示，可延伸的路径也有三种：经过节点 2 与节点 4、经过节点 2 与节点 5、经过节点 2。这三种路径均可以向节点 1 方向继续延伸，所以并没有停止。因此，不停有三个可能值：12, 14, 2。我们也如同停值一样，只记录最大值，因此节点 2 的不停值为 14。

　　最终我们确认了节点 2 的停值和不停值分别为 24 和 14，如图 6-33 所示。这时我们再来用同样的思路分析节点 3。

　　依旧先来分析节点 3 的停值。如图 6-34 所示，停止的路径有这三种情况：在节点 6 停止、在节点 7 停止、经过节点 6 与节点 3 后在节点 7 停止。因此，节点 3 的停值有两个可能值：2 和 1。因此我们取最大值 2 记录为节点 3 的停值。

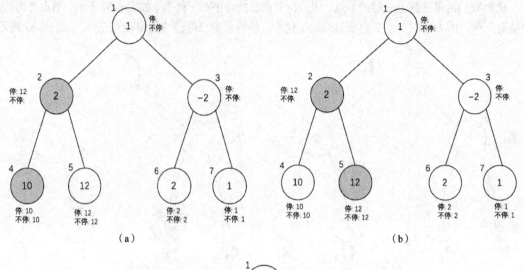

（a）   （b）

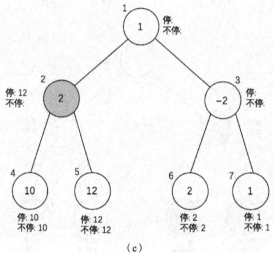

（c）

图 6-32　可延伸的三种路径

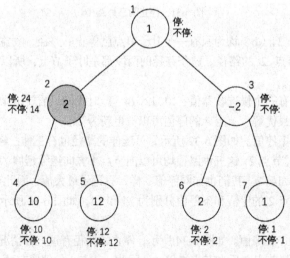

图 6-33　节点 2 的情况

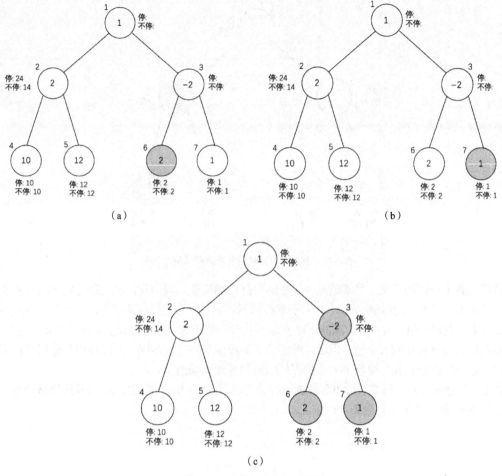

图 6-34 节点 3 停止的三种路径

继而分析节点 3 的不停值。如图 6-35 所示，节点 3 的可延伸路径也只有三种情况：经过节点 3、经过节点 3 与节点 6、经过节点 3 与节点 7。因此，节点 3 不停有三个可能值：-2，0，-1。我们取最大值 0 作为其不停值。

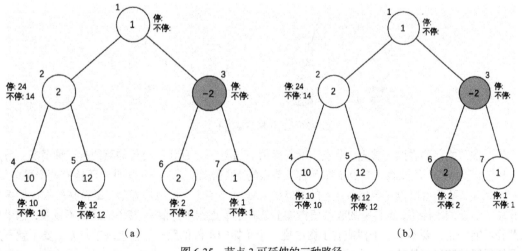

图 6-35 节点 3 可延伸的三种路径

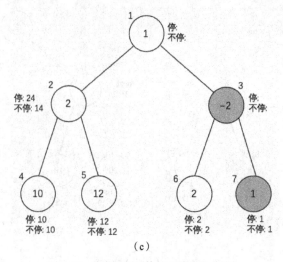

（c）

图 6-35　节点 3 可延伸的三种路径（续）

我们更新不停值的意义，其实就是为了更新更高层的停值。因为我们现在通过刚才的分析大致可以总结出来：节点 k 的停值=max（其左子节点的不停值，其右子节点的不停值，其左子节点的停值，其右子节点的停值，其左子节点的不停值加上其右子节点的不停值再加上 k 自身的收益值）。一个节点的停值需分析比较五个值，但因为叶子节点的停值与不停值相同，所以我们只分析比较了三种情况。这个规律会在我们更新节点 1 的停值时更明显地呈现出来。

最后，到达根节点。根节点的可延续的路径有三种可能（但两个值重复），不延续的路径有五种可能。图 6-36 所示为根节点更新前的情况。

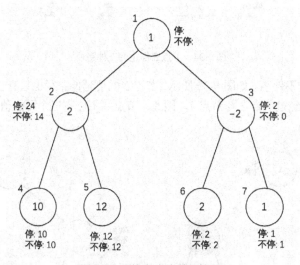

图 6-36　更新根节点前的情况

依旧按照之前的思路。首先，节点 1 的不停值。如图 6-37 所示，可延伸路线有三种情况：节点 1 加上左子节点的不停路径、节点 1 加上右子节点的不停路径、节点 1。因此，不停有两个可能值：1, 15。到此，我们也可以总结出节点 k 的不停值=max（节点 k 自身的收益值，k 自身的收益值再加上其左子节点的不停值，k 自身的收益值再加上其右子节点的不停值）。其中的逻辑不复杂，如果要求路径不能停止，要不从左子树或右子树中挑一个子树中不停的路径连接上现节点 k，要不就不连接子树保留的路径而从节点 k 重新开启新的路径。

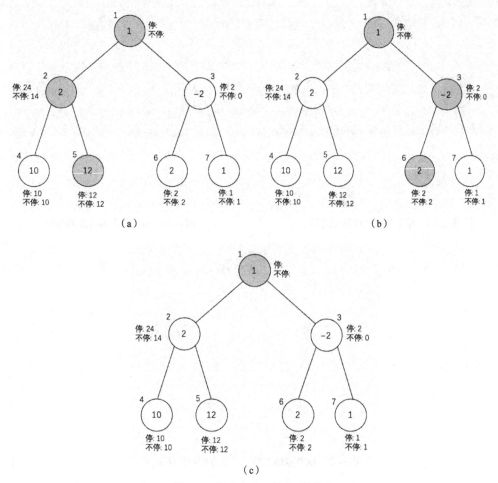

图 6-37　根节点的三种可延伸路径

再来分析节点 1 的停值。如图 6-38 所示，正如上述内容所说，不延伸路径会有五种情况：左子节点的停止路径、右子节点的停止路径、左子节点的可延伸路径、右子节点的可延伸路径、根节点加上两个子节点的可延伸路径。因此，节点 1 的停值有五个可能值：$24, 2, 14, 0, 15$。图 6-38～图 6-42 所示是与五种情况一一对应的示意图。

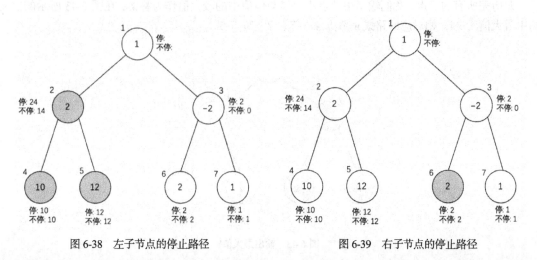

图 6-38　左子节点的停止路径　　　　　　图 6-39　右子节点的停止路径

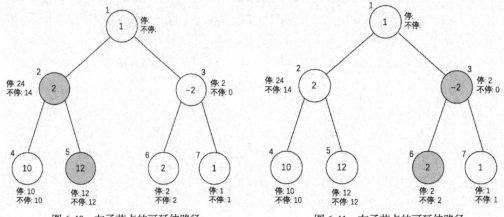

图 6-40　左子节点的可延伸路径　　　　图 6-41　右子节点的可延伸路径

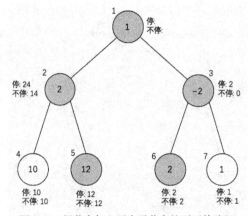

图 6-42　根节点加上两个子节点的可延伸路径

　　节点的停值中的逻辑也不难，值得注意的是，五种情况的前两种左子节点的停值、右子节点的停值分别为左子树和右子树中停止路径的最大值，有可能成为全图路径的最大值。而中间两种情况左子节点的不停值、右子节点的不停值记录的分别为左子树和右子树的可延伸路径的最大值。虽然这些路径还可继续，但也可以随时终止，即时止损（因为收益值可以为负）。最后一种情况则是将左子树和右子树的可延伸路径串联起来，如果所有节点的收益值为正，则其必为全图路径的最大值。

　　遍历完所有的节点，我们输出根节点不停值与停值中的较大值作为答案，在图 6-43 所示的二叉树中最大值为 24，相对应的路线是节点 4、节点 2、节点 5。

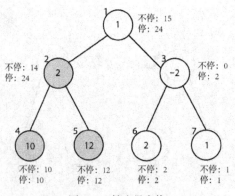

图 6-43　输出最大值

我们通过深度优先算法遍历了所有的节点，深度优先算法的思想是首先遍历最底层的节点，然后逐步上移到根节点。

每遍历一个节点，输出两个值以便之后的节点作决定，一个是停值，一个是不停值。我们现在的工作是找到一个适用于所有节点的停值与不停值的输出方法。来看以下代码：

```
#深度优先
class TreeNode:                             #二叉树节点定义
    def __init__(self, x):
        self.val = x                        #节点值
        self.left = None                    #左子节点
        self.right = None                   #右子节点
    def helper(self, root):                 #helper方法，输出一个二维数组 [不停值, 停值]
        leftY, leftN = self.helper(root.left)   #得到 root 左子节点的不停值与停值
        rightY, rightN = self.helper(root.right)    #得到 root 右子节点的不停值与停值
        yes = max(root.val + leftY, root.val + rightY, root.val)    #不停值( yes 代表继续 )
        no = max(leftN, rightN, leftY, rightY, root.val + leftY + rightY) #停值
        return yes, no                      #输出 root 节点的[不停值, 停值]
```

root 节点的不停值是以下三个值中的最大值：root 值、root 值+左子节点的不停值、root 值+右子节点的不停值。root 节点的停值是以下五个值中的最大值：左子节点的不停值、右子节点的不停值、左子节点的停值、右子节点的停值、root 值+左右子节点的不停值。

到现在为止，我们还没有考虑空节点的情况。如果节点为空，我们应该输出两个最小值，让 max() 方法过滤掉这个空节点。完整代码如下所示。

```
#城市危机最终代码
class Solution:
    def maxPathSum(self, root):             #输出最大路径和的方法
        return max(self.helper(root))       #调用 helper 方法，传入根节点，输出返回的两个值中的最大值
    def helper(self, root):                 #helper 方法，输出一个二维数组 [不停值, 停值]
        if root == None:                    #如果节点为空，输出两个最小值
            return float('-int'), float('-int')
        leftY, leftN = self.helper(root.left)       #得到左子节点的不停值与停值
        rightY, rightN = self.helper(root.right)    #得到右子节点的不停值与停值
        yes = max(root.val + leftY, root.val + rightY, root.val)    #不停值
        no = max(leftN, rightN, leftY, rightY, root.val + leftY + rightY)    #停值
        return yes,no                       #输出 [不停值, 停值]
```

6.4　小结

本章详细介绍了图的基本概念和深度优先搜索算法及其宗旨，并以二维矩阵和二叉树为例进行了深度优先搜索算法的讲解。深度优先搜索的本质为以深度为最优先的判断依据来进行图的遍历。深度优先搜索算法的应用不止在图上，也可以通过回溯来解决排列相关的问题。具体内容请参看第 8 章回溯章节。

6.5　习题

1. 请求出一幅含有 V 个顶点且不含有平行边的图中至多含有的边数，以及一幅含有 V 个顶点的连通图中至少含有的边数。

2. 请证明，在任意一幅连通图中都存在一个顶点，删除它（以及和它相连的所有边）不会影响到图的连通性，编写一个深度优先搜索的方法找出这样一个顶点。

3. 现要通过一串有关二叉树的线索，输出这个二叉树的前序遍历结果。输入时，先输入该二叉树的节点数 n，再输入第 n 条线索，第一个数字代表父节点，后两个数字代表左子节点和右子节点（若没有左子节点或右子节点，用数字 0 代替）。

例如输入：6 123 245 360 400 500 600

4. 使用深度优先搜索算法实现第 7 章 7.3.2 节的例题"混乱地铁"。

5. 现已知一个特殊的递归函数 $f(a,b,c)$，其函数返回值规则如下：

如果 $a \leqslant 0$ 或 $b \leqslant 0$ 或 $c \leqslant 0$，则返回 1。

如果 $a \geqslant 20$ 或 $b \geqslant 20$ 或 $c \geqslant 20$，则返回 $f(20,20,20)$。

如果 $a < b$ 且 $b < c$，则返回 $f(a,b,c-1) + f(a,b-1,c-1) - f(a,b-1,c)$。

其他情况返回 $f(a-1,b,c) + f(a-1,b-1,c) + f(a-1,b,c-1) - f(a-1,b-1,c-1)$。

现任意给定数值 a、b、c（a、b、c 均为整数），求出 $f(a,b,c)$ 的值。

第7章
广度优先搜索算法

与第6章深度优先搜索算法相似，广度优先搜索算法也是一个主要解决图问题的搜索算法。通过第6章的学习，我们知道深度优先搜索算法可以应用于二叉树问题，或最大面积的搜索，但一些经典的路径问题，如求解图中的最短路径问题，则需要应用广度优先搜索算法。

广度优先搜索算法与深度优先搜索算法类似，也是查询的方法之一，它也是从某个状态出发查询可以到达的所有状态。但不同于深度优先搜索算法，广度优先搜索算法总是先去查询距离初始状态最近的状态，而不是一直向最深处查询结果。

广度优先搜索算法本质上是查找算法。为了解决查找问题，之前我们介绍了很多查找算法，如顺序查找、二分查找、哈希查找。广度优先搜索算法更多地针对图的搜索，此外，广度优先搜索算法可以解决单一起点的最短路径问题，最短路径问题会在后面的章节详细讲解。

7.1　依旧是图的搜索

既然可以被称为搜索算法，那么广度优先搜索算法会与深度优先搜索算法具有一些相通的性质，如广度优先搜索算法也可以解决走迷宫问题。但如果使用广度优先搜索算法走迷宫，因为其搜索的条件发生了改变，搜索的宗旨就不在于最快地、有逻辑地走出迷宫，而在于寻遍迷宫的每一个角落。现在我们可以假设迷宫里的某一个角落有一个宝藏，我们需在迷宫中找到宝藏。如果这时候我们依然使用深度优先搜索算法，因为此时求解问题的目标不是走出迷宫而是寻找宝藏，我们会因为无法巧妙地设定递归退出条件而进入死胡同或者漫无目的地搜索。如图7-1所示，此时深度优先搜索算法进入了死胡同，无法再进行移动（根据不重复原则），而仍有区域没有被遍历到。所以很明显深度优先搜索不是找宝藏的高效算法。

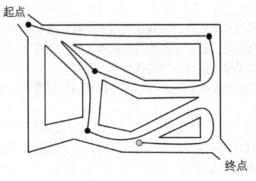

图 7-1　深度优先搜索算法找宝藏

而广度优先搜索迷宫的方法则如图 7-2～图 7-4 所示。

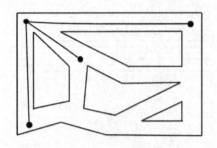

图 7-2　广度优先搜索找宝藏（1）

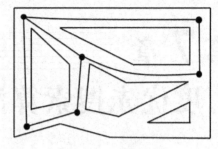

图 7-3　广度优先搜索找宝藏（2）

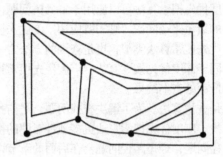

图 7-4　广度优先搜索找宝藏（3）

对比深度优先搜索算法，可以看出，广度优先搜索算法在搜索所有答案的时候会采用由近及远的方式来搜索。先访问离起始点最近的点，再访问远一些的点。换句话说，广度优先搜索会优先访问一步可以直接到达的点，再访问走两步、三步或更多步可以到达的点。

因此，广度优先搜索算法也叫作层次搜索算法，一层一层地去寻找问题的答案。在一层一层地遍历最近的点时，我们需要通过一定的数据结构来记录这些即将遍历的点。在兼顾高效且便利的前提下，我们将采用队列的数据存储方式来记录即将遍历的点。

7.2　队列中的存储方式

队列这种数据结构是广度优先搜索算法优先选择的数据结构。第一是因为队列的存储机制为先进先出，而广度优先搜索算法恰好需要保证优先访问已访问顶点的未访问邻接点。因此队列最适合广度优先算法的存储法则。

选择队列存储结构的第二个原因是，队列这种数据结构只支持两个基本操作：将新元素从队尾加入队列和将队首元素移出队列。相比于其他数据结构（如数组等），队列因为操作简单而效率高。但队列也因为只有两个基本操作而使得一些特殊操作十分复杂：如通过循环遍历在队列中查找某个特定的元素。幸运的是，广度优先搜索算法并不需要循环遍历其存储元素的数据结构，所以队列即广度优先算法的不二之选。

对于 Python 语言来说，可以通过列表来模拟队列，通过 append() 函数来将新元素插入队列和 del() 函数来删除队首元素，也可以通过调用 Python 标准库 queue 来实现队列结构，通过 put() 函数插入新元素和 get() 函数提取并删除队首元素。

用一个二叉树图结构来举例，如图 7-5 所示。

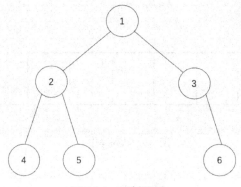

图 7-5　二叉树示例

　　图 7-5 所示为一棵二叉树。这时如果我们规定若要访问一个节点则必须访问其根节点，就可以运用广度优先搜索算法来实现图 7-5 所示二叉树的遍历。遍历之前，我们需先定义一个队列结构，用来存储即将遍历的节点。对于这个二叉树来说，其根节点（1 号节点）是必须首先遍历的，因此我们在初始化时将根节点加入队列。现在队列状态如图 7-6 所示。

图 7-6　初始化队列的状态

　　现在队列中只有一个元素：根节点。为了将其他节点加入队列中，我们需访问队列中最前面的元素，并将其移出队列，来确定即将被加入队列的元素，更新队列。对于二叉树来说，需将根节点 1 移出队列，并通过该节点来找到其子节点：节点 2 和节点 3，并加入队列之中。操作如图 7-7 和图 7-8 所示。

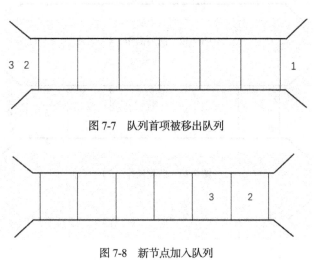

图 7-7　队列首项被移出队列

图 7-8　新节点加入队列

　　之后，我们只需要按照之前的操作依次移出队首的元素，并将队首元素节点的子节点加入队列中，反复运行直到队列为空为止，即可完成遍历，如图 7-9～图 7-15 所示。

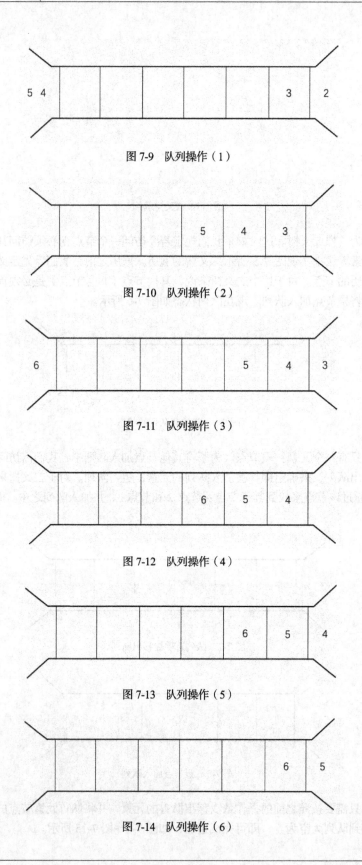

图 7-9　队列操作（1）

图 7-10　队列操作（2）

图 7-11　队列操作（3）

图 7-12　队列操作（4）

图 7-13　队列操作（5）

图 7-14　队列操作（6）

图 7-15 队列操作（7）

7.3 经典例题讲解

7.3.1 艰难旅行

现已知一个大小为 $N \cdot M$ 的地图，地图中只有可能出现两个数字：0 或 1，现规定如果位于数字为 0 的格子上，则下一步只能往相邻四个格子中数字为 1 的格子走，如果位于数字为 1 的格子上，则下一步只能往相邻四个格子中数字为 0 的格子走。如果给定起点格子，则可以向上下左右四个方向移动，且同一个格子不能重复走，求能在地图中到达多少格子？

如图 7-16 和图 7-17 所示，假设地图为一个方格图，且给定的起点为左上角灰色的方格。如图 7-16 所示，从左上角的格子出发，可以从 1，到达右边与下方的 0，再到达右边与下方的 1，从而到达地图上的所有方格。因此，图 7-16 所示的地图可以求解出的答案应为 25，即可以到达图上的所有方格。而对于图 7-17 而言，仍从左上角灰色的格子出发，我们会发现其右边和下方的方格均为 1，因此无法移动到任何其他方格中，求解出能到达的格子数为 1。

1	0	1	0	1
0	1	0	1	0
1	0	1	0	1
0	1	0	1	0
1	0	1	0	1

图 7-16 地图示例（1）

1	1	0	1	0
1	1	0	1	0
0	0	0	1	0
1	1	1	1	0
0	0	0	0	0

图 7-17 地图示例（2）

分析完上面两个基础例子，就会自然地想到广度优先搜索算法或许能解决这个问题。广度优先搜索算法的核心思想是队列，我们先创建一个队列结构。因为广度优先搜索算法优先搜索离起始点最近的点，所以可以通过判断现在位于的方格的上下左右四个方格是否能到达来构建队列。如果可以到达，则加入队列的末尾，如果不能到达则跳过。以这种方式来更新队列，可以保证每一种移动方案均能被考虑到。而为了不重复遍历相同的路径，我们需用一个列表来存储一个格子是否被加入队列过，防止浪费计算资源。

假设一个地图如图 7-18 所示（外围的数字为行列标号），并且起点为第三行第三列的灰色格子。现创建一个队列结构，并将起点加入队列中，完成初始化（队列中的格子均用行列标号表示，如第一行第二列的方格表示为(1,2)）。队列的状态如图 7-19 所示。

此时判断所在方格位置的周围四个方格是否可以到达。(3,3)位置的方格中的数字为 0，其上下左右的四个方格的数字均为 1，因此其上下左右的方格均能到达。在这个过程中，值得注意的是在这个步骤结束后，需将现所位于的方格移出队列（其实也可以在判断四周方格之前就移出，并不影响最终结果）。同时需记录已进入过队列的方格，防止其再次进入队列。实行上述步骤时队列的状态如图 7-20 和图 7-21 所示。

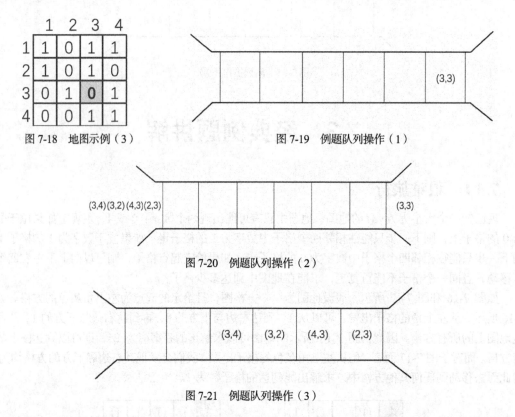

图 7-18　地图示例（3）　　　　　　　图 7-19　例题队列操作（1）

图 7-20　例题队列操作（2）

图 7-21　例题队列操作（3）

在进行上述操作过后，方格(3,3)被移出队列，而(2,3)(4,3)(3,2)(3,4)从队尾加入队列。需要注意的是，将并列元素加入队列时，其加入的顺序并不关键，因为无论先后，这些元素都会被移出队列进行进一步的遍历和判断，而其被移出的顺序也只会影响遍历的顺序而并不会影响结果。这时我们只需重复之前的步骤，将队列中最前面的方格移出队列，并将从该方格出发可以到达的四周方格加入队列即可。

我们将(2,3)移出队列，然后将从(2,3)出发可以到达的点(2,4)(2,2)加入队列。继续将队列首项(4,3)移出，加入(4,2)，如图 7-22～图 7-24 所示。

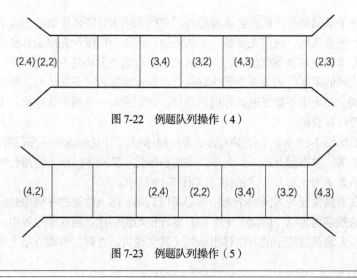

图 7-22　例题队列操作（4）

图 7-23　例题队列操作（5）

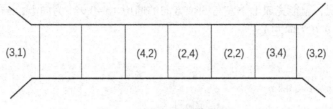

图 7-24 例题队列操作（6）

这时我们继续将队首的方格移出队列。从方格(3,2)出发，根据地图我们可以推断出有三个相邻方格可以到达(2,2) (3,1) (4,2)。然而方格(2,2) (4,2)已经在队列中，因此不再加入队列，避免重复遍历。这次操作中只有方格(3,1)加入队列。

根据上述操作规则如此反复，直到队列为空为止，即可求得本题的答案。最终结果如图 7-25 所示，所有灰色的方格均可以从起始点(3,3)到达，一共可以到达 11 个方格。

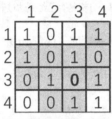

图 7-25 地图搜索结果

通过上面的几个例子可知，很显然队列的操作是广度优先搜索算法的核心。因为广度优先搜索算法不像深度优先搜索算法，有特定的循环遍历跳出条件，所以广度优先搜索算法往往以队列为空作为唯一的跳出循环遍历的条件。同时，我们用 while 循环来进行广度优先搜索，因为 while 此时会比 for 循环更加简洁：

```
Q = Queue()           #建立队列结构
Q.put(…)              #队列的初始化，往往将起始的元素加入队列
while not Q.empty():  #判断队列是否为空，如果为空，则停止循环
    cur = Q.get()     #访问队列中第一个元素，同时将其移出队列
    …
    Q.put(…)          #将这一步遍历出来的结果加入队列
```

以上便是广度优先搜索代码的基本模板。我们先调用 Python 自带的 queue 库引入队列，并建立队列结构，之后初始化队列，将起始的元素（如出发点，出发的方格）加入队列。之后便开始遍历。

while 循环的循环条件为队列不为空，如果队列为空，说明广度优先搜索算法已经遍历完毕，可以跳出循环。while 循环中，我们往往会先提取出队列的一个元素（或前几位元素，因题目而定），从提取出的元素入手，开始遍历。经过一系列操作和遍历条件的判断后，需将这一步遍历的结果加入到队列中，等待在之后的遍历中取出。

对于本题而言，额外需要考虑的条件只有相邻的格子中数字不相同时才能到达，以及越界情况（遍历出地图之外）。所以我们只需在 while 循环中加入这些判断语句，广度优先搜索的大致功能就已经完成了。

针对本题的题目设定，我们只能向上下左右移动一个单位。为了简便书写，我们不会使用四个判断语句来完成四个方向的移动，而是定义两个列表，分别存储 x 方向和 y 方向的移动。例如，x方向的列表为[0,1,0,-1]，y 方向的列表为[1,0,-1,0]，如此只需要一个 for 循环，其中$x[i]$,$y[i]$分别代表

不同方向的移动情况，就能完成上下左右四个方向的遍历（x=0,y=1 为向上，x=1,y=0 为向右，x=0,y=-1 为向下，x=-1,y=0 为向左）。

完整代码如下：

```
# 艰难旅行
from queue import Queue
Q = Queue()                           #建立队列
class grid:                           #定义grid类，其中每一个方格(grid)都含有行(row)和列(col)属性
    def __init__(self, row, col):
        self.row = row
        self.col = col
    def bfs(self,val,startrow,startcol):
        row = len(val)                #val是存储地图的二位列表，row变量为其行数
        col = len(val[0])             #col变量为地图的列数
        arrived = [[False for j in range(int(col))] for i in range(int(row))]
        #arrived二维列表存储地图上每个方格是否已经到达过(已经进入过队列)
        moverow = [0, 1, 0, -1]
        #moverow数组存储向相邻方格移动时行的变化情况分别为增加1(1)，减少1(-1)，和不变(0)
        movecol = [1, 0, -1, 0]
        #moverow数组存储向相邻方格移动时列的变化情况，与moverow原理相同
        ans = 1
        Q.put(grid(int(startrow), int(startcol)))                    #将起点加入队列
        arrived[int(startrow) - 1][int(startcol) - 1] = True         #将起点设为已到达过
        while not Q.empty():                  #判断队列是否为空
            cur = Q.get()                     #取出队列首位的元素
            for i in range(4):
            #遍历moverow和movecol，其实就是向现所位于的方格的四个方向的移动
                newrow = cur.row + moverow[i]
                newcol = cur.col + movecol[i]
                if newrow > row or newrow <= 0 or newcol > col or newcol <= 0:
                #判断移动后是否超界
                    continue
                if not arrived[newrow - 1][newcol - 1] and val[newrow - 1][newcol - 1] !=
val[cur.row - 1][cur.col - 1]:                                    #判断是否已经到达过，是否与起始点的数值不同
                    Q.put(grid(newrow, newcol))       #将发现可以到达的新方格放入队列中
                    arrived[newrow - 1][newcol - 1] = True  #将可到达的新方格设为已到达过
                    ans += 1                          #求得答案
        return ans
```

7.3.2　混乱地铁

在某一个城市中地铁网极度混乱。一条地铁线路上有 n 个地铁站，分别编号为 1 到 n。地铁线路上的每一个站都会停靠地铁，每一个地铁站上都有一个数字 m，代表从此站出发乘客必须乘坐的站数。

每个地铁站都有通往两个方向的地铁。因此既可以向编号大的方向前进 m 站，也可以向编号小的方向前进 m 站。但如果前进后超出了地铁站的范围，则该地铁不可被乘坐。例如编号为 1 的地铁上的数字是 3，那么在该地铁站上车，可以向正方向坐车到 4 号地铁站。但不能反方向坐车到-2 号地铁站，因为-2 号地铁站不存在。现在乘客从 A 号地铁站出发，想要到达 B 号地铁站，求他能否到达，最少要搭乘多少次地铁？

在分析这个问题前先举一个具体的例子。如图 7-26 所示，如果一共有 5 个地铁站，其编号依次为 1，2，3，4，5。而每个地铁站的数字分别为 2，4，1，2，3。现在我们来分析乘客从 1 号地铁站上车，想要到达 2 号地铁站的情况。

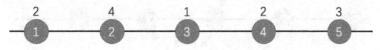

图 7-26　地铁站及其数字示例

如果乘客从 1 号地铁站出发，则他有两个选择，向正方向坐车，或向反方向坐车。1 号车站的数字为 2，因此可以到达 3 号地铁站和-1 号地铁站。又因为-1 号地铁站并不存在，所以从 1 号地铁站出发只能到达 3 号地铁站。综上我们可以得出结论：从 1 号地铁站出发，到达 3 号地铁站最少要坐一趟地铁，如图 7-27 所示。

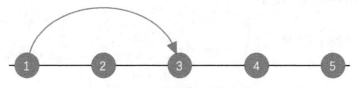

图 7-27　地铁站乘坐步骤（1）

此时到达 3 号地铁站。3 号地铁站的数字为 1，因此可以向正方向坐 1 站车到达 4 号地铁站，也可以向反方向坐 1 站车直接到达目的地 2 号地铁站。同样我们也可以得出结论：从 1 号地铁站出发，到达 2 号地铁站和 4 号地铁站至少需要坐两趟地铁，如图 7-28 所示。

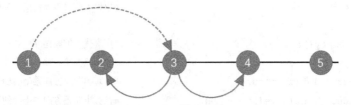

图 7-28　地铁站乘坐步骤（2）

此时我们已经遍历出结果：从 1 号地铁站出发到达 2 号地铁站至少要乘坐两次地铁。如果我们的循环跳出条件设立的是到达目的地或队列为空，那么遍历已经结束。但是如果我们的循环跳出条件只有队列为空，那么我们还需进一步遍历，因为此时队列中仍有两个元素：4 号地铁站和 2 号地铁站。

值得注意的是，当我们从 4 号地铁站出发时，如果向正方向乘坐 2 站地铁（4 号地铁站上的数字为 2），将超出地铁站范围，因此无法向正方向乘坐地铁。如果向反方向乘坐 2 站地铁，将会到达目的地 2 号地铁站。当我们按照从 1 号地铁站出发，到达 3 号地铁站，再到达 4 号地铁站，最终到达 2 号地铁站的话需要乘坐 3 趟地铁，没有上一种地铁乘坐方案便利，应当淘汰这种方案，如图 7-29 所示。

但如果仔细思考使用队列数据结构的广度优先搜索算法，不难推导出最优的方案一定比次优的方案先进入队列中。因为广度优先搜索算法具有层次性，每一次遍历距离最近或距离相同的目标。如果距离近是问题答案最重要的考察因素，则广度优先搜索算法会自动地优先搜索距离较近的目标，最快地找到问题的答案。所以，我们只需建立一个数组或列表来记录是否已经遍历过一个目标，防止重复遍历同一目标导致无限循环即可，不需再担心最优的答案可能出现在重复的遍历过程中。

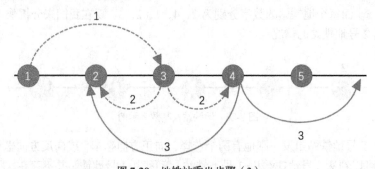

图 7-29　地铁站乘坐步骤（3）

依旧使用广度优先搜索算法的模板，我们在一个 while 循环内对队列结构进行遍历操作，循环的跳出条件依旧为队列为空。题目代码如下：

```python
#混乱地铁
from queue import Queue                           #调用队列库
move = []                                          #move 列表里存储每一个地铁站的数字
Q = Queue()                                        #建立队列
start, end, num = input().split()                  #读入出发点、目的地、总共的地铁站数量
move = input().split()                             #读入每个地铁站的数字
station = [-1 for i in range(0, int(num) + 1)]     #station 列表存从出发点到对应地铁站需乘坐
地铁的趟数，-1 代表无法到达
Q.put(int(start))                                  #将出发点放入队列中
station[int(start)] = 0                            #出发点到自身地铁站时不用乘坐任何地铁，赋值
为 0
while not Q.empty():                               #广度优先搜索循环
    cur = Q.get()                                  #取出队列第一项，并将其移出队列
    left = cur - int(move[cur - 1])                #计算出向反方向乘坐会到达哪个地铁站
    right = cur + int(move[cur - 1])               #计算出向正方向乘坐会到达哪个地铁站
    if left >= 1 and station[left] == -1:          #如果反方向乘坐没有出界且没有到过，则将新到
达的地铁站加入队列
        Q.put(left)
        station[left] = station[cur] + 1           #更新到达对应地铁站需乘坐的趟数
    if right <= int(num) and station[right] == -1: #如果反方向乘坐没有出界且没有到过，则
将新到达的地铁站加入队列
        Q.put(right)
        station[right] = station[cur] + 1          #更新到达对应地铁站需乘坐的趟数
print(station[int(end)])                           #输出答案
```

7.3.3　温室大棚

在一个温室大棚中种有西红柿。该温室大棚使用种植架来种植西红柿，并使用人造光来照射西红柿。在种植架上的西红柿果实以二叉树的结构排列，二叉树的节点代表西红柿，二叉树的链接代表茎。

不幸的是，温室大棚两侧的照射灯只有右侧的工作，而左侧的灯因某些原因无法使用。种植人员在准备收获西红柿时才发现这些问题。检查后发现，因为光的接受度不够，只有每一层种植架上

最右侧的西红柿正常成熟，可以食用。现给出种植架上西红柿的二叉树结构，求如果在上述情况下，有多少西红柿是成熟的。

从问题的描述中我们可以知道，在这道题中我们可以用广度优先搜索算法来处理树结构的图。二叉树结构已经在第 6 章深度优先搜索算法中详细提及，这里不再赘述。但我们还需提及一下二叉树的性质：二叉树的任意一个节点下最多有两个分支；任意一个节点下的分支数量可能为 0、1、2，因此一个节点有可能有 0 个、1 个或 2 个子节点。图 7-30 和图 7-31 所示为二叉树结构的示例。

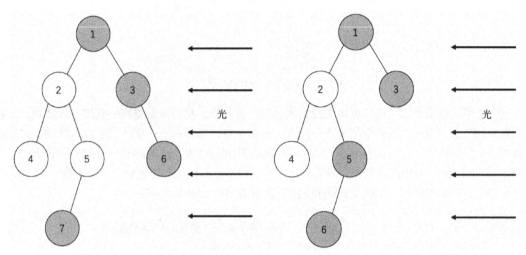

图 7-30　温室大棚西红柿分布示例图（1）　　图 7-31　温室大棚西红柿分布示例图（2）

对于图 7-30 所示的二叉树结构来说，光只从右侧照射，因此能成熟的西红柿只有最右侧的节点 1、节点 3、节点 6、节点 7（图 7-30 中标为灰色的节点）。其余的节点均被其他西红柿挡住了光线。而对于图 7-31 的二叉树结构来说，只有节点 1、节点 3、节点 5、节点 6 为成熟的西红柿，可以被食用。

至此，我们可以用更简洁的语言来诠释本题的核心：寻找二叉树每一层中最右侧的节点。

为了不重不漏地寻找到所有成熟的西红柿，我们可以采用广度优先搜索算法来解决此问题：按照从根节点到底端叶子节点的顺序，找出可以获取的节点的值的问题。

在遍历之前，最重要的是定义二叉树图结构，因为本题关联到二叉树的结构，我们需要定义一个二叉树类型来存储二叉树上节点的数值和节点与节点的关系。与第 6 章我们介绍的二叉树结构一样，对每一个节点均定义三个属性：该节点的编号或值，该节点的左子节点的状态和该节点右子节点的状态。具体代码如下：

```
class treenode:                    #定义二叉树的根节点为 TreeNode
  def __init__(self, val):
    self.val = val                 #定义二叉树的每个元素的值，这里表示西红柿的编号
    self.left = None               #定义二叉树的每个元素的左子节点
    self.right = None              #定义二叉树的每个元素的右子节点
```

其次，我们需要对二叉树进行分层，因为只有分层之后才能准确地对每一层的节点进行遍历，寻找到最右边的节点。

通过广度优先搜索算法，我们可以根据其层次性取出每一层的数据，然后把每层的结果（最右边的节点）加入最终结果中。现在我们为每个节点设定一个层级，比如根节点的层级是第 1 层，根节点的子节点的层级是第 2 层，再往下的节点的层级依次递增，如图 7-32 所示。

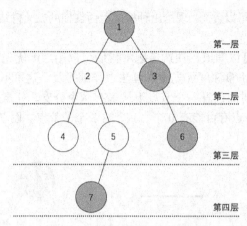

图 7-32　温室大棚西红柿分层示例

这个题目可以说是二叉树广度优先搜索问题的一种变形，我们只需要将一整层放入队列，寻找到最右边的节点，再通过队列中的节点更新下一层的节点，将所有下一层的节点放入队列，并把前一层的节点移出队列，直到没有节点可以加入队列，队列为空为止。既然是广度优先搜索算法，那么一定要用到队列，使用队列来保存待处理的节点。初始化时，首先处理根节点，存储根节点的值，同时建立存放结果的队列，这里的代码我们将用列表结构代替队列结构：

```
def bfs(root):
    mature = []                      #存放结果数据,成熟的西红柿节点的编号
    queue = [root]                   #队列存放待处理数据
    while len(queue) > 0:            #队列不为空时,依次取出数据作处理
        return mature
```

广度优先搜索算法代码的第一个核心是先取出每层的节点，然后处理该节点，之后把下一层的子节点都存入队列并移出上层已处理的节点，以此类推，直到队列为空，处理就完毕了。

为了保证广度优先搜索是一层层遍历，而不是按遍历的节点到根节点的距离的远近来遍历，需更新队列的时候加入一层 for 循环，保证这一层的节点均已用于更新下一层节点并已被移出队列。若 queue 队列中只包含一层的节点，那么 level_size 将为这一层节点的个数。在 for 循环中，这一层节点会依次被移出队列，同时用于更新下一层的子节点。代码如下：

```
#queue 为队列, top 是一个 treenode 类型的变量
level_size = len(queue)
for i in range(level_size):
    top = queue.get()
    if top.left:
        queue.append(top.left)
    if top.right:
        queue.append(top.right)
```

广度优先搜索算法代码的第二个核心便是如何找到每层的最右边一个节点。为了最方便快捷地寻找到题目所要求的节点，建议使用 list 列表来模拟队列，而不是使用 queue 队列来直接实现。原因很简单：当一个队列只存储一层节点时，使用 list 列表可以直接访问队尾的节点，也就是该层最右边的节点，从而直接找到题目要求的答案，但 queue 队列不能进行该操作，queue 只能在更新队列时寻找到答案，需要通过烦琐的判断语句来判断遍历的节点是否为该层最后的节点，十分不便利。

现在将两步核心操作合并在一起：

```
def bfs(root):
    mature = []
```

```
    queue = [root]
    while queue:
        level_size = len(queue)
        mature.append(queue[-1].val)
        for i in range(level_size):
            top = queue.pop(0)
            if top.left:
                queue.append(top.left)
            if top.right:
                queue.append(top.right)
    return mature
```

之后便是建立二叉树的操作，题目的二叉树输入形式为：从根节点到叶子节点，从左叶子节点到右叶子节点依次输入，若该节点为空则输入"null"。比如图 7-32 所示二叉树的输入格式应为：

```
1 2 3 4 5 null 6 null null 7
```

为了满足遍历的需求，我们需要将每一个节点都转换为 treenode 属性，并找到每个节点的左子节点和右子节点（可以为空）。代码如下：

```
class treenode:                        #定义 treenode 类型
    def __init__(self, val):
        self.val = val
        self.left = None
        self.right = None
Input = []                             #Input 列表用于存储输入
tree = []                              #tree 列表用于存储节点
Input = input().split()
cnt = 1
for item in Input:                     #将所有节点转换为 treenode 类型
    tmp = treenode(item)
    tree.append(tmp)
for item in tree:
    if item.val == "null":             #若节点为"null"，则不加入 tree 中
        continue
    if 2 * cnt <= len(Input) and tree[2 * cnt - 1].val != "null":#找到每个节点的左子节点
        item.left = tree[2 * cnt - 1]
    if 2 * cnt + 1 <= len(Input) and tree[2 * cnt].val != "null":#找到每个节点的右子节点
        item.right = tree[2 * cnt]
    cnt += 1
```

整合上面的代码，呈现的完整代码如下：

```
class treenode:
    def __init__(self, val):
        self.val = val
        self.left = None
        self.right = None
def bfs(root):
    mature = []
    queue = [root]
    while queue:
        level_size = len(queue)
        mature.append(queue[-1].val)
        for i in range(level_size):
            top = queue.pop(0)
            if top.left:
                queue.append(top.left)
```

```
                if top.right:
                    queue.append(top.right)
        return mature
Input = []
tree = []
Input = input().split()
cnt = 1
for item in Input:
    tmp = treenode(item)
    tree.append(tmp)
for item in tree:
    if item.val == "null":
        continue
    if 2 * cnt <= len(Input) and tree[2 * cnt - 1].val != "null":
        item.left = tree[2 * cnt - 1]
    if 2 * cnt + 1 <= len(Input) and tree[2 * cnt].val != "null":
        item.right = tree[2 * cnt]
    cnt += 1
ans=bfs(tree[0])
```

当然，本题还有其他解法。比如可以改变遍历的顺序，即按先访问当前节点，再访问右节点，最后访问左节点的顺序。每次都将节点放进队列，但是在取节点的时候，只需记录第一个节点即可，其他的都可以释放掉，这个方法读者可以自己思考实现。

7.4　小结

本章详细介绍了队列的基本概念与实现方法、广度优先搜索算法及其应用。广度优先搜索算法有关的其他问题，如最短路问题，我们将在后续章节详细介绍。

7.5　习题

1. 用栈代替队列来实现广度优先搜索是否可行？

2. 已知一个 $n \cdot m$ 的国际象棋棋盘，现给定一个起始点、终点。若在起始点上有一个马，问：从起始点出发，马能否到达终点，到终点最少需要走几步？输入中包含棋盘的大小、起始点坐标、终点坐标。（马走"日"字。）

3. 分析 7.3.2 节混乱地跌的时间复杂度，并与深度优先搜索算法进行对比。

4. 由数字 0 组成的方阵之中，有一个任意形状，是由数字 1 组成的闭合圈（闭合圈由相互连接的数字组成，只有上下左右相邻的数字才算相互连接），现要求把闭合圈内的所有空间都填写成 2，该如何使用广度优先搜索来解决这个问题？例如：在一个 6×6 的方格中，填充前和填充后的方阵如下：

0	0	0	0	0	0
0	0	1	1	1	1
0	1	1	0	0	1
1	1	0	0	0	1
1	0	0	0	0	1
1	1	1	1	1	1

0	0	0	0	0	0
0	0	1	1	1	1
0	1	1	2	2	1
1	1	2	2	2	1
1	2	2	2	2	1
1	1	1	1	1	1

第8章
回溯算法

回溯算法可以算作搜索/遍历算法的一个分支。回溯算法和暴力的线性搜索法的相似点在于两者在最坏的情况下都会尝试所有的可能，导致时间复杂度为指数的搜索。但是，比起暴力搜索法，回溯算法是一种有条理的、最优化的搜索技术。回溯算法会通过提前放弃一些已知不可能的选择，从而加快速度。回溯算法适用于解决信息量较大的约束满足问题。因为一旦约束不再被满足，回溯算法就会丢弃当前选择，转而尝试其他解。

8.1　回溯算法原理

回溯算法可以用一句话概括：不撞南墙不回头，一撞南墙就回头。它采用了试错的思想，与枚举的思路基本是一样的。举个例子，想象一个充满岔口的迷宫，这个迷宫的出口是此问题的解，如图 8-1 所示。在利用回溯算法寻找解的过程中，我们从起点出发，选择某一条道路向前搜索，如果在某一检查阶段发现路不通，就马上返回到上一个路口，尝试另外一条。如果该条路也不通，就返回到更早的岔口，再次尝试。回溯算法就是一个走不通就回溯的过程。到最后，我们可能找到正确路线，也有可能宣告迷宫没有出口或解。

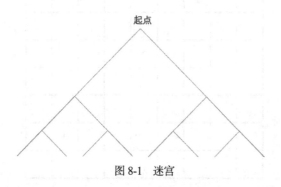

图 8-1　迷宫

以数独为例。已知一个未填满的盘面，我们怎样才能正确地填满它呢？最简单的方法是暴力法。我们依次尝试所有的可能解。如果盘面上有 76 个空位，我们一共需要尝试 9^{76} 种可能，因为每一个空位上都有 9 种可能。

当然，我们还可以用回溯算法像暴力法一样将所有的排列组合都先列出来然后再一一尝试。我们将一个数字一个数字地尝试，动态地构建和修改当前的组合。

如图 8-2 所示，第一行、第二列的数字 1 是我们填的数字，其他都是已知的数字。每一个位置都有 9 个选择。首先尝试在第一行、第二列填 1。

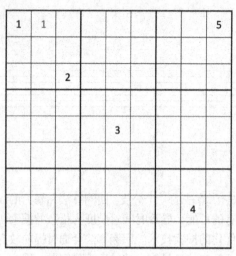

图 8-2 数独盘面（1）

在继续填其他空位前，我们先检查当前盘面是否成立。如果当前盘面不成立，就没有继续填其他空位的必要。我们看到当前盘面不成立。因此，我们需要取消第一个空格里的数字，换成下一个数字。但是 2 仍然不成立，所以我们继续尝试，发现 3 成立。这时会发现，回溯算法已经在帮我们节省时间了。通过放弃 1 和 2，我们节约了尝试 2×9^{75} 个错误选择的时间。

接下来，到第二个空格，继续尝试。如图 8-3 所示，还是从第一个数字开始，排除 1、2 和 3，填 4。我们又节约了 3×9^{74} 个错误选择的时间。

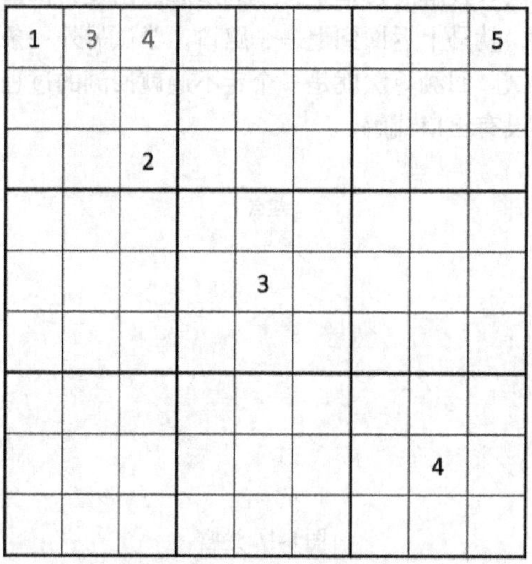

图 8-3 数独盘面（2）

加快进度，按照从左到右、从上到下的顺序，当到第 15 个空格时，我们发现 9 个数字无一可行，如图 8-4 所示。

这时，我们需要返回到第 14 个空格，就像在迷宫中退回到上一个岔口一样。如图 8-5 所示，取消 2，尝试下一个数字。

然而，如图 8-6 所示，第 14 个空格除了 2 没有其他选项，3 到 9 都不可行。

图 8-4　数独盘面（3）

图 8-5　数独盘面（4）

图 8-6　数独盘面（5）

如图 8-7 所示，我们需要再次返回一个空格，到第 13 个空格，放弃 3，尝试下一个数字，直到数字成立。如果没有数字成立，则继续返回。一直到盘面能够成立为止。

1	3	4	2	6	7	8	9	5
5	6	7	1	4	4			
		2						
					3			
							4	

图 8-7　数独盘面（6）

解题过程中，我们会一直重复"尝试—回溯—尝试—回溯-……"这个过程，一旦一条路走不通，就不再这条路上花费更多的时间，而是后退并尝试另一条路。在这个过程中，我们很有可能会一直会后退到起点，比如在数独的例子中，我们很可能会倒退到第一个空格。我们甚至会倒退到起点好几次。但是不论怎样，算法在尝试过程中都在有效地"剪枝"，也就是在剪去错误的答案，保证自己永远在尝试目前为止最有效的答案。这就是回溯算法比穷举法更有效率的原因。

8.2　回溯算法的应用

了解了回溯的原理，接下来，我们来看几个经典的回溯问题。

8.2.1　N 皇后

N 皇后是回溯算法经典问题之一。问题如下：请在一个 $n \cdot n$ 的正方形盘面上布置 n 名皇后，因为每一名皇后都可以自上下左右斜方向攻击，所以需保证每一行、每一列和每一条斜线上都只有一名皇后。

最简单的办法是暴力法，我们需要在 n^2 个空格里选 n 个位置，所以可以依次尝试 $C_n^{n^2}$ 种选择。暴力法的时间复杂度为 $O(n^n)$。

如果用回溯算法，时间复杂度降低为 $O(n!)$。因为 n 的大小对算法思路没有任何影响，所以简单起见，示例将解决 4 皇后问题。

N 皇后问题的算法与数独十分相似，同样是试错的思想。在解题过程中，我们动态地修改一个题解，让这个题解永远保持成立性。在解决 4 皇后问题中，我们一共要放置 4 名皇后，并且保证每行每列和每条斜线上只有一名皇后。我们不断地检查，如果题解不再满足约束条件，就改变它。

如图 8-8 所示，用 1 表示皇后，我们从第一个空格开始，把皇后放在格中。

只要盘面还有继续布置皇后的可能，就继续下去。当碰到盘面不成立或者没有布置可能的时候，再后退。我们知道第一行不能有两名皇后，所以从第二行继续。如图 8-9 所示，假设第二名皇后在第二行第一个空格。

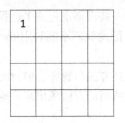
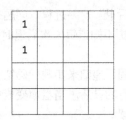

图 8-8　4 皇后（1）　　　　图 8-9　4 皇后（2）

在继续到第三行之前，先检查一下盘面。如图 8-9 所示，因为盘面不成立，我们只好改变第二名皇后的位置。第二行的第二个空格不可行因为两名皇后将占用同一斜线。所以我们将第二名皇后放在第二行的第三个空格上，这时盘面是成立的，我们前进一行，如图 8-10 所示。

我们发现第三行皇后没有可行的位置。这时候，我们碰到了"南墙"，所以回溯算法告诉我们：后退一行。

如图 8-11 所示，我们退回到第二行，将第二名皇后放在下一个空格上。因为盘面成立，所以我们再次前进到第三行。

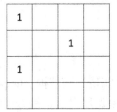
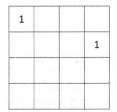

图 8-10　4 皇后（3）　　　　图 8-11　4 皇后（4）

如图 8-12 所示，经过尝试，我们把第三名皇后放在第二个空格里。然而，来到第四行时，我们发现无可行选项。我们只好再次返回到第三行，却发现第三行也无其他可行选项。我们除了后退到第二行没有其他选择，但再次面临同样的问题，第二名皇后已经在最后一个空格了，没有其他选项了。

如图 8-13 所示，我们只好后退到第一行，将第一名皇后换到下一个空格中。

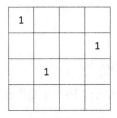
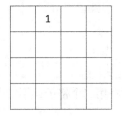

图 8-12　4 皇后（5）　　　　图 8-13　4 皇后（6）

如图 8-14 所示，重复以上步骤我们最终会得到正确答案之一。我们将会把答案记录下来，并继续没完成的过程，从而得到所有的答案。在本例中，我们以行为单位。如果以列为单位同样可行。

在 N 皇后问题中，回溯算法思路是每一次只布置一个皇后，如果盘面可行，就继续布置下一个皇后。一旦盘面陷入死局，就返回一步，调整上一个皇后的位置。重复以上步骤，如果解存在，我们一定能够找到它。

下面我们来看如何将以上步骤转换为代码。可以看到，我们在重复"前

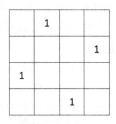

图 8-14　4 皇后（7）

进一后退一前进一后退"这一过程。问题是，我们不知道一共需要重复这个过程多少次，也不能提前知道 n 是多少，更不知道每一次后退时需要后退几行，因此我们不能利用 for 循环和 while 循环来实现这个算法。

因此我们需要利用递归来实现代码结构。逻辑如下：当方法布置完当前行的皇后，就让方法调用自己去布置下一行的皇后。当盘面变成绝境的时候，就从当前方法跳出来，返回到上一行，换掉上一行的皇后再继续。

我们定义 NQueens(n) 方法，它负责输出所有成立的 $n \cdot n$ 盘面。其中 1 代表皇后，0 代表空格。例如，NQueens(4) 输出：

```
[
[ [0, 1, 0, 0],
  [0, 0, 0, 1],
  [1, 0, 0, 0],
  [0, 0, 1, 0]
],

[ [0, 0, 1, 0],
  [1, 0, 0, 0],
  [0, 0, 0, 1],
  [0, 1, 0, 0]]
```

在 NQueens() 方法中，我们会定义 helper(x) 方法帮助实现递归结构。helper(x) 方法负责布置第 x 行到最后一行的皇后，它在布置完当前行的皇后之后会调用自己，接着布置剩余行的皇后。递归的边界条件是当 x 等于 n 时，也就是盘面已经完整的时候，helper() 方法会把当前的盘面加进结果列表。

在解题过程中，我们需要一个变量用于储存当前盘面解，我们会动态地修改这个变量直到盘面满足条件。我们有两种储存方式，第一个是声明一个 $n \cdot n$ 的二维数组，初始是全部为 0，在解题过程中放置 1。比如：

```
[
[0, 1, 0, 0],
[1, 0, 0, 0],
[0, 0, 1, 0],
[0, 0, 0, 1]
]
```

代表第一个皇后在第二个格子，第二个皇后在第一个格子，第三个皇后在第三个格子，第四个皇后在第四个格子。

第二种储存方式是利用一个长度为 n 的一维数组，其中第 i 个数值代表第 i 行皇后的坐标。比如[1,0,2,3]所表示的与上面的二维数组一致。

因为两种方式储存的信息量一样，但是第二个选项占用更少的空间，所以我们优先选择第二个选项。

以下是完整代码：

```python
#输出所有成立的 n·n 盘面
def NQueens(n):
    #检查盘面是否成立
    def checkBoard(rowIndex):
```

```
    for i in range(rowIndex):            #rowIndex 是当前行数
        if cols[i]==cols[rowIndex]:      #检查竖线
            return False
        if abs(cols[i]-cols[rowIndex]) == rowIndex-i:#检查斜线
            return False
    return True
#布置第 rowIndex 行到最后一行的皇后
def helper(rowIndex):
    if rowIndex==n:                      #边界条件
        board = [[0 for _ in range(n)] for _ in range(n)]
        for i in range(n):
            board[i][cols[i]] = 1
        res.append(board)                #把当前盘面加入结果列表
        return                           #返回
    for i in range(n):                   #依次尝试当前行的空格
        cols[rowIndex] = i
        if checkBoard(rowIndex):         #检查当前盘面
            helper(rowIndex+1)           #进入下一行
cols = [0 for _ in range(n)]             #每一行皇后的纵坐标
res = []                                 #结果列表
helper(0)                                #从第 1 行开始
return res
```

在 NQueens()方法中我们定义了两个子方法：checkBoard()和 helper()。我们直接调用 helper(0)，让 helper()方法帮我们解决问题。最后直接输出 res 答案集合。

首先注意要在调用 checkBoard()和 helper()前定义它们，否则程序会报错。另外一种写法是将这两个方法放在 NQueens()外面。但是在方法中定义子方法的好处是我们可以直接调用 cols，n，res 这些存在于 NQueens()方法范围内的变量。如果把子方法定义在 NQueens()外面，这些变量必须作为参数传入子方法，写起来相对比较烦琐。

我们声明以下两个变量的用途如下。

cols：这是我们当前的题解，第 i 个数值代表第 i 行皇后的坐标。比如[1,0,2,4]代表第一行的皇后在第二个空格，第二行的皇后在第一个空格，以此类推。注意坐标总是需要减 1。

rowIndex：我们所处的当前行的行数。我们从第 1 行开始时，rowIndex 等于 0，因为坐标需要减 1。当 helper(0)调用 helper(1)后，我们进入到了第 2 行，所以 rowIndex 在那时等于 1。

在 checkBoard()方法里，我们做了两个检查，第一个是看每一列是不是只有一个皇后，第二个是看每一条斜线上是不是只有一个皇后。因为我们每多添加一名皇后时都会做一遍检查，所以我们在添加当前皇后前，盘面肯定是成立的。因此，我们只需要看一下当前皇后对盘面的影响是否成立。也就是说，我们只需要检查当前皇后的纵坐标是不是独一无二的，以及当前皇后的两条斜线上有没有其他皇后就可以。斜线检查利用了纵坐标差和横坐标差的绝对值。

helper()方法通过 for 循环依次尝试当前行的 n 个空格。如果把皇后放在第一个空格里成立，它会直接调用自己去往下一行（rowIndex+1 行），但是如果当前空格不成立，它会尝试下一个空格。如果 n 个空格都不成立，它会后退到上一行的 for 循环里，继续尝试上一行的下一个空格。比如，如果第三行的 n 个空格都不成立，helper(2)就会返回 helper(1)，把第二个皇后换到第二行的下一个空格。

helper()自我调用的方式可以被看作一个栈，或者一摞盘子，最后放上去的盘子总是第一个被取走的。如图 8-15 所示，每次我们调用 helper()方法时，就像是放上去了一个盘子；如图 8-16 所示，每当 helper()方法结束后，最上面的盘子会被取走，算法会自动返回到上一行。

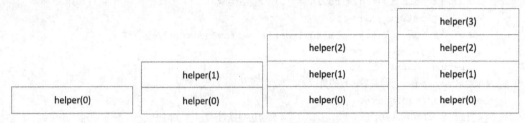

图 8-15　helper()方法自我调用的顺序

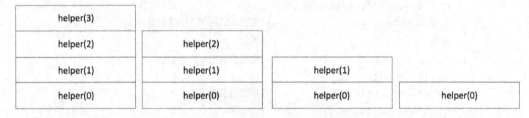

图 8-16　helper()方法回溯

如图 8-17 所示，我们不一定只将盘子放一次就取走，因为我们一直在尝试—碰壁—尝试—碰壁，所以真实的情况很可能是将盘子放上去，取走，再放上去，再取走，直到最后 helper(0)被取走，意味着我们找到了答案之一。

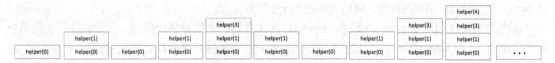

图 8-17　helper()方法的调用

8.2.2　数独

在开章我们已经简单地说明了怎样用回溯算法解决数独的问题，思路如下。

（1）从第一个空格开始。依次尝试 1 到 9 的数字，如果数字与盘面冲突就换成下一个数字，如果不冲突就去往第二个空格。

（2）在第二个空格，同样依次尝试 1 到 9 的数字，如果与盘面冲突就换成下一个数字，如果不冲突就去往第三个空格，以此类推。

（3）如果当前空格 1 到 9 的数字都填不了，就返回到上一个空格，再依次尝试没有试过的数字，如果与盘面冲突就换成下一个数字，如果不冲突就去往下一个空格。

（4）当最后一个空格被成功填上数字时，我们将答案加入答案列表。

如果第一个空格填 1 到 9 都不成立，那么问题肯定没有解，在这种情况下返回的结果列表为空。

数独和 N 皇后十分相似，也是一个"前进—后退—前进—后退"的过程，只不过 N 皇后是一行一行地尝试，而数独是一个空格一个空格地尝试。因此我们同样利用 helper()方法帮助我们实现递归的代码结构。

我们定义 helper(x)方法去负责填满第 x 格到最后一格的所有空格，因此它在填完当前格后会调用自己，让 helper(x+1)方法继续填满下一个到最后一个空格。

在解题过程中，我们直接用传入的盘面作为我们动态的题解。盘面是一个 9×9 的二维数组，已知的数字被标记出来，空格用 0 表示。在改变盘面的时候，我们需要注意不能将已知数字与后期填的数字弄混。

我们还需要记录当前空格的坐标，用于改变盘面中的数字。我们有两个选择。

（1）用长度为 2 的[i,j]数组表示，如[1,2]代表第二行的第三个空格。

（2）用一个数字变量表示。如图 8-18 所示，第 1 格的 index 是 0，第 2 格的 index 是 1，第 80 格的 index 是 79，第 81 格的 index 是 80。如果给定一个坐标，比如 55，通过除以 9 并取余数，我们就能得知 55 代表的是第 7 行的第 2 个数。

0	1	2	3	4	5	6	7	8
9	10	11	12	13	14	15	16	17
18	19	20	21	22	23	24	25	26
27	28	29	30	31	32	33	34	35
36	37	38	39	40	41	42	43	44
45	46	47	48	49	50	51	52	53
54	55	56	57	58	59	60	61	62
63	64	65	66	67	68	69	70	71
72	73	74	75	76	77	78	79	80

图 8-18　盘面中每一个空格的坐标

用数字变量记录空格坐标更方便，所以我们选择这种方式。

我们定义 sudoku()方法，输入一个 2 维数组表示盘面，sudoku()方法负责输出所有可能的答案。

输入盘面：

```
[[5 , 3 , 0 , 0 , 7 , 0 , 0 , 0 , 0],
 [ 6 , 0 , 0 , 1 , 9 , 5 , 0 , 0 , 0],
 [ 0 , 9 , 8 , 0 , 0 , 0 , 0 , 6 , 0],
 [ 8 , 0 , 0 , 0 , 6 , 0 , 0 , 0 , 3],
 [ 4 , 0 , 0 , 8 , 0 , 3 , 0 , 0 , 1],
 [ 7 , 0 , 0 , 0 , 2 , 0 , 0 , 0 , 6],
 [ 0 , 6 , 0 , 0 , 0 , 0 , 2 , 8 , 0],
 [ 0 , 0 , 0 , 4 , 1 , 9 , 0 , 0 , 5],
 [ 0 , 0 , 0 , 0 , 8 , 0 , 0 , 7 , 9]]
```

sudoku()方法输出：

```
[
[[5, 3, 4, 6, 7, 8, 9, 1, 2],
[6, 7, 2, 1, 9, 5, 3, 4, 8],
[1, 9, 8, 3, 4, 2, 5, 6, 7],
[8, 5, 9, 7, 6, 1, 4, 2, 3],
[4, 2, 6, 8, 5, 3, 7, 9, 1],
[7, 1, 3, 9, 2, 4, 8, 5, 6],
[9, 6, 1, 5, 3, 7, 2, 8, 4],
[2, 8, 7, 4, 1, 9, 6, 3, 5],
[3, 4, 5, 2, 8, 6, 1, 7, 9]]
]
```

以下是完整的代码，其中，index 代表当前格的坐标。copy.deepcopy()是深度复制盘面的方法。

```python
import copy
#输出 board 所有的答案
def sudoku(board):
    #检查当前数字在盘面中是否成立
    #i 是当前行，j 是当前列，num 是当前数字
    def checkBoard(i,j,num):
        for t in range(9):                          #检查行
            if t!=j and board[i][t] == num:
                return False
            if t!= i and board[t][j] == num:        #检查列
                return False
        for t in range(i-i%3, 3+i-i%3):             #检查 3×3 区域
            for s in range(j-j%3, 3+j-j%3):
                if t!=i and s!=j and board[t][s] == num:
                    return False
        return True
    #填满盘面中第 index 格到最后一个格
    def helper(index):
        if index==81:                               #边界条件
            solution= copy.deepcopy(board)          #深度复制当前盘面，放到 res 列表里
            res.append(solution)
            return                                  #返回到上一次被调用的地方（第 80 个空格）
        i = index//9                                #当前行
        j = index%9                                 #当前列
        if board[i][j]==0:                          #如果当前格没有已知数字
            for num in range(1,10):                 #依次尝试 1 ~ 9
                board[i][j] = num
                if checkBoard(i,j,num):
                    helper(index+1)                 #去往下一个空格
                board[i][j] = 0                     #将空格重新变空
        else:                                       #如果当前格是盘面自带的数字
            helper(index+1)
    res = []
    helper(0)                                       #从第一个空格开始
    return res
```

数独问题和 N 皇后问题的方法结构十分相似，都有 checkBoard()和 helper()两个子方法。checkBoard()的作用是检查当前盘面是否成立。helper()方法负责填满从当前格到最后一格的所有空格。

checkBoard()方法的三个参数，分别是当前行、当前列和当前数字。因为我们每一次填一个新空格的时候都会检查盘面，所以在填当前数字之前的盘面毋庸置疑是成立的。因此，我们只需要检查当前数字在当前行和当前列是不是独一无二的，和当前数字在它属于的 3×3 区域是不是独一无二的就可以。

helper()方法负责填满当前格到最后一格的所有空格。它在填完当前格后会自己调用自己，让 helper(index+1) 方法继续填下一个空格到最后一个的所有空格。在填空格之前，它会首先检查有没有剩余空格可填。如果 index<81，就说明有剩余的空格。如果 index=81，盘面肯定已满，这时我们将当前盘面深度复制，加入到结果列表。

```
def helper(index):                              #helper 方法帮我们填满盘面
    if index==81:                               #如果盘面已满，把当前盘面深度复制
        solution= copy.deepcopy(board)
        res.append(solution)                    #放到结果列表里
        return                                  #返回到上一次被调用的地方（第 80 个空格）
```

　　solution 是 helper()方法里面的一个局部变量，它用来复制当前盘面。如果我们不深度复制当前盘面的话，会发现到最后所有的答案都是一样的，并且全部是错误的。这是因为盘面（board）一直在动态地变化，如果我们直接 res.append(board)的话，被复制的是指向 board 的指针，而不是当前 board 的数值。但是如果我们深度复制的话，solution 就是当前 board 数值的复制，这才是我们想要的。

　　接下来我们来理解最后一行 return 的作用。return 表示从当前方法跳出来。

　　当前 index 等于 81，相当于我们在不存在的"第 82 格"里。我们是从第 81 格来的，所以会被返回到第 81 格，那时我们最后一次调用 helper()方法的地方。

　　因为第 81 格是最后一个空格，所以它只有一个可选择数字。因此我们会走到 for 循环的尽头，然后被返回到第 80 格。

　　如图 8-19 所示，假设第 80 格中的当前数字是 7，这意味着我们还没有尝试过 8 和 9。从第 81 格跳出来后，遵循解法的步骤，我们会继续尝试 8 和 9。但是，这两个数字肯定不满足盘面，因为仔细想想，第 80 格也只能有一个可选择数字。8 和 9 尝试失败后，我们会返回到第 79 格。

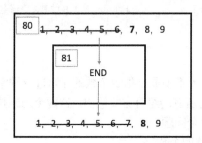

图 8-19　helper(80)返回到 helper(79)（坐标减 1）

　　如图 8-20 所示，假设第 79 格中的数字是 4，当我们从第 80 格跳回到第 79 格的时候，我们会从 5 继续尝试，再次去往第 80 格。

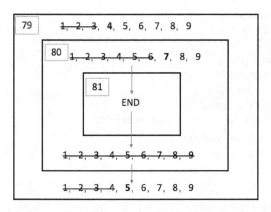

图 8-20　helper(79)返回到 helper(78)（坐标减 1）

　　return 最终的作用是确保算法尝试盘面所有可能，毕竟有些问题不止有一个解。如果只想得到

一个解，那么可以考虑 return 一个布尔值，那样便可从整个方法中跳出来。

下面我们来看 index 不等于 81 时的情况。

```
for num in range(1,10):          #依次尝试 1~9
    board[i][j] = num
    if checkBoard(i,j,num):      #如果数字成立
        helper(index+1)
    board[i][j] = 0              #把当前格还原成空格
```

如果数字成立，我们就去往下一个空格。如果数字不成立，就换下一个数字。如果 1~9 的数字都不成立，我们把当前格还原成空格，退回到上一格。

我们先把数字填到盘面里，board[i][j]=num，然后再做检查，如果检查不合格，就把格子清空，board[i][j]=0，继续尝试下一个数字。读者可能会疑惑，为什么要把格子先清空再填数字，直接让新数字覆盖上一个数字不是更方便吗？

答案是，想象 1~9 都不可行的情况，这时当前格里的数字是 9。接着我们会退回到上一格尝试下一个数字。当我们尝试 9 的时候，checkBoard 会返回 False，因为当前格的 9 没有被清除。这并不是我们期望看到的，因此我们需要加上 board[i][j]=0。当然，也可以这样做：

```
for num in range(1,10):
    board[i][j] = num
    if checkBoard(i,j,num):      #当 num 等于 1~8 的时候，自动覆盖
        helper(index+1)
    if num==9:                   #当 num 等于 8 的时候，清空格子
        board[i][j] = 0
```

8.2.3　排列组合

排列问题为：从给定个数的元素中取出指定个数的元素进行排序输出。组合问题为：在 n 个不同的数字中挑选 m 个数字，并将所有的组合方式输出。这两个问题是经典的回溯算法问题。我们首先来解决排列问题，再来解决组合问题。

假设我们需要排列[1,3,4,5]这四个数字。

我们知道第一个数字有 4 个选择，第二个数字有 3 个选择，第三个数字有 2 个选择，第四个数字有 1 个选择。如果不用回溯算法，其实我们也可以写出代码，伪代码如下：

```
nums = [1,3,4,5]
for a in nums:
    nums1 = nums without a
    solution1 = [a]
    for b in nums1:
        nums2 = nums1 without b
        solution2 = solution1.append(b)
            for c in nums2:
                nums3 = nums2 without c
                solution3 = solution2.append(c)
                for d in nums3:
                    solution4 = solution3.append(c)
                    print(solution4)
```

以上伪代码的思路为：把已经用过的选择从列表中剔除，然后继续利用 for 循环遍历下一个位置的数。这样做的缺点一是代码太累赘，二是写代码之前需要提前知道 nums 的长度。如果用回溯算法来解决这个问题就不会存在这样的缺点。

我们将定义 permute(nums)方法。输入 nums 数组，permute(nums)方法输出 nums 里数字的所有

排列方式。比如 permute([1,2,3])输出：

[[1,2,3],[1,3,2],[2,1,3],[2,3,1],[3,1,2],[3,2,1]]

permute(nums)方法的思路如下。

（1）选择第一个位置上的数字，称之为 x。

（2）利用 permute(nums)方法得到剩余数字的所有排列方式。

（3）把 x 放入这些数组的第一个位置。保存答案。

（4）回到第一步，改变 x。

（5）尝试过所有 x 后输出答案。

permute(nums)方法的边界条件为，如果 nums 数组为空，那么将当前的排列方式加入结果集合并返回。

以[1,2,3,4]为例。

（1）初始时，我们只关心第一个位置的数，它一共有 4 个选择。我们遍历这四种选择，第一次的时候我们会选择 1。

（2）我们知道从 1 开始的排列组合等于1+"[2,3,4]的排列组合"。这时，我们再次调用permute(nums)方法，传入[2,3,4]就能得到"[2,3,4]的排列组合"。

（3）得到 6 个"[2,3,4]的排列组合"后，将 1 加入数组，放在第一个位置。

（4）回到第一步，把第一个位置上的数换成 2。

递归步骤如图 8-21 所示，第一次递归到底层时被保存的组合是[1,2,3,4]。我们来看一下这之后的步骤。

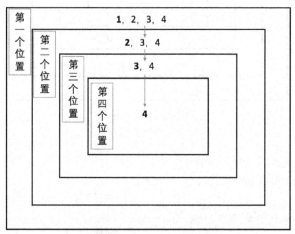

图 8-21　第一个结果

如图 8-22 所示，我们返回到第三层。在第三层，我们有两个选项，3 和 4。我们已经尝试过 3，现在轮到 4。我们将 4 放到第三个位置上，然后将剩下的数字 3，当作参数传入第四层，这时我们得到第二个排列组合[1,2,4,3]。

如图 8-23 所示，我们再次返回到第三层。因为第三层的两个选项——3 和 4，都已经被尝试过了，所以继续后退到第二层。第二层的选项有 2，3，4，我们从 3 继续尝试，将 3 放在第三个位置上。将剩余的数字——2 和 4，传入第三层。然后，将 2 放在第三个位置上，将 4 传入第四层。我们得到的第三个结果是[1,3,2,4]。

重复以上的步骤，我们会依次得到[1,3,4,2],[1,4,2,3],[1,4,3,2],[2,1,3,4],…,[4,3,2,1]。

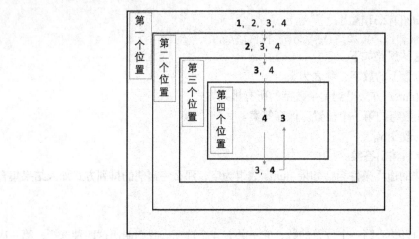

图 8-22　第二个结果

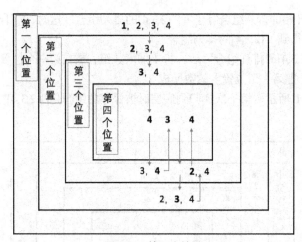

图 8-23　第三个结果

排列问题代码：

```
#排序 nums 并返回所有组合
def permute(nums,solution = []):
    if not nums:                               #边界条件
        res.append(solution)
        return                                 #返回
    for i in range(len(nums)):
        newSolution = solution + [nums[i]]     #依次将 nums 里的数字放置排列组合的下一个位置上
        newList = nums[0:i]+nums[i+1:]         #newList 里是除了 nums[i] 以外的全部数字
        permute(newList, newSolution)          #继续排列 newList 里的数字
res = []
permute([1,2,3,4])
```

solution 是当前排列组合。初始时，solution=[]。放置第一个数字后，solution=[1]，放置第二个数字后，solution=[1,2]。

需要注意的是，solution 这个变量只存活在当前层。比如，当我们从第一层递送到第二层的时候，第二层的 solution 和第一层 solution 虽然叫同一个名字，但不是同一个变量。当第二层的 solution 等于[1,2]的时候，第一层的 solution 仍然是[1]。主动变化的是 newSolution，也就是被传入下一层的数组。如图 8-24 所示，每一层的 newSolution 都是下一层的 solution。

例如，当我们从第四层返回到第三层后，第三层的 solution 不变，还是[1,2]，但是第三层的 for 循环将 newSolution 变为[1,2,4]。

虽然在图 8-24 中没有表示，但是当我们再次递归到第四层时，第四层会舍弃原来的 solution 和 newSolution，重新在内存里声明一个叫 solution 的变量和一个叫 newSolution 的变量，然后赋值 solution 为[1,2,4]。每一次递进，我们都会重新创立变量并且赋予它们新值。但每一次后退，因为方法没变，所以变量不变。

因为 solution 是"一次性"的变量，所以我们不用去深度复制 solution 再把它加入结果列表，直接利用 append()方法就可以。

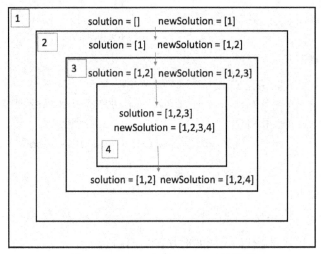

图 8-24　solution 与 newSolution 的关系

同样的道理，每一层的 nums 都是只存在于当前层。当我们在层与层之间递归时，每一层的 nums 都是独立存在的，改变的是 newList。newList 决定下一层的 nums 是什么，只有当 newList 改变并且方法重新递送到下一层的时候，nums 才会改变。

接下来解决组合问题。假定我们需要从[1,2,3,4]中选择 2 个数字。

我们知道一共有 6 种选择：[1,2]、[1,3]、[1,4]、[2,3]、[2,4]、[3,4]。

我们将定义 combination(nums)方法。输入 nums 数组，combination()方法输出 nums 里数字的所有排列方式。比如 permute([1,2,3,4])输出[[1,2]、[1,3]、[1,4]、[2,3]、[2,4]、[3,4]]。

排列问题和组合问题的性质十分类似。在组合问题中，我们同样可以只关心第一个数字，然后让递归方法去得到剩余数字的组合。

步骤如下。

（1）选择第一个位置上的数字，称之为 x。

（2）利用 combination()方法得到剩余数字的组合。

（3）把 x 放入第二步得到的数组的第一个位置。保存答案。

（4）回到第一步，改变 x。

（5）尝试完所有 x 后输出答案。

如果传入 combination()方法的 nums 数组为空，停止递归，将当前的排列方式加入结果集合。

比如，在第一步，我们只关心在[1,2,3,4]中选择一个数字，这一共有 4 个选择，当选择 1 的时候，我们知道答案等于 1 加上"[2,3,4]中选择 1 个数字的组合"，同样的，当我们选择第一个数字为 2 的时候，答案等于 2 加上"[1,3,4]中选择 1 个数字的组合"。

combination()方法与 permute()方法不同的一点在于第二步"剩余数字"的定义。permute()方法中，"剩余数字"为除了 x 的所有数字。但是，在 combination()方法中"剩余数字"为 x 之后的所有数字。比如，如果 nums 为[1,2,3,4]，当前数字为 2，那么 permute()方法的"剩余数字"为[1,3,4]，但 combination()方法的"剩余数字"为[3,4]。

这是因为已经用过的数字在组合问题里就不能再用了。在排列问题中，数字的位置有意义，但是组合问题中数字的位置没有意义。比如，[2,1]和[1,2]是两个不同的排列方式，但却是同一个组合。

代码如下：

```
#nums 是待组合的数字列表, solution 是当前组合, n 是选择的数字数量
#输出所有组合方式
def combination(nums,solution,n):
    if n==0:                                   #边界条件
        res.append(solution)
        return
    for i in range(len(nums)):
        newSolution = solution + [nums[i]]    #依次将 nums 里的数字放入新组合 newSolution
        newList = nums[i+1:]                   #剩余数字
        combination(newList, newSolution,n-1)  #在剩余的数字选择 n-1 个数字
res = []
combination([1,2,3,4,5],[], 3)
```

运行代码，结果如下：

```
[[1, 2, 3], [1, 2, 4], [1, 2, 5], [1, 3, 4], [1, 3, 5], [1, 4, 5], [2, 3, 4], [2, 3, 5],
[2, 4, 5], [3, 4, 5]]
```

组合问题的代码与排列问题代码不同的地方有以下两点。

（1）combination()方法多了一个参数 n，用来表示我们需要选择几个数字。每一次 combination()方法调用自己的时候，n 都减 1。

（2）newList 的定义不再是 nums[0:i]+nums[i+1:]，而是 nums[i+1:]。这是因为我们不能够重复利用已经用过的数字。我们走一遍代码来理解为什么这样定义 newList。

我们第一次进入 combination()方法。

combination()的参数为：nums=[1,2,3,4],solution=[]，n=2。

```
for i in range(n):                          #n=2, i=0
    newSolution = solution + [nums[i]]      #newSolution = [] + [1] = [1]
    newList = nums[i+1:]                     #newList = [2,3,4]
    combination(newList, newSolution, n-1)  #combination([2,3,4], [1], 1)
```

目前选择了一个数字——1，接下来在[2,3,4]中选择 1 个数字。

第二次进入 combination()方法。

combination()的参数为：nums=[2,3,4],solution=[1]，n=1。

```
for i in range(n):                          #n=1, i=0
    newSolution = solution + [nums[i]]      #newSolution =  [1]+[2]
    newList = nums[i+1:]                     #newList = [3,4], 而不是[1,3,4]
    combination(newList, newSolution, n-1)  #combination([3,4], [1,2], 0)
```

当前数字是 2。目前选择的两个数字是 1 和 2。newList 是[3,4]而不是[1,3,4]。如果是[1,3,4]的话，逻辑上会说不通，因为 1 已经在组合里了，所以不再是可选项。

第三次进入 combination()方法。

combination()方法获取的参数为：nums=[3,4],solution=[1,2]，n=0。

```
if n==0:                              #n=0
    res.append(solution)              #res = [[1,2]]
    return
```

满足边界条件，将当前组合加入 res 列表。回到上一次调用 combination()方法的地方。

combination()方法当前参数为：nums=[2,3,4],solution=[1]，*n*=1。

继续没有走完的主循环。

```
for i in range(n):                #n=1, i = 1
    newSolution = solution + [nums[i]] # newSolution =  [1]+[3]
    newList = nums[i+1:]          #newList = [4]，而不是[1,2,4]
    combination(newList, newSolution, n-1) # combination([4], [1,3], 0)
```

当前数字是 3。目前选择的两个数字是 1 和 3。newList 是[4]而不是[1,2,4]。因为 4 已经在组合里了，所以不再是可选项。

可以看到，newList 只选取当前数字之后的数字，是因为之前的数字都已经被用过了，而在组合问题中一个数字不能被二次利用。

8.2.4　两个扩展问题

介绍完以上三个经典问题，我们再来看两个扩展问题。

问题一：给定一个无重复元素的数组 nums 和一个目标数 sum，输出所有使数字和为目标数的组合。

输入：

```
nums=[3,5,2,6],sum=9
```

输出：

```
[[2,2,2,3],[2,2,5],[3,3,3],[3,6]]
```

解题思路如下：

（1）将 nums 进行降序排序，令 nums=[6,5,3,2]。这样，如果和已经大于 9 就不需要再考虑后面的数字了。例如，6+5>9，所以我们可以直接排除[6,5,3],[6,5,2],[6,5,3,2]和[6,5]这些选项。

（2）设一个变量为当前和，再设 res 数组用来存当前题解。

（3）遍历 nums 数组。

① 如果当前数字加上当前和小于目标数，就按顺序继续再加一个数字。

② 如果当前数字加上当前和等于目标数，就将当前组合加入 res。

③ 如果当前数字加上当前和大于目标数，就放弃当前数字，换成下一个数字。如果当前数字之后的所有数字都太大，就返回到当前数字之前的那个数字，放弃它，换成下一个数字，再重复以上步骤。

完整代码如下：

```
#在 nums 中找到所有使和为 sum 的组合
def combinationSum(self, nums, sum):
    #在 nums 的剩余数字中找到所有使和为 num-cursum 的组合
    #每次只选择一个数字
    #cursum 为当前和，solution 为当前解，index 为剩余数字的开始坐标
    def helper(curSum,solution,index):
        if curSum> sum:                #当前和大于目标和
            return
        if curSum== sum:               #当前和等于目标和
            res.append(solution)
            return
        for i in range(index,n):       #当前和小于目标和
```

```
            helper(curSum+ nums[i], solution+[nums [i]], i)
    n = len(nums)
    nums.sort()                      #将数组排序
    res = []
    helper(0,[],0)
    return res
```

问题二：给定一个数字字符串 s，将它拆分成一个长度大于 3 的斐波那契式的列表。也就是说，除第一个和第二个数字，列表中的每个数字都等于前两个数字的和。例如：

s="1011112"，输出：[10,1,11,12]。

s = "12345168"，输出：[123,45,168]。

s = "1234"，输出：[]。

解题思路如下。

我们先假设第一个数字是 s 字符串中的第一个数字，比如"12345168910"中的 1。然后再假设第二个数字是 s 字符串中的第二个数字，比如"12345168910"中的 2。

接下来检查这个假设是否成立。假设不成立，因为 1+2=3，但 2+3≠4。所以我们退回到第二个数字，假设第二个数字是 s 字符串中的第二个数字和第三个数字，比如"12345168910"中的 23，然后再次检查这个假设是否成立。通过判断，这个假设仍然不成立。

事实上，尝试过后，我们发现第二个数字为 2，23，234，2345，23451，234516，2345168，23451689，234516891，2345168910 这些假设都不成立。这时我们只好退回到第一个数字，使它变为字符串中的第一个和第二个数字，比如"12345168910"中的 12。而第二个数字则是 s 字符串的下一个的数字——3。我们重复这个步骤直到找到成立的两个数字，或者将所有可能都尝试完得出没有解的结论。

在以上过程中，假设第三个数字成立了，也就是说目前找到了一个数字是前两个数字的和。接下来，我们要检查第四个数字是否成立。我们重复这个步骤，一旦数字不成立，就退回到第二个数字，改变它，然后再继续。

比如，我们找到了 168=123+45。现在，我们需要验证第四个数字。因为后三位数字不是我们想要的 291，所以我们退回到第二个数字，改变它。尝试完所有的第二个数字的可能并失败后，我们会返回到第一个数字，改变它，然后再继续。

以上是整体的解题思路，但是我们还可以通过剪枝来提高解题的效率。本题有两处可以提升效率的部分。

（1）在判断两个数字的和是否在剩余的字符串中时，如果两个数字的和小于当前数字，就可以直接得到否定的结论。比如当 s="42834"，第一个数字是 4，第二个数字是 2 时，我们检查 4+2 是否等于 8。4+2 不但不等于 8，还小于 8，这意味着我们不需要再检查 4+2 是否等于 83。但是，如果 s="93129"，第一个数字是 9，第二个数字是 3，那么我们除检查 9+3 是否等于 1，还需要检查 9+3 是否等于 12。

（2）像"01""004"这样的数字不成立，可以直接跳过它们。

完整代码如下：

```
#将 s 拆分成一个长度大于 3 的斐波那契式的列表
def splitIntoFibonacci(s):
    #res 是当前结果列表，index 是当前数字的开始坐标
    #以 res[-1], res[-2]为前两位数字，检查第三位数字是否成立
    def helper(s,res, index):
        if index ==n and len(res)>=3:    #如果所有数字都被遍历并且 res 有 3 个以上数字
            return True
        for i in range(index,n):
```

```
        if s[index] == "0" and i>index:        #不成立的数字
            break
        num = int(s[index:i+1])              #动态变化的当前数字
    #第三个数字不成立
    if len(res)>=2 and num > res[-1] + res[-2]:
        break
    #第三个数字暂时不存在或第三个数字成立
    if len(res)<=1 or num == res [-1] + res[-2]:
        res.append(num)
        if helper(s, res,i+1):               #检查第四个数字
            return True
        res.pop()
    return False
res = []
n = len(s)
helper(s,res,0)
return res
```

8.3　小结

本章详细介绍了回溯算法，并利用回溯算法解决了 N 皇后问题、数独问题、排列组合问题和两个扩展问题。回溯的基本思想就是试错，在尝试的过程中不断地剪枝，排除掉不可能再继续的选项。回溯算法与递归和遍历算法紧紧地捆绑在一起，在解决回溯问题时，我们需要用到递归的算法结构。

8.4　习题

1. 将 1 到 20 这 20 个数排列成一个环，使每两个相邻的数的和为素数。将结果用数组输出，令第一个元素为 1。

2. 汉诺塔。有三根柱子，用 s_1、s_2、s_3 表示。s_1 上有 n 个大小不一的盘子，最大的在最下面。我们想要将这 n 个盘子移到 s_2 上，每一次只能移动一个盘子，并且在大盘子上不能放小盘子上面。请输出移动盘子的步骤。比如：

移动第 1 次 A-->B
移动第 2 次 A-->C
移动第 3 次 B-->C
……

3. 给定一个字符串 S，通过将字符串 S 中的每个字母转变大小写，我们可以获得一个新的字符串。返回所有可能得到的字符串集合。

例如：

输入：S="a1b2"

输出：["a1b2", "a1B2", "A1b2", "A1B2"]

4. 给定一个仅包含数字 1~9 的字符串，如图 8-25 所示，返回所有它能表示的字母组合。给出数字到字母的映射如下。

图 8-25　习题 4 图

示例：

输入："12"

输出：["ad", "ae", "af", "bd", "be", "bf", "cd", "ce", "cf"]

第9章
动态规划

动态规划是一种算法设计技术，通常用于求解**最优化问题**。它和分治方法很类似，都是通过划分并求解子问题来获得原问题的解。但与分治方法将子问题递归求解不同，动态规划旨在剔除递归中的重叠子问题，对每个子问题只求解一次，从而可以极大地节省人力资源。本章将介绍有关动态规划的问题。

9.1　动态规划介绍

动态规划在求解子问题时需要注意存在重叠子问题，且拥有最优子结构的情况。最优子结构是指每个阶段的最优状态可以从之前某个阶段的某个或某些状态直接得到。也就是说，一个问题的最优解包含其子问题的最优解。这是动态规划之所以适用的最重要假设。当有些问题不能完全满足时，有时还会引入适当近似。

具备上述条件的动态规划问题的设计和求解，一般可以总结为以下 4 个步骤。

（1）分析原问题最优解的结构特征。

（2）递归地定义最优解的值（本书将之定义为状态转移函数）。

（3）计算最优解的值，通常采用自底向上的方法。

（4）综合计算信息，构造最优解。

当然，在具体求解过程中，我们还要关注一些初始条件、边界等具体问题，下面我们通过几个实例来进行一一分析。在本章的实例中，我们主要关注动态规划求解计数、最优化等问题，重点对以下 4 个问题进行求解：

- 矿工问题。
- 爬楼梯问题。
- 背包问题。
- 最长递增子序列问题。

9.2　矿工问题

针对最常见的最优化问题，动态规划如何设计求解呢？下面我们研究一个最优化问题：矿工挖矿问题。矿工挖矿问题是为了解决在给定矿产和矿工数量的前提下，能够获得最多钻石的挖矿策略。

9.2.1　问题描述

假设某地区有 5 座钻石矿，每座钻石矿的钻石储量不同，根据挖矿难度，需要参与挖掘的工人数量也不同。假设能够参与挖矿工人的总数是 10 人，且每座钻石矿要么全挖，要么不挖，不能只派出一部分人挖取一部分矿产。要求用程序求解出，要想得到尽可能多的钻石，应该选择挖取哪几座矿产？

各矿产的钻石储量与所需挖掘工人数量如表 9-1 所示。

表 9-1　　　　　　　　　　各矿产的钻石储量与所需工人数量

矿产编号	钻石储量	所需工人数量
1	400	5
2	500	5
3	200	3
4	300	4
5	350	3

9.2.2　问题分析

我们根据 4 个步骤进行分析。

1.　分析原问题最优解的结构特征

首先寻找最优子结构。我们的解题目标是确定 10 个工人挖 5 座矿产时能够获得的最多的钻石数量，该结果可以从 10 个工人挖 4 个矿产的子问题中递归求解。证明不再赘述。

在解决了 10 个工人挖 4 个矿产后，存在两种选择：一种选择是放弃其中一座矿，比如第五座矿产，将 10 个工人全部投放到前 4 座矿产的挖掘中，如图 9-1 所示；另一种选择是对第 5 座矿产进行挖掘，因此需要从 10 人中分配 3 个人加入到第 5 座矿产的挖掘工作中，如图 9-2 所示。

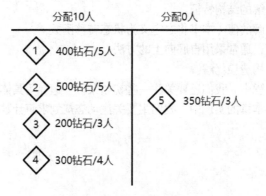

图 9-1　放弃第 5 座矿产的情况

因此，最终的最优解应该是这两种选择中获得钻石数量较多的那个，即为图 9-1 所描述的场景与图 9-2 所描述场景中的最大值。

为了方便描述，我们假设矿产的数量为 n，工人的数量为 m，当前获得的钻石数量为 $G[n]$，当前所用矿工的数量为 $L[n]$，则根据上述分析，要获得 10 个矿工挖掘第 5 座矿产的最优解 $F(5,10)$，需要在 $F(4,10)$ 和 $F(4,10-L[4])+G[4]$ 中获取较大的值，即

```
F(5,10)=max{F(4,10),F(4,10-L[4])+G[4]}
```

因此，针对该问题而言，以上便是 $F(5,10)$ 情况下的最优子结构。

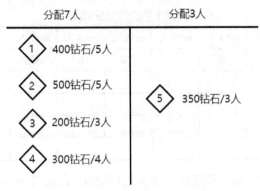

图 9-2　挖掘第 5 座矿产的情况

2. 建立递归关系，写出状态转移函数

我们首先来考虑该问题的边界和初始条件。对于一个矿产的情况，若当前的矿工数量不能满足该矿产的挖掘需要，则获得的钻石数量为 0，若能满足矿工数量要求，则获得的钻石数量为 $G[0]$。因此，该问题的初始边界条件可表述为：

当 $n=1,m \geq L[0]$ 时，$F(n,m)=G[0]$；

当 $n=1,m < L[0]$ 时，$F(n,m)=0$。

综上，可以得到该问题的状态转移函数为：

$$F(n,m)=0(n \leq 1,m < L[0])$$

$$F(n,m)=G[0](n==1,m \geq L[0])$$

$$F(n,m)=F(n-1,m)(n>1,m<L[n-1])$$

$$F(n,m)=\max(F(n-1,m),F(n-1,m-L[n-1])+G[n-1])(n>1,m \geq L[n-1])$$

至此，我们定义了用动态规划解决该问题的几个要素。下面，我们要做的是利用边界和初始条件、最优子结构和状态转移函数对该问题进行求解。

3. 计算最优解的值

初始化阶段，我们利用表格分析求解思路。如表 9-2 所示，表格的第一列代表挖掘矿产数，即 n 的取值情况；表格的第一行代表占用工人数，即 m 的取值情况；中间各空白区域是我们需要通过计算填入的对应的钻石数量，即 $F(n,m)$ 的取值。

表 9-2　　　　　　　　　　　　　　　　初始钻石数量

矿产编号 n	$m=1$ 人	$m=2$ 人	$m=3$ 人	$m=4$ 人	$m=5$ 人	$m=6$ 人	$m=7$ 人	$m=8$ 人	$m=9$ 人	$m=10$ 人
矿产 1										
矿产 2										
矿产 3										
矿产 4										
矿产 5										

在挖掘第一个矿产时，由于其所需的工人数量为 5，所以当 m 的取值小于 5 时，根据公式 $F(n,m)=0(n \leq 1,m < L[0])$，获得的钻石数量均为 0。当 m 的取值大于或等于 5 时，根据公式 $F(n,m)=G[0](n==1,m \geq L[0])$，钻石数量的取值为 400，如表 9-3 所示。此时确定了该问题的边界。

表 9-3 挖掘第 1 个矿产时钻石数量

矿产编号 n	m=1 人	m=2 人	m=3 人	m=4 人	m=5 人	m=6 人	m=7 人	m=8 人	m=9 人	m=10 人
矿产 1	0	0	0	0	400	400	400	400	400	400
矿产 2										
矿产 3										
矿产 4										
矿产 5										

在挖掘第 2 个矿产时，由于其需要 5 个人进行挖掘，因此当 m 取值小于 5 时，根据公式 $F(n,m)=F(n-1,m)(n>1,m<L[n-1])$，$F(2,m)=F(1,m)=0$；当 m 取值大于或等于 5 时，根据公式 $F(n,m)=\max\{F(n-1,m),F(n-1,m-L[n-1])+G[n-1]\}(n>1,m\geq L[n-1])$，在 5～9 人的区间里，获得的钻石数量为 500，即所有人都去参加第 2 个矿产的挖掘时获得的钻石量。这是因为当 $m\in\{5,9\}$ 时，$F(1,m)<F(1,m-5)+500$，但人数只够挖掘 1 个矿产，故选择储量较大的矿产。而在参与人数上升为 10 人时，上式仍成立，但此时两个矿产可以同时挖掘，因此获得的钻石数量为 900，如表 9-4 所示。

表 9-4 挖掘第 2 个矿产时钻石数量

矿产编号 n	m=1 人	m=2 人	m=3 人	m=4 人	m=5 人	m=6 人	m=7 人	m=8 人	m=9 人	m=10 人
矿产 1	0	0	0	0	400	400	400	400	400	400
矿产 2	0	0	0	0	500	500	500	500	500	900
矿产 3										
矿产 4										
矿产 5										

同理，在挖掘第 3 个矿产时，钻石产出量为 200，需要的工人数量为 3，根据上述计算方式，可得钻石产出量如表 9-5 所示。

表 9-5 挖掘第 3 个矿产时钻石数量

矿产编号 n	m=1 人	m=2 人	m=3 人	m=4 人	m=5 人	m=6 人	m=7 人	m=8 人	m=9 人	m=10 人
矿产 1	0	0	0	0	400	400	400	400	400	400
矿产 2	0	0	0	0	500	500	500	500	500	900
矿产 3	0	0	200	200	500	500	500	700	700	900
矿产 4										
矿产 5										

第 4 个矿产的钻石产出量为 300，需要的工人数量为 4，根据上述计算方式，可得钻石产出量如表 9-6 所示。

表 9-6 挖掘第 4 个矿产时钻石数量

矿产编号 n	m=1 人	m=2 人	m=3 人	m=4 人	m=5 人	m=6 人	m=7 人	m=8 人	m=9 人	m=10 人
矿产 1	0	0	0	0	400	400	400	400	400	400
矿产 2	0	0	0	0	500	500	500	500	500	900
矿产 3	0	0	200	200	500	500	500	700	700	900

矿产编号 n	m=1 人	m=2 人	m=3 人	m=4 人	m=5 人	m=6 人	m=7 人	m=8 人	m=9 人	m=10 人
矿产 4	0	0	200	300	500	500	500	700	800	900
矿产 5										

针对第 5 个矿产的钻石产出量计算与上述过程一致，具体产出量如表 9-7 所示。

表 9-7　　　　　　　　　挖掘第 5 个矿产时钻石数量

矿产编号 n	m=1 人	m=2 人	m=3 人	m=4 人	m=5 人	m=6 人	m=7 人	m=8 人	m=9 人	m=10 人
矿产 1	0	0	0	0	400	400	400	400	400	400
矿产 2	0	0	0	0	500	500	500	500	500	900
矿产 3	0	0	200	200	500	500	500	700	700	900
矿产 4	0	0	200	300	500	500	700	700	800	900
矿产 5	0	0	350	350	500	550	650	850	850	900

通过以上的计算过程，我们不难发现，除第一个矿产的相关数据，表格中的其他数据都可以由前一行的一个或两个格子推导而来。例如，3 个矿产 8 个人挖掘的钻石量 $F(3,8)$ 就来自 2 个矿产 8 个人挖掘的钻石量 $F(2,8)$ 和 2 个矿产 5 个人挖掘的钻石量 $F(2,5)$，即 $F(3,8)=\max\{F(2,8),F(2,5)+200\}=\max(500,500+200)=700$。

再比如，4 个矿产 10 个人挖掘的钻石量 $F(4,10)$，来自 3 个矿产 10 个人挖掘的钻石量 $F(3,10)$ 和 3 个矿产 7 个人挖掘的钻石量 $F(3,7)$，即 $F(4,10)=\max\{F(3,10)，F(3,7)+300\}=\max(900,500+300)=900$，如表 9-8 所示。

表 9-8　　　　　　　　矿产钻石产量计算依赖于之前计算量

矿产编号 n	m=1 人	m=2 人	m=3 人	m=4 人	m=5 人	m=6 人	m=7 人	m=8 人	m=9 人	m=10 人
矿产 1	0	0	0	0	400	400	400	400	400	400
矿产 2	0	0	0	0	500	500	500	500	500	900
矿产 3	0	0	200	200	500	500	500	700	700	900
矿产 4	0	0	200	300	500	500	500	700	800	900
矿产 5	0	0	350	350	500	550	650	850	850	900

根据以上思路，在用程序实现该算法的过程中，采用自底向上的方式进行计算，像填表过程一样从左至右、从上到下逐渐获得计算结果。这样，可以不需要存储整个表格的内容，仅需要存储前一行的结果，就可以推出下一行的内容，避免了重复计算。

4. 构造最优解

填表结束后，我们通过回溯的方式可以找出该矿工挖矿问题的最优解组合为所有矿工（10 人）挖掘矿产 1 和矿产 2，最多可以挖得价值 900 的钻石。具体回溯过程我们将在下一节中展示。

9.2.3　参考实现

现在我们来把这个过程转化为程序。

我们定义函数 goldMine(n,m,g,L) 来计算挖掘第 n 个矿产，有 m 个工人参与时能获得的钻石量，其中 g 和 L 分别为数组，分别存放对应各个矿产的钻石量和所需工人数。在正式迭代之前，首先界定边界的情况。当工人数量小于 L[0]时，说明目前的工人数量不能开始任何矿产的挖掘，获得的钻石数量为 0；当工人数量大于或等于 L[0]时，获得的钻石数量即为 g[0]。

之后进入循环的迭代过程，在迭代中，根据之前的分析，我们仅需要关注前一行 t_results 的取值，即可通过状态转移函数 $F(n,m)=F(n-1,m)(n>1,m<L[n-1])$ 或 $F(n,m)=\max(F(n-1,m),F(n-1,m-L[n-1])+G[n-1])(n>1,m\geq L[n-1])$ 获得 $F(n,m)$ 的值，因此，整个迭代过程仅需要引入 t_results 数组保存前一行的值即可。

由此可见，该解决方案的时间复杂度为 $O(n \cdot m)$，而空间复杂度只有 $O(m)$。

具体实现时，我们首先定义边界值，确定数组 t_results 各个元素的取值，同时初始化数组 results。之后，通过函数 goldMine(n,m,g,L)迭代计算各个矿产数量与工人数量组合所能产生的钻石量，最终获得问题的解。

矿工挖矿问题代码如下：

```python
def goldMine(n, m, g, L):
        results = [0 for _ in range(m+1)]              #保存返回结果的数组
        t_results = [0 for _ in range(m+1)]            #保存上一行结果的数组
        for i in range(1,m+1):              #填充边界格子的值，从左向右填充表格第一行的内容
                if i < L[0]:
                        t_results[i] = 0 #若当前人数少于挖掘第一个金矿所需人数，黄金量为0
                else:
                        t_results[i] = g[0]    #若当前人数不少于第一个金矿所需人数，黄金量为g[0]

        for i in range(1,n):                #外层循环为金矿数量
                results = [0 for _ in range(m+1)]
                for j in range(1,m+1):            #内层循环为矿工数量
                        if j < L[i]:
                                results[j] = t_results[j]
                        else:
                                results[j] = max(t_results[j], t_results[j-L[i]] + g[i])
                t_results = results
        return results[-1]
print(goldMine(5, 10, [400,500,200,300,350], [5,5,3,4,3]))
```

输出：

```
900
```

9.3 爬楼梯问题

我们再用动态规划来研究一个比较有代表性的问题——爬楼梯问题。

9.3.1 问题描述

假设小明住在二楼，每次回家都需要经过一个有 10 层台阶的楼梯。小明每次可以选择一步走一级台阶或者一步走两级台阶。请计算一下小明从楼下到家一共有多少种走法？

打个比方，小明可以选择每次都只走一级台阶，那么小明回家一共需要走 10 步，这是其中的一种走法。或者，小明还可以选择每次都只走两级台阶，那么小明回家一共需要走 5 步，这是另外一种走法。除此之外，如果每次可以选择走一级或者两级，还会产生很多种不同的走法，现在我们要做的是把所有可能的走法数量统计出来。

9.3.2 问题分析

这是典型的一类可以用动态规划求解的计数问题。那么，我们试着按前一节中的 4 个步骤进行求解。

1. 分析原问题最优解的结构特征

我们先从后往前分析问题的最优子结构。考虑小明走最后一步的情况，他要么是从第九级台阶再走一级到第十级，要么是从第八级台阶走两级到第十级，如图 9-3 所示。也就是说，要想到达第十级台阶，最后一步一定是从第八级或者第九级台阶开始的。为了描述方便，我们用 $F(n)$ 表示第 n 级台阶的走法数量。

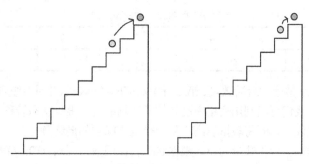

图 9-3　到达第十级台阶的前一步可选的方案

也就是说，如果已知从地面到第八级台阶 $F(8)$ 一共有 X 种走法，从地面到第九级台阶 $F(9)$ 一共有 Y 种走法，那么从地面走到第十级台阶 $F(10)$ 一定是 X 和 Y 之和，即 $F(10)=F(9)+F(8)$。这是因为最后一步只有两种走法，所以倒数第二步只有两种情况。综合起来，这两种情况既没有重复也没有缺漏，故可以相加得到最后结果。

那么推而广之，我们可以通过对 $F(n-1)$ 和 $F(n-2)$ 进行计算得到 $F(n)$。$F(n)$ 的最优解，包含了子问题 $F(n-1)$ 和 $F(n-2)$ 最优解，这是应用动态规划的一个重要基础。这里可以用反证法证明 $F(n-1)$ 和 $F(n-2)$ 如果不是最优子结构，将与本问题的最初假设不符。具体的表述我们留到讲解经典的"0-1 背包问题"时再呈现。

2. 建立递归关系，写出状态转移函数

通过上面的分析，我们可以得出 $F(n)=F(n-1)+F(n-2)$。这里要注意初始条件的确定，即当只有一级和两级台阶时的情况，因为 $F(0)$ 往前对于该问题是没有意义的。由于问题比较简单，我们可以直接分析得出结论，即该问题的初始条件为 $F(1)=1$、$F(2)=2$。这里我们列出第二级台阶的走法示例，如图 9-4 所示。

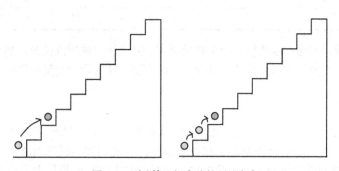

图 9-4　到达第二级台阶的可选方案

分析到这里，该问题作为动态规划问题求解的要素就全部出现了。

- 初始条件：$F(1)=1$，$F(2)=2$。
- 最优子结构：$F(n)$的最优子结构即$F(n-1)$和$F(n-2)$。
- 状态转移函数：$F(n)=F(n-1)+F(n-2)$。

至此，爬楼梯问题的动态规划建模过程已经完成。

3. 计算最优解的值

考虑算法的时间和空间效率问题，为了避免重复计算重叠子问题的解，我们利用最优子结构特性，采用自底向上的方式进行计算，具体过程如下。

根据边界定义，我们已经知道前两级台阶的走法数量，如表 9-9 所示。

表 9-9　　　　　　　　　　　前两级台阶的走法数量对照表

台阶数	1	2	3	4	5	6	7	8	9	10
走法数	1	2								

表 9-9 中第一行表示楼梯的台阶数量，第二行中对应的各列表示针对各级台阶可能的走法数量。在后续的求解过程中，我们可以利用表格中已知的子问题的解，根据状态转移函数，获得新的阶段的子问题的解，通过迭代，不断将表格填满，从而得到该问题的最终解。

在第一次迭代过程中，台阶数量为 3，根据状态转移函数，可知 $F(3)=F(2)+F(1)=3$，因此目前求解状态如表 9-10 所示。

表 9-10　　　　　　　　　　　第三级台阶的走法数量对照表

台阶数	1	2	3	4	5	6	7	8	9	10
走法数	1	2	3							

在第二次迭代过程中，台阶数量为 4，根据状态转移函数，可知 $F(4)=F(3)+F(2)=5$，因此目前求解状态如表 9-11 所示。

表 9-11　　　　　　　　　　　第四级台阶的走法数量对照表

台阶数	1	2	3	4	5	6	7	8	9	10
走法数	1	2	3	5						

以此类推，经过 8 次迭代之后，即可获得第十级台阶的走法数量，如表 9-12 所示。

表 9-12　　　　　　　　　　　各级台阶的走法数量对照表

台阶数	1	2	3	4	5	6	7	8	9	10
走法数	1	2	3	5	8	13	21	34	55	89

总结上面的过程，对每一级楼梯的走法数量而言，其求解过程所依赖的，都是其前一级和前两级楼梯的走法数量。因此，在每一次迭代过程中，仅需要关注这两个变量的取值，即可获得所求的新的变量的值。

4. 构造最优解

由于这个问题比较简单，只是列出数量，我们无须悉心构造，已经得出答案。

上面这个问题的形式，看起来是不是有点眼熟？是不是和我们很熟悉的斐波那契数列十分接近？但是在求解这个问题的过程中我们没有用以前递归的方法，而是使用了动态规划的思路，从底向上进行计算，避免了递归中大量的重复计算。例如，计算 $F(10)$需要先计算 $F(8)$，计算 $F(9)$

同样需要先计算 $F(8)$，底层的在递归中也都至少重复计算了一次。动态规划对每个子问题却只计算了一次。

9.3.3　参考实现

下面，我们来把这个过程转化为程序。

我们定义函数 goUpStairs(n) 来计算第 n 级台阶的走法数量。在正式迭代之前，首先界定初始条件和边界的情况。当 n 小于 1 时，该输入变量不合法，返回的走法数量为 0；当 n 为 1 时，即为第一种初始边界条件的情况，返回值为 1；当 n 为 2 时，即为第二种初始边界条件的情况，返回值为 2。

之后即进入循环的迭代过程，在迭代中，根据之前的分析，我们仅需要关注 $n-1$ 和 $n-2$ 的取值，即可通过状态转移函数 $F(n)=F(n-1)+F(n-2)$ 获得 $F(n)$ 的值，因此，整个迭代过程仅需要引入一个临时变量循环保存当前子问题的解即可。

由此可见，该解决方案的时间复杂度为 $O(n)$，而空间复杂度只有 $O(1)$。

具体实现如下，我们首先定义边界值，确定 $F(1)$ 和 $F(2)$ 的取值。之后，通过函数 goUpStairs(n) 迭代计算到达各层楼梯的走法数量并输出，最终获得问题的解。

爬楼梯问题代码如下：

```python
def goUpStairs(n):
    if n < 1:                    #判断当前台阶级数小于1
        return(0)
    if n == 1:                   #判断当前台阶级数为1
        return(1)
    if n == 2:                   #判断当前台阶级数为2
        return(2)
    a = 1        #初始化边界值
    b = 2
    sum = 0
    for i in range(2,n):         #迭代求解各级台阶的走法数量
        sum = a + b
        a = b
        b = sum
    return(sum)                  #输出计算结果
print(goUpStairs(10))
```

输出：

89

9.4　背包问题

在矿工挖矿问题中我们研究了一个动态规划求解最优化问题的例子。在本节中，我们将研究另外一个经典的可以用动态规划解决的最优化问题——背包问题。这个问题和矿工挖矿问题非常类似，可以巩固提高我们使用动态规划求解最优化问题的能力。

9.4.1　问题描述

假设有一个承重量为 C 的背包。现有 n 件物品，质量分别为 $w_1,w_2,\cdots,w_n$，价值分别为 $v_1,v_2,\cdots,v_n$，求让背包里装入的物品具有最大的价值总和的物品子集。和矿工挖矿问题类似，在选择装入物品时，对每种物品只有装入或者不装入两种选择。不能将同一个物品装入背包多次，也不能只装入该物品

的一部分。因为上述限制，我们将这个问题也称为 "0-1 背包问题"。如果物品可以部分装入直至装满背包则是另外一个问题，我们将在第 10 章提及。

现在我们转化下这个问题的描述。设物品 i 的质量为 w_i，价值为 v_i，$1 \leq i \leq n$，则已知 $w_i > 0$，$v_i > 0$，$C > 0$。求 n 元向量 $\{x_1, x_2, \cdots, x_n\}$，其中，$x_i \in \{0, 1\}$，0 表示不选择该物体，1 表示选择该物体，$1 \leq i \leq n$，使得：

$$\max \left(\sum_{i=1}^{n} v_i x_i \right), \text{条件是} \sum_{i=1}^{n} w_i x_i \leq C$$

9.4.2　问题分析

那么下面我们试着用动态规划的方法进行求解。这次区别于矿工挖矿问题，我们先就一般性的情况进行抽象，然后再结合具体实例进行求解。

1. 分析最优子结构性质

先看背包问题是否具有最优子结构性质。这个问题可以用反证法证明。如果背包问题的子问题不是最优子结构，那么必然存在另外一组解使得背包在不超重的情况下价值更大，这显然与原命题的子问题的表述形式（价值最大）不符。因此，背包问题具有最优子结构的性质。

在这里，我们将上述的反证法证明背包问题的最优子结构性质表述成如下形式。

假设 $(x_1, x_2, \cdots, x_n)$ 是背包问题的最优解，则 $(x_2, x_3, \cdots, x_n)$ 是其子问题的最优解。因为如果另外一组向量 $(y_2, y_3, \cdots, y_n)$ 才是该子问题最优解，也即 $(x_2, x_3, \cdots, x_n)$ 不是该子问题的最优解，则应有 $(v_2 y_2 + v_3 y_3 + \cdots + v_n y_n) + v_1 x_1 > (v_2 x_2 + v_3 x_3 + \cdots + v_n x_n) + v_1 x_1$。

而 $(v_2 x_2 + v_3 x_3 + \cdots + v_n x_n) + v_1 x_1 = (v_1 x_1 + v_2 x_2 + \cdots + v_n x_n) < (v_2 y_2 + v_3 y_3 + \cdots + v_n y_n) + v_1 x_1$，说明可以找到新的最优解 $(x_1, y_2, y_3, \cdots, y_n)$，在限制的最大质量下可以获得更高的价值，与条件中（$x_1, x_2, \cdots, x_n$）为最优解矛盾，故假设不成立。因此，$(x_2, x_3, \cdots, x_n)$ 是该子问题的最优解。

2. 分析递归关系，写出状态转移函数

首先考虑一个包含前 $i(1 \leq i \leq n)$ 个物品的实例，物品的质量分别为 $w_1, w_2, \cdots, w_i$，价值为 $v_1, v_2, \cdots, v_i$，背包目前的承重量为 $j(1 \leq j \leq C)$。设 $F(i, j)$ 为组成该实例最优解的物品的总价值，即 $F(i, j)$ 为包含前 i 个物品的质量为 j 的背包中所能装入的最大价值。

在这里，我们可以把前 i 个物品中能够放进承重量为 j 的背包中的子集分为两种类别：包括第 i 个物品的子集和不包括第 i 个物品的子集。于是我们可以得到以下结论：

- 根据定义，在不包括第 i 个物品的子集中，最优子集的价值是 $F(i-1, j)$；
- 在包括第 i 个物品的子集中（$j - w_i \geq 0$），最优子集是由该物品和前 $i-1$ 个物品中能够放进承重量为 $j - w_i$ 的背包的最优子集组成。这种最优子集的总价值等于 $v_i + F(i-1, j-w_i)$。

因此，在前 i 个物品中，最优解的总价值等于以上两种情况中求得的价值的较大值，以上便是该问题的最优子结构。

从以上分析可知，如果第 i 个物品不能放进背包，从前 i 个物品中选出的最优子集的总价值即等于从前 $i-1$ 个物品中选出的最优子集的总价值。于是，可以得到以下递推式，即状态转移函数：

$$F(i, j) = \begin{cases} \max\{F(i-1, j), v_i + F(i-1, j-w_i)\}, j - w_i \geq 0 \\ F(i-1, j), j - w_i < 0 \end{cases}$$

同时，我们可以获得背包问题的初始边界条件为：

$$\begin{cases} F(0, j) = 0, j \geq 0 \\ F(i, 0) = 0, i \geq 0 \end{cases}$$

至此，该问题的最优子结构、初始边界条件和状态转移函数均已求出。

我们的目标是求 $F(n,C)$，即给定 n 个物品中能够放进承重量为 C 的背包的最大总价值以及得到最大总价值的物品组合。下面我们通过一个具体实例进行研究。

9.4.3 问题实例

假设周末学校要组织跳蚤市场，某学生准备了电子词典、篮球、网球拍和考研书 4 件物品进行交易，要用自己的书包把这些物品带到学校。各个物品的质量 w 和价值 v 如表 9-13 所示，该学生书包的最大承重量 $C=8$。我们要解决的问题是帮助该同学找到最合理的搭配方案，使他能用书包带到学校的物品价值最大。

表 9-13   质量价值表

参数	电子词典	篮球	网球拍	单词书
w	2	4	5	3
v	5	4	6	2

定义 $F(i,j)$：与前文保持一致，定义 $F(i,j)$ 为组成当前背包容量为 j 物品数量为 i 的最优解的物品总价值。

根据 9.4.2 节的论述，我们已经找到了使用动态规划解决背包问题的初始边界条件、最优子结构和状态转移函数，为了后续填表过程中方便参考，仍然列示如下。

初始边界条件：

$$\begin{cases} F(0,j)=0, j \geq 0 \\ F(i,0)=0, i \geq 0 \end{cases}$$

状态转移函数：

$$\begin{cases} F(i,j)=\max\{F(i-1,j),v_i+F(i-1,j-w_i)\}, j-w_i \geq 0 \\ F(i,j)=F(i-1,j), j-w_i<0 \end{cases}$$

从 i 和 j 取值由小到大开始，逐步计算各阶段的 $F(i,j)$，将内容汇总到记录表中。针对本节开头给出的问题，具体填表过程如下。

初始化阶段，根据边界条件对表格中的相关内容进行填充，内容区域的第一行和第一列均应填充 0，如表 9-14 所示。

表 9-14   初始化边界条件

i/j	0	1	2	3	4	5	6	7	8
0	0	0	0	0	0	0	0	0	0
1	0								
2	0								
3	0								
4	0								

之后，按照 i 和 j 递增的顺序，依据状态转移函数逐行填充该记录表，举例如下：

- 当 $i=1$，$j=1$ 时，根据条件可知 $w(1)=2$、$v(1)=5$，有 $j<w(1)$，因此，$F(1,1)=F(1-1,1)=0$。
- 当 $i=1$，$j=2$ 时，根据条件可知 $w(1)=2$、$v(1)=5$，有 $j=w(1)$，因此，$F(1,2)$ 取 $F(1-1,2)=0$ 和 $v(1)+F(1-1,2-2)=5$ 中较大的值，即 5。
- 当 $i=3$，$j=5$ 时，根据条件可知 $w(3)=5$、$v(3)=6$，有 $j=w(3)$，因此，$F(3,5)$ 取 $F(3-1,5)=5$ 和 $v(3)+F(3-1,5-5)=6$ 中较大的值，即 6。
- 当 $i=3$，$j=6$ 时，根据条件可知 $w(3)=5$、$v(3)=6$，有 $j>w(3)$，同样是 $F(3,6)$ 取 $F(3-1,6)=9$ 和

$v(3)+F(3-1,6-5)=6$ 中较大的值，即 9。

- 当 $i=3$，$j=7$ 时，根据条件可知 $w(3)=5$、$v(3)=6$，有 $j>w(3)$，根据状态转移函数可得 $F(3,7)$ 取 $F(3-1,7)=9$ 和 $v(3)+F(3-1,7-5)=11$ 中较大的值，即 11。

以此类推，表中所有空白项均可填充完毕，最终得到如表 9-15 所示结果。

表 9-15　　　　　　　　　　　　　　　　　背包实例

i/j	0	1	2	3	4	5	6	7	8
0	0	0	0	0	0	0	0	0	0
1	0	0	5	5	5	5	5	5	5
2	0	0	5	5	5	5	9	9	9
3	0	0	5	5	5	6	9	11	11
4	0	0	5	5	5	7	9	11	11

填完表格后，可以得到最优解为 11，即能装下的物品的最大总价值为 11，在 (i,j) 取值分别为 (3,7)、(3,8)、(4,7)、(4,8) 时均可得到。

为了进一步明确是由哪些物品组合构成了最优解，我们可以从最终得到的最优解出发，依据表格的信息进行回溯，在回溯过程中根据每一步骤中取值所用的状态转移函数公式，来判断该步骤中当前检验的物品是否在背包中，从而得到形成最优解的物品组合。

根据状态转移函数，我们可以得到以下回溯方法。

- 若 $F(i,j)=F(i-1,j)$，则说明当前物品没有放到背包中，回溯到 $F(i-1,j)$ 中。
- 若 $F(i,j)=v_i+F(i-1,j-w_i)$，则说明当前物品已经放到背包中，将该物品记录为组成最优解的元素，回溯到 $F(i-1,j-w_i)$ 中。
- 重复上述回溯过程，直到 $i=0$，即可获得所有组成最优解的物品集合。

回到上面的例子中，回溯过程描述如下。

对于得到最优解的 4 组取值来说，每一组的回溯过程均类似，且回溯后得到的最优解物品集合相同。我们任选一组进行回溯演示，不失一般性，选择从 $F(4, 7)$ 作为回溯起点，得到以下结果。

- $F(4,7)=F(3,7)=11$ 为最优解，而 $F(4,7)$ 不等于 $F(4-1,7-w(4))=F(3,4)=5$，因此可知在该子步骤中未将物品 4（单词书）放入背包，物品 4 不是最优解组合的组成部分，则回溯至 $F(3,7)$。
- $F(3,7)=v(3)+F(3-1,7-w(3))=6+F(2,2)=11$，而不等于 $F(2,7)=9$，说明在该步骤中将物品 3（网球拍）放入了背包，物品 3 是最优解组合的组成部分，回溯至 $F(2,2)$。
- 对于 $F(2,2)$ 而言，由于 $w(2)=4>2$，说明 $F(2,2)$ 的取值通过 $F(1,2)=5$ 获得，该物品未放入背包，物品 2（篮球）不是最优解组合的组成部分，回溯至 $F(1,2)$。
- 对于 $F(1,2)$ 而言，回溯过程与 $F(3,7)$ 类似，经过计算可知是通过 $F(0,0)+v(1)$ 获得的当前取值，因此，该步骤中将物品 1（电子词典）放入了背包，物品 1 是最优解组合的组成部分，回溯至 $F(0,0)$。

至此，回溯过程结束，得到了组成最优解的组合是由物品 1 和物品 3 组成的结论，如图 9-5 所示。这是小明可以带往跳蚤市场的最大价值。感兴趣的读者可以试一下，从其他几个最优解出发，可以得到与现在一样的结论。另外，大家也可以用这种回溯的方式找到上一节矿工挖矿问题的最优解。

i/j	0	1	2	3	4	5	6	7	8
0	0	0	0	0	0	0	0	0	0
1	0	0	5	5	5	5	5	5	5
2	0	0	5	5	5	5	9	9	9
3	0	0	5	5	5	6	9	11	11
4	0	0	5	5	5	7	9	11	11

图 9-5　背包实例问题解决状态示意图

综上，我们通过动态规划解决了背包问题。该算法的时间复杂度和空间复杂度都与记录表的规模有关，而记录表的规模由物品数量 n 和背包总承重量 C 决定，因此，时间复杂度为 $O(n \cdot C)$，空间复杂度为 $O(n \cdot C)$。

在这里要注意的一点是，虽然背包问题的复杂度看起来不高，却有一定迷惑性，其实背包问题是一个伪多项式时间可以解决的问题，而实际是一个 NPC 问题。因为多项式时间通常是相对于输入规模来说的，输入规模比较直观的一种理解就是输入到该算法的数据占了多少 Byte 内存。假设背包总重量 C 占用的 Byte 数为 B，那么一般 $C=2^B$。其算法的复杂度对于输入规模 B 就是指数级别的。随着输入规模 B 的增长，算法的运算时间会迅速增加。

在回溯的过程中我们发现，每次影响 $F(i,j)$ 取值的仅仅是记录表中上方的一行 $F(i-1,j)$ 的取值，因此，可以思考将原来的二维数组格式的记录表转换为一维数组，可以极大降低空间复杂度。

但要注意的是，在此过程中，更新一维数组时需要从右往左逆序更新，否则，可能导致需要的信息被提前覆盖。感兴趣的同学可以自己实现一下该优化方案。

另外，这个问题和矿工挖矿问题非常类似，大家可以自己做一个比较和归纳。

9.4.4 参考实现

背包问题代码如下：

```python
def backpack_record(n, c, w, v):
    # 初始化记录表
    backpack_rec = [[0 for i in range(c + 1)] for i in range(len(n) + 1)]
    for i in range(1, len(n)+1):
        for j in range(1, c+1):
            # 使用状态转移函数填写记录表
            if j < w[i - 1]:
                backpack_rec[i][j] = backpack_rec[i - 1][j]
            else:
                backpack_rec[i][j] = max(backpack_rec[i - 1][j], backpack_rec[i - 1][ j - w[i - 1]] + v[i - 1])
    return backpack_rec


def backpack_results(n, c, w, res):
    print('可容纳最大价值为:', res[len(n)][c])
    x = [False for i in range(len(n)+1)]
    j = c
    i = len(n)
    # 回溯
    while i>=0:
        if res[i][j] > res[i - 1][j]:
            x[i] = True
            j -= w[i - 1]
        i -= 1
    print('选择的物品为:')
    for i in range(len(n)+1):
        if x[i]:
            print('第', i, '个,', end='')
    print('')
# 验证
n = ['a', 'b', 'c', 'd']
c = 8
w = [2, 4, 5, 3]
```

```
v = [5, 4, 6, 2]
res = backpack_record(n, c, w, v)
backpack_results(n, c, w, res)
```

输出的结果为：

可容纳最大价值为：11
选择的物品为：
第 1 个，第 3 个，

9.5　最长递增子序列问题

最长递增子序列问题也是经典的动态规划问题之一。

9.5.1　问题描述

最长递增子序列（Longest Increasing Subsequence，LIS）问题即给定一个序列，求解其中最长的递增子序列的长度的问题。

要求长度为 i 的序列的 $A_i\{a_1,a_2,\cdots,a_i\}$ 最长递增子序列，需要先求出序列 $A_{i-1}\{a_1,a_2,\cdots,a_{i-1}\}$ 中以各元素 $(a_1,a_2,\cdots,a_{i-1})$ 作为最大元素的最长递增序列，然后把所有这些递增序列与 a_i 比较，如果某个长度为 m 序列的末尾元素 $a_j(j<i)$ 比 a_i 要小，则将元素 a_i 加入这个递增子序列，得到一个新的长度为 $m+1$ 的新序列，否则其长度不变，将处理后的所有 i 个序列的长度进行比较，其中最长的序列就是所求的最长递增子序列。

举例说明，对于序列 $A\{3,1,4,5,9,2,6,5,0\}$ 当处理到第 7 个元素（6）时，以 3,1,4,5,9,2 为最末元素的最长递增序列分别为：

3
1
3,4
3,4,5
3,4,5,9
1,2

因此，6 可以加入到以 5 作为结尾的序列中，形成以 6 为结尾的最长递增序列 3,4,5,6。
当新加入第 8 个元素（5）时，这些序列变为：

3,5
1,5
3,4,5
3,4,5
3,4,5,9
1,2,5

可见此时的以第 8 个元素（5）为结尾的最长递增序列仍为 3,4,5。由于最后一个元素取值为 0，其加入对元序列的最长递增子序列无影响，因此，可得该序列的最长递增子序列为：

3,4,5,9

所以序列 A 的最长递增子序列的长度为 4。需要注意的是，在解决最长递增子序列问题中，求解得到的最长递增子序列可能不止一个。

设 $f(i)$ 表示序列中以 a_i 为末元素的最长递增子序列的长度，则在求以 a_i 为末元素的最长递增子序列时，找到所有序号在 i 前面且小于 a_i 的元素 a_j，即 $j<i$ 且 $a_j<a_i$。

如果这样的元素存在，那么对所有 a_j，都有一个以 a_j 为末元素的最长递增子序列的长度 $f(j)$，把其中最大的 $f(j)$ 选出来，那么 $f(i)$ 就等于最大的 $f(j)$ 加上 1，即以 a_i 为末元素的最长递增子序列，等于以使 $f(j)$ 最大的那个 a_j 为末元素的递增子序列最末再加上 a_i；如果这样的元素不存在，那么 a_i 自身构成一个长度为 1 的以 a_i 为末元素的递增子序列。

其代码如下：

```
def getdp1(arr):
    n = len(arr)
    dp = [0] * n
    for i in range(n):
        dp[i] = 1
        for j in range(i):
            if arr[i] > arr[j]:
                dp[i] = max(dp[i], dp[j] + 1)
    return dp
def generateLIS(arr):
    dp = getdp1(arr)
    n = max(dp)
    index = dp.index(n)
    lis = [0] * n
    n -= 1
    lis[n] = arr[index]
    # 从右向左
    for i in range(index, - 1, -1):
        # 关键
        if arr[i] < arr[index] and dp[i] == dp[index] - 1:
            n -= 1
            lis[n] = arr[i]
            index = i
    return lis

print(generateLIS([3, 1, 4, 5, 9, 2, 6, 5, 0]))
```
输出：
```
[1, 4, 5, 9]
```
该算法的时间复杂度为 $O(n^2)$，下面我们来介绍可以将时间复杂度降为 $O(n\lg n)$ 的改进算法。

9.5.2　改进算法

在基本算法中，通过观察可知，当需要计算前 i 个元素的最长递增子序列时，前 $i-1$ 个元素作为最大元素的各递增序列，在长度与最大元素值方面很难找到规律，所以开始计算前 i 个元素的时候只能遍历前 $i-1$ 个元素，来找到满足条件的 j 值，使得 $a_j<a_i$，且在所有满足条件的 j 中，以 a_j 作为最大元素的递增子序列最长。

在本小节中，我们思考实现一个更高效的算法。

在一个序列中，长度为 n 的递增子序列可能不止一个，但是所有长度为 n 的子序列中，有一个子序列是比较特殊的，那就是最大元素最小的递增子序列。如在 9.5.1 节的示例中，当处理到第 7 个元素（6）时，当前的已生成子序列中，长度为 2 的子序列有两个，即序列(3,4)和序列(1,2)，则此时对长度为 2 的序列而言，(1,2)就是最大元素最小的递增子序列。随着元素的不断加入，满足条件的子序列会不断变化。

如果将这些子序列按照长度由短到长排列，将它们的最大元素放在一起，形成新序列

$B\{b_1,b_2,\cdots,b_j\}$，则序列 B 满足 $b_1<b_2<\cdots<b_j$。

可用反证法证明如下。假设 b_{xy} 表示序列 A 中长度为 x 的递增序列中的第 y 个元素，显然，如果在序列 B 中存在元素 $b_{mm}>b_{nn}$，且 $m<n$ 则说明子序列 B_n 的最大元素小于 B_m 的最大元素，因为序列是严格递增的，所以在递增序列 B_n 中存在元素 $b_{nm}<b_{nn}$，且从 b_{n0} 到 b_{nm} 形成了一个新的长度为 m 的递增序列。

因为 $b_{mm}>b_{nn}$，所以 $b_{mm}>b_{nm}$，这就说明在序列 B 中还存在一个长度为 m，最大元素为 $b_{nm}<b_{mm}$ 的递增子序列，这与序列的定义，b_{mm} 是所有长度为 m 的递增序列中第 m 个元素最小的序列不符，所以序列 B 中的各元素严格递增。

基于此序列的严格递增性，利用二分查找，找到最大元素刚好小于 a_j 的元素 b_k，将 a_j 加入这个序列尾部，形成长度为 $k+1$ 但是最大元素又小于 b_{k+1} 的新序列，取代之前的 b_{k+1}，如果 a_j 比 B_n 中的所有元素都要大，说明发现了以 a_j 为最大元素，长度为 $n+1$ 的递增序列，将 a_j 作 B_{n+1} 的第 $n+1$ 个元素。从 b_1 依次递推，就可以在 $O(n\lg n)$ 的时间内找出序列 A 的最长递增子序列。

以序列 $\{6,8,9,1,3,4,5\}$ 为例，我们来看一下改进算法的步骤。

在进行前三次循环的过程中，操作与传统算法一致，处理完第 3 个元素（9）以后的序列如下：

6

6,8

6,8,9

此时数组 B 中元素为[6,8,9]。

当处理第 4 个元素（1）时，首先在数组 B 中寻找最大元素刚好小于 1 的元素，发现 1 比当前数组 B 中的所有元素都小，因此可以用 1 替换当前长度为 1 的子序列的最大元素 6，即发现第 4 个元素（1）以后，可以用更小的最大元素来表示长度为 1 的递增序列，此时数组 B 的元素为[1,8,9]，长度为 1 的序列由 6 变为 1。

当处理第 5 个元素（3）时，在数组 B 中寻找到最大元素刚好小于 3 的元素 1，由于 1 位于数组 B 中的第一位，代表的是当前长度为 1 的序列，因此，可将（3）加入到序列（1）之后，形成长度为 2 的序列(1,3)，用于替换之前的长度为 2 的序列(6,8)，同时在数组 B 中替换第二位的元素 8，此时数组 B 的元素为[1,3,9]。

当处理第 6 个元素（4）时，在数组 B 中寻找到的最大元素小于 4 的元素为 3，因此可在长度为 2 的序列(1,3)之后追加元素 4，形成新的长度为 3 的递增子序列(1,3,4)，同时用 4 替换数组 B 中位于第三位的元素 9，形成新的数组 B 为[1,3,4]。

当处理第 7 个元素（5）时，在数组 B 中定位到元素 4 为小于 5 且最接近 5 的元素，将 5 追加到以 4 结尾的递增子序列之后，形成长度为 4 的递增子序列(1,3,4,5)，即为所求解的最长递增子序列。此时数组 B 中的各元素为[1,3,4,5]。

9.5.3 参考实现

改进算法的参考实现代码如下：

```python
def getdp2(arr):
    n = len(arr)
    dp, ends = [0] * n, [0] * n
    ends[0], dp[0] = arr[0], 1
    right, l, r, m = 0, 0, 0, 0
    for i in range(1, n):
        l = 0
        r = right
        # 二分查找，若找不到则 ends[l 或 r]是比 arr[i]大而又最接近其的数
```

```
        # 若arr[i]比ends有效区的值都大，则l=right+1
        while l <= r:
            m = (l + r) // 2
            if arr[i] > ends[m]:
                l = m + 1
            else:
                r = m - 1
        right = max(right, l)
        ends[l] = arr[i]
        dp[i] = l + 1
    return dp

def generateLIS(arr):
    dp = getdp2(arr)
    n = max(dp)
    index = dp.index(n)
    lis = [0] * n
    n -= 1
    lis[n] = arr[index]
    # 从右向左
    for i in range(index, - 1, -1):
        # 关键
        if arr[i] < arr[index] and dp[i] == dp[index] - 1:
            n -= 1
            lis[n] = arr[i]
            index = i
    return lis
print(generateLIS([3, 1, 4, 5, 9, 2, 6, 5, 0]))
```
输出：
```
[1, 4, 5, 9]
```

9.6　小结

　　本章对动态规划算法进行了系统的介绍，通过对矿工问题、爬楼梯问题、背包问题和最长递归子序列等的求解，讲解了采用动态规划算法解决最优化问题的通用解决思路和解题步骤。

　　动态规划算法是解决最优化问题的一种重要方法，将原始问题分解成相互重叠的子问题，计算并记录子问题的解，汇总获得问题最终解。由于动态规划算法对子问题的解进行记录，保证了每个子问题仅需求解一次，避免了不必要的重复计算，具有较高的效率。

9.7　习题

1. 给出爬楼梯问题的递推公式的通项公式。
2. 如果用第 1 题中给出的通项公式求解爬楼梯问题，时间复杂度是多少，会存在什么问题？
3. 采用分治策略解决爬楼梯问题，并评估时间复杂度。

第10章
贪心算法

第 9 章我们讲解了动态规划。当一个问题具有最优子结构时，可以使用动态规划求解。求解虽比一般的递归求解资源消耗小，但是我们通常还是要将每个子问题都求解出来。很多最优化问题还能不能简化呢？答案当然是肯定的。本章我们将会学习另一种方法——贪心算法。

10.1　贪心算法介绍

第 9 章最后的最长递增子序列问题中我们就进行了优化。针对最优子结构的动态规划设计，我们还有一种优化方法，就是我们这一章要讲解的贪心算法。很多情况下，贪心算法在求解最优化问题时，更加简单有效。其基本原理是，遵循某种既定原则，不断地选取当前条件下最优的选择来构造每一个子步骤，直到获得问题最终的求解。即在求解时，总是作出当前看来最好的选择。也就是说，不从整体最优上加以考虑，仅是求解局部最优解，以期望能找到全局最优解。

所以，本章我们讨论的贪心算法虽然与第 9 章的动态规划类似，都是将原来的较大规模的问题拆分为规模较小的问题，依据大问题与小问题之间的递推关系，通过解决较小规模的问题，最终获得原始问题的求解。但是动态规划要通盘考虑各个阶段各子问题的求解情况，从全局的角度进行衡量，最终找到解决原始问题的最佳解决方案。为了提高问题解决效率，避免针对相同子问题的重复计算，动态规划在解决问题的过程中会引入一张记录表，将子问题的解记录下来，可以供其他阶段求解时使用。因此，动态规划的核心是填充这张记录表，在填表的过程中，获得原问题的最优解。

贪心算法与动态规划的不同之处在于，贪心算法利用问题的贪心性质，简化了分解原始问题的过程，每次只关注在当前状态下可以获得的局部最优解，通过拼接各阶段的局部最优解获得最终问题的解。因为贪心选择可以依赖于以往所做的选择，但绝不依赖于未来所做的选择，也不依赖于子问题的解。故而贪心算法往往求解时与动态规划相反，采用自顶向下的方式，迭代作出贪心选择，不断化简问题规模。

利用贪心算法解题，需要解决两个问题。

一是问题是否适合用贪心法求解，即所求解问题是否具有贪心选择性质。所谓贪心选择性质是指应用同一规则，将原问题变为一个相似的但规模更小的子问题，而后的每一步都是当前看似最佳的选择。这种选择依赖于已做出的选择，但不依赖于未做出的选择。从全局来看，运用贪心策略解决的问题在程序的运行过程中无回溯过程。贪心选择性质的证明一般采用数学归纳法，证明每一步做出的贪心选择确实能导致问题的整体（全局）最优解，也有基于算法的输出，或使用一种"拟阵"结构等形式的证明。本书对此不作数学证明，有兴趣的同学可以参考其他参考书的证明。

二是问题是否具有局部最优解，从而通过选择一个贪心标准，可以得到问题的最优解。

另外还有一个问题值得注意。贪心算法和第 9 章中的动态规划都依赖于问题具有最优子结构性质，但并不是具有最优子结构性质的问题就可以用贪心算法求解。也就是说，贪心算法不总能对动态规划求解最优化问题进行优化。比如第 9 章我们提到的"0-1 背包问题"，由于无法保证背包总能完全塞满，闲置空间的浪费导致贪心算法并不总能适用。

利用贪心算法解题的思路如下。

- 建立对问题精确描述的数学模型，包括定义最优解的模型。
- 将问题分成一系列的子问题，同时定义子问题的最优解结构。
- 应用贪心算法原则可以确定每个子问题的局部最优解，并根据最优解模型，用子问题的局部最优解堆叠出全局最优解。

在本章中，我们重点关注以下 3 个实际问题。

- 硬币找零问题。
- 活动安排问题。
- 哈夫曼编码。

10.2　硬币找零问题

硬币找零问题是给定找零金额，计算如何搭配使得使用的硬币数量最少。

10.2.1　问题描述

硬币找零问题的一般表述如下：

假设需要找零的金额为 C，最少要用多少面值为 $p_1<p_2<\cdots<p_n$ 的硬币（面值种类为 n，且假设每种面值的硬币都足够多）？

那么我们可以来分析该问题的最优子结构问题。设 $F(C)$ 为总金额为 C 的数量最少的硬币数目，则 $F(0)=0$。获得 C 的途径是，在总金额为 $C-p_i$ 的硬币堆上加入一枚面值为 p_i 的硬币。其中，$i=1,2,\cdots,n$，且 $C\geq p_i$。这样，我们找到使得 $F(C-p_i)+1$ 最小的 p_i 值。$F(C)$ 的递推公式为：

$F(C)=\min\{F(C-p_i)\}+1,C>0$ 且 $C\geq p_i$

初始条件为：

$F(0)=0$

这就是第 9 章我们讲到的动态规划方法的状态转移公式。

而贪心算法在处理这个问题的时候，我们需要选择一种贪心策略。比如一种贪心策略是，先看在符合 $C\geq p_i$ 的情况下，要使用多少（假设为 m 个）最大币值（假设为 p_k）的硬币，然后再在 $C-m\times p_k\geq p_i$ 的条件下看要使用多少最大币值的硬币，以此类推，得出最优解。可以看出，动态规划和贪心算法的计算顺序是相反的。下面我们根据一个实例，来分析两种算法的不同和适用性。

10.2.2　问题实例

下面给出一个实例。假设要找零 8 元，市面上有 3 种不同面值的硬币，各硬币的面值分别为 1元、3 元、4 元。

我们结合上面的分析，先来看下使用动态规划如何计算硬币数量。

$F(0)=0;$

$F(1)=\min\{F(1-1)\}+1=1;$

$F(2)=\min\{F(2-1)\}+1=2$；

$F(3)=\min\{F(3-1),F(3-3)\}+1=1$；

$F(4)=\min\{F(4-1),F(4-3),F(4-4)\}+1=1$；

$F(5)=\min\{F(5-1),F(5-3),F(5-4)\}+1=2$；

$F(6)=\min\{F(6-1),F(6-3),F(6-4)\}+1=2$；

$F(7)=\min\{F(7-1),F(7-3),F(7-4)\}+1=2$；

$F(8)=\min\{F(8-1),F(8-3),F(8-4)\}+1=2$。

故而最少需要 2 枚硬币即可找零 8 元。

那么，贪心算法在计算的时候，从最大面值的硬币开始，直接得出答案 2 枚 4 元硬币。

虽然，贪心算法看似非常简便迅速，但是它不总是有效的。比如，当要找零 6 元时，它得到的答案是 1 枚 4 元硬币和 2 枚 1 元硬币，即最少 3 枚硬币。而动态规划得到的正确答案是 2 枚 3 元硬币。这个时候贪心算法不再适用，应选用动态规划等其他算法进行求解。

10.2.3　参考实现

假设现在市面上有 6 种不同面值的硬币，各硬币的面值分别为 5 分、1 角、2 角、5 角、1 元、2 元，要找零 10.5 元，求出最少硬币的数量。

求解该问题的代码实现如下：

```python
def getChange(coins, amount):
    coins.sort();
    # 从面值最大的硬币开始遍历
    i = len(coins)-1
    while i >= 0:
        if amount >= coins[i]:
            n = int(amount // coins[i])
            change = n * coins[i]
            amount -= change
            print (n, coins[i])
        i -= 1

getChange([0.05,0.1,0.2,0.5,1.0,2.0], 10.5)
```
输出：共需 5 枚 2 元，一枚 5 角。
```
5 2.0
1 0.5
```

10.3　活动安排问题

活动安排问题是解决需要共享公共资源的一系列活动的高效安排问题，以在限定资源的前提下尽可能多地开展活动。该问题的分析在运筹学、管理学，以及诸多社会实践中均有实际意义并被广泛应用。

10.3.1　问题描述

学校的礼堂经常开展各类活动，这些活动的开始和结束时间各异，且可能出现重叠，为了开展尽可能多的活动，要怎么安排？

例如，最近，学校有开学典礼、课外讲座、话剧演出、音乐会、芭蕾舞演出和教职工会议等一系列活动需要在礼堂举行，具体活动信息如表 10-1 所示，怎样安排才能使尽可能多的活动得以开展呢？

表 10-1　　　　　　　　　　　　　　　　活动信息

活动	开学典礼	课外讲座	话剧演出	音乐会	芭蕾舞演出	教职工会议
开始时间（s）	1	3	0	5	3	7
结束时间（f）	3	4	4	7	6	8

为了解决上述问题，我们可以考虑使用贪心算法。

目标是在固定的教室中尽量多地安排活动，可以考虑的贪心策略有总是选择最早开始的、总是选择时间最短的、总是选择与其他活动冲突最少的、总是选择结束时间最早的。

在这里，我们用总是选择结束时间最早的活动这一选择方案作为解题的贪心策略，后面的证明部分会验证该策略符合贪心选择性质和最优子结构性质。感兴趣的读者可以尝试验证其他可选的贪心策略是否符合贪心选择性质和最优子结构性质，提前告诉大家，这里面有的方案是不能得到最优解的，自己来探寻答案吧。

言归正传，我们来验证总是选择结束时间最早的活动作为贪心策略的贪心选择性质和最优子结构性质。

设 S_{ij} 为包含所有待安排活动的一个集合，其中的活动开始时间均晚于时间节点 i，结束时间均早于时间节点 j。定义最大兼容活动子集 A_{ij} 为包含 S_{ij} 中相容（互不冲突）的活动数量最多的集合，且用 a 来表示 S_{ij} 中的活动，用 $|A|$ 表示集合 A 中的元素数量。

首先证明最优子结构性质。

要证明贪心策略满足最优子结构性质，即需证明若 A_{ij} 为 S_{ij} 的最大兼容活动子集，存在 A_{ij} 中的活动 a_k，将 A_{ij} 分解为 A_{ik}、a_k 和 A_{kj} 三部分，使 A_{ij} 包含 S_{ik} 和 S_{kj} 的最优解。

用反证法证明。假设存在 S_{kj} 的兼容活动子集 $A_{kj}{}'$，满足 $|A_{kj}{}'|>|A_{kj}|$，即 $A_{kj}{}'$ 中包含的活动数量多于 A_{kj}，则可将 $A_{kj}{}'$ 作为 S_{kj} 的最优解，成为 S_{ij} 最优解的一部分，则满足 $|A_{ik}|+|A_{kj}{}'|>|A_{ik}|+|A_{kj}|$，即存在比 A_{ij} 更优的最大兼容活动子集，这与条件相矛盾，因此假设不成立。

接着证明贪心选择性质。

根据每次优先选择最早结束活动的贪心策略，只要证明通过该策略获得的局部最优解可以构造出全局最优解，即可说明该贪心策略有效，具备贪心选择性质。

在此，我们证明若 a_m 为 S_k 中结束最早的活动，则 a_m 一定在 S_k 的某个最大兼容活动子集中。

设 A_k 为 S_k 的一个最大兼容活动子集，a_k 为 A_k 中结束时间最早的活动，则若 $a_k=a_m$，a_m 在 S_k 的最大兼容活动子集 A_k 中，原命题成立。否则，因为 a_m 为 S_k 中结束最早的活动，可以设 $A_k{}'=A_k-\{a_k\}+\{a_m\}$，即 $A_k{}'$ 为在 A_k 集合中用 a_m 替换 a_k 所得到的新集合。由于 a_m 是 S_k 中结束时间最早的活动，因此在 $A_k{}'$ 中不会存在与 a_m 发生冲突的活动，即 $A_k{}'$ 也是 S_k 的一个最大兼容活动子集。综上，a_m 一定在 S_k 的某个最大兼容活动子集中，原命题得证。

证明了总是优先选择最早结束的活动这一贪心策略同时具备最优子结构性质和贪心选择性质，说明应用该策略进行贪心选择，可以获得活动安排问题的全局最优解。

10.3.2　参考实现

通过比较下一个活动的开始时间与上一个活动的结束时间的大小关系，确定这两个活动是否是相容的，如果开始时间大于结束时间则相容，反之不相容。

代码如下：

```
# 对结束时间进行排序，同时得到对应的开始时间的 list
def bubble_sort(s,f):
```

```
        for i in range(len(f)):
            for j in range(0,len(f)-i-1):
                if f[j] > f[j+1]:
                    f[j], f[j+1] = f[j+1],f[j]
                    s[j],s[j+1] = s[j+1],s[j]
        return s,f

    def greedy_activity(s,f,n):
        a = [True for x in range(n)]
        #初始选择第一个活动
        j = 0
        for i in range(1,n):
            #如果下一个活动的开始时间大于等于上个活动的结束时间
            if s[i] >= f[j]:
                a[i] = True
                j = i
            else:
                a[i] = False
        return a
    #通过输入多组起始时间进行验证
    n = int(input("输入活动数量和起始时间(数量和活动用回车分隔,活动之间用空格分隔)。例如:5(回车)(1,5)
(2,6) (2,8) (3,9) (5,10): "))
    arr = input().split()
    s = []
    f = []
    for ar in arr:
        ar = ar[1:-1]
        start = int(ar.split(',')[0])
        end = int(ar.split(',')[1])
        s.append(start)
        f.append(end)

    s,f = bubble_sort(s,f)
    G = greedy_activity(s,f,n)

    res = []
    for t in range(len(G)):
        if G[t]:
            res.append('({},{})'.format(s[t],f[t]))
    print(' '.join(res))
```

运行代码:

输入活动数量和起始时间(数量和活动用回车分隔,活动之间用空格分隔)。例如:5(回车)(1,5) (2,6) (2,8) (3,9) (5,10):

```
5
(1,5) (2,6) (2,8) (3,9) (5,10)
```

输出:

```
(1,5) (5,10)
```

10.4 哈夫曼编码

哈夫曼编码是一种变长的字符编码方式,常用于对指定的字符集进行数据压缩,压缩率在
20%~90%。

10.4.1　问题描述

现在有一个包含 5 个字符的字符表{A,B,C,D,E}，各字符出现的频率统计如表 10-2 所示。

表 10-2　　　　　　　　　　　　　　各字符出现的频率统计

字符	出现概率	字符	出现概率	字符	出现概率
A	0.35	C	0.2	E	0.15
B	0.1	D	0.2		

需要构造一种有效率的编码类型，使用该编码表达以上字符表内容时可以产生平均长度最短的位串。

在对由 n 个字符组成的文本进行编码过程中，有两种编码方式，即定长编码和变长编码。

对于定长编码而言，会为每个字符赋予一个长度固定为 $m(m \geqslant \log_2 n)$ 的位串，我们常用的标准 ASCII 码就是采用定长编码策略对字符集进行编码的。

长度各异的编码，其中出现频率较高的字符，采用长度较短的编码表示，出现频率较低的字符，采用长度较长的编码表示。著名的摩尔斯电码就是采用这种策略进行编码的。

通常情况下，与定长编码相比，变长编码可以有效减少表示同一字符集所需的编码长度，提升编码效率。

但是，为了使用变长编码策略，需要解决在定长编码模式下不会遇到的一个问题，就是前缀码问题。对每一个字符规定一个 0-1 串作为其代码，并要求任一字符的代码都不是其他字符代码的前缀，这种编码称为前缀码。

有了前缀码，我们可以在编码完成的位串中准确定位每个属于字符集的字符，通过简单扫描一个位串，直到得到某个等于字符集中字符的位串后，将该字符替换之前的位串，重复以上操作，即可根据位串恢复原来的文本。本节所讲的哈夫曼编码就是一种前缀码。

10.4.2　哈夫曼树

为了对某字母表构造一套二进制的前缀码，可以借助二叉树。将树中所有的左向边都标记为 0，所有的右向边都标记为 1。通过记录从根节点到字符所在的叶子节点的简单路径上的所有 0-1 标记来获得表示该字符的编码。

用于表示二进制前缀码的二叉树每个叶子节点对应一个字符，非叶子节点不对应任何字符。由于二叉树叶子节点之间没有互联的简单路径，所以依据这种二叉树生成的编码序列为前缀码，即字符集中各个字符对应的前缀各不相同。

对于给定的字符集和字符表而言，每个字符的出现频率可以确定，我们怎么才能构造一棵二叉树，将较短的编码分配给高频字符，将较长的编码分配给低频字符呢？用贪心算法可以实现这个目标。

这个算法由戴维·哈夫曼（David Huffman）发明，因此，能达到这个目标的二叉树称为哈夫曼树。

具体算法如下：

*   初始化 n 个单节点的树，并为它们标上字母表中的字符。把每个字符出现的频率记在其对应的根节点中，用来标记各个树的权重，即树的权重等于树中所有叶子节点的概率之和。

*   重复下面的步骤，直到只剩一颗单独的树。找到两棵权重最小的树，若两棵树权重相同，可任选其一，分别把它们作为新二叉树的左右子树，并把其权重之和作为新的权重记录在新树的根节点中。

用上述算法构造出的二叉树即为哈夫曼树。根据哈夫曼树获取的编码称为哈夫曼编码。

在初始状态，构造图 10-1 所示的根节点集合。

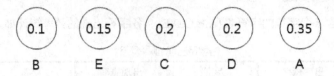

图 10-1　初始化根节点示意图

此时，我们将节点 B 和 E 合并成一棵新的子树，如图 10-2 所示。

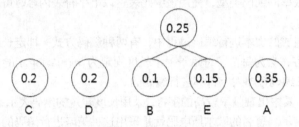

图 10-2　合并节点 B 和 E 后示意图

合并节点 B 和 E 之后，重新排序根节点，合并两个权值最小的节点，即节点 C 和 D，如图 10-3 所示。

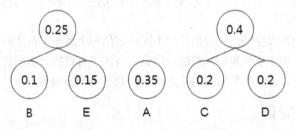

图 10-3　合并节点 C 和 D 后示意图

之后，合并由节点 B 和 E 组成的树的根节点和节点 A，如图 10-4 所示。

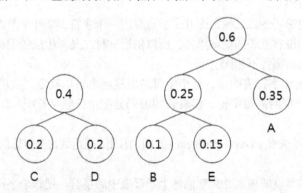

图 10-4　合并由节点 B 和 E 组成的树的根节点和节点 A 后示意图

最后，获取剩余的两个节点，得到结果哈夫曼树，如图 10-5 所示。

获得哈夫曼树后，根据沿着结果哈夫曼树的左侧分支编 0，沿着右侧分支编 1，可以得到字符表中的各个字符的对应编码如表 10-3 所示。

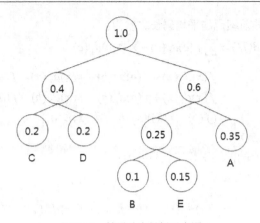

图 10-5　结果哈夫曼树示意图

表 10-3　　　　　　　　　　　　　　对应编码

字符	出现概率	哈夫曼编码	字符	出现概率	哈夫曼编码
A	0.35	11	D	0.2	01
B	0.1	100	E	0.15	101
C	0.2	00			

至此，10.4.1 节的字符集编码问题得到解决。根据给定的字符出现的概率和求得的各字符对应的编码长度，若采用上述编码策略，每个字符的平均位长度为：

```
2 * 0.35 + 3 * 0.1 + 2 * 0.2 + 2 * 0.2 + 3 * 0.15 = 2.25
```

若采用定长编码策略，则表示 10.4.1 节的字符表中的每个字符至少需要用 3 位编码来表示。因此，针对这一实例，哈夫曼编码的实现的压缩率为：

```
[(3 - 2.25) / 3] * 100% = 25%
```

综上，若采用哈夫曼编码，我们表达该字符集时比采用定长编码策略可以少占用 25%的存储空间。

10.4.3　贪心选择性质

二叉树 T 表示字符集 C 的一个最优前缀码，证明可以对 T 作适当修改后得到一棵新的二叉树 T''，在 T''中 x 和 y 是最深叶子节点且为兄弟，同时 T''表示的前缀码也是 C 的最优前缀码。设 b 和 c 是二叉树 T 的最深叶子，且为兄弟。设 $f(b) \leqslant f(c)$，$f(x) \leqslant f(y)$）。

由于 x 和 y 是 C 中具有最小频率的两个字符，有 $f(x) \leqslant f(b)$，$f(y) \leqslant f(c)$。首先，在树 T 中交换叶子 b 和 x 的位置得到 T'，然后在树 T'中交换叶子 c 和 y 的位置，得到树 T''，如图 10-6 所示。由于 T 是字符集 C 的最优前缀码，因此可知 $B(T) \leqslant B(T'')$。

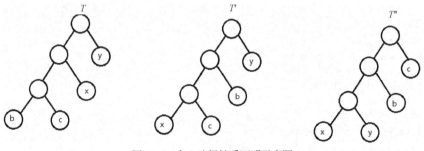

图 10-6　贪心选择性质证明示意图

由此可知，树 T 和 T' 的前缀码的平均码长之差为：

$$B(T) - B(T') = \sum_{c \in C} f(c)d_T(c) - \sum_{c \in C} f(c)d_T(c)$$

$$= f(x)d_T(x) + f(b)d_T(b) - f(x)d_T(x) - f(b)d_T(b)$$

$$= f(x)d_T(x) + f(b)d_T(b) - f(x)d_T(b) - f(b)d_T(x)$$

$$= (f(b) - f(x))(d_T(b) - d_T(x)) \geqslant 0$$

因此，可得出 $B(T) \geqslant B(T')$。

同理，可计算树 T' 和 T'' 的前缀平均码长只差为：

$$B(T') - B(T'') = \sum_{c \in C} f(c)d_{T'}(c) - \sum_{c \in C} f(c)d_{T''}(c)$$

$$= f(x)d_{T'}(y) + f(c)d_{T'}(c) - f(y)d_{T''}(y) - f(c)d_{T''}(c)$$

$$= f(y)d_{T'}(y) + f(c)d_{T'}(c) - f(y)d_{T'}(c) - f(c)d_{T'}(y)$$

$$= (f(c) - f(y))(d_{T'}(c) - d_{T''}(y)) \geqslant 0$$

因此，可得出 $B(T') \geqslant B(T'')$。综上，可根据以下两个不等式得出最终结论：

$$\left.\begin{array}{l} B(T'') \leqslant B(T') \leqslant B(T) \\ B(T'') \geqslant B(T) \end{array}\right\} B(T'') = B(T)$$

因此，T'' 表示的前缀码也是最优前缀码，且 x 和 y 具有相同的码长，同时，仅最优一位编码不同。

10.4.4　最优子结构性质

二叉树 T 表示字符集 C 的一个最优前缀码，x 和 y 是树 T 中的两个叶子且为兄弟，z 是它们的父亲。若将 z 当作是具有频率 $f(z)=f(x)+f(y)$ 的字符，且定义树 T' 表示字符集 $C'=C-\{x,y\} \cup \{z\}$ 的一个最优前缀码。因此，有：

（1）$c \in C - \{x,y\}, d_T(c) = d_{T'}(c) => f(c)d_T(c) = f(c)d_{T'}(c)$

（2）$f(x)d_T(x) + f(y)d_T(y) = f(x) + f(y) + f(z)d_{T'}(z)$

$B(T) = B(T') + f(x) + f(y)$

如果 T' 不是 C' 的最优前缀码，假定 T'' 是 C' 的最优前缀码，那么显然 T'' 是比 T' 更优的前缀码，这与前提条件相矛盾，故 T' 所表示的 C' 的前缀码是最优的。

根据上述论证，生成哈夫曼树的策略具备贪心选择性质和最优子结构性质，因此，生成的哈夫曼树所对应的编码为**最优前缀码**。

10.4.5　参考实现

实现代码如下：

```
# Huffman Encoding

# 树节点定义
class Node:
    def __init__(self,pro):
        self.left = None
        self.right = None
        self.parent = None
        self.pro = pro
    def isLeft(self): # 判断左子树
        return self.parent.left == self
#create nodes 创建叶子节点
```

```
def createNodes(pros):
    return [Node(pro) for pro in pros]


#create Huffman-Tree 创建 Huffman 树
def createHuffmanTree(nodes):
    queue = nodes[:]
    while len(queue) > 1:
        queue.sort(key=lambda item:item.pro)
        node_left = queue.pop(0)
        node_right = queue.pop(0)
        node_parent = Node(node_left.pro + node_right.pro)
        node_parent.left = node_left
        node_parent.right = node_right
        node_left.parent= node_parent
        node_right.parent= node_parent
        queue.append(node_parent)
    queue[0].parent= None
    return queue[0]
# Huffman 编码
def huffmanEncoding(nodes,root):
    codes = [''] * len(nodes)
    for i in range(len(nodes)):
        node_temp = nodes[i]
        while node_temp != root:
            if node_temp.isLeft():
                codes[i] = '0' + codes[i]
            else:
                codes[i] = '1' + codes[i]
            node_temp = node_temp.parent
    return codes


if __name__ == '__main__':
    #letters = ['A','B','C','D','E']
    #pros = [35,10,20,20,15]
    letters_pros = [('B', 10), ('E', 15), ('C', 20), ('D', 20), ('A', 35)]
    nodes = createNodes([item[1] for item in letters_pros])
    root = createHuffmanTree(nodes)
    codes = huffmanEncoding(nodes, root)
    for item in zip(letters_pros, codes):
        print('Label:%s pro:%-2d  Huffman Code: %s' % (item[0][0],item[0][1], item[1]))
```

最终的输出结果为:

```
Label:B pro:10  Huffman Code: 100
Label:E pro:15  Huffman Code: 101
Label:C pro:20  Huffman Code: 00
Label:D pro:20  Huffman Code: 01
Label:A pro:35  Huffman Code: 11
```

10.5　小结

　　本章对贪心算法进行了系统的介绍, 通过硬币找零、活动安排和哈夫曼编码等经典问题的求解, 讲解了采用贪心算法解决最优化问题的通用解决思路和解题步骤。

与动态规划算法相比，贪心算法是一种更为简便高效的算法。利用贪心算法解决问题，采用了一种"取巧"的思路，每次都选择当前状态下可选的最优解，利用每个迭代过程中的局部最优解，最终获得解决问题的全局最优解。

需要注意的是，贪心算法并不能总是保证获得最优解，采用贪心算法解决问题时，需要证明所采用的贪心选择策略具备贪心选择性质，并确定最优子结构。

10.6　习题

1. 我们已经知道，贪心算法解决问题时，不一定总是能得到最优解。请以硬币找零问题为例，给出采用总是优先选择最大面值的硬币进行找零策略下，能够获得最优解的条件（该策略具备贪心选择性质的条件）。

2. 给出硬币找零问题中，采用总是优先选择最大面值的硬币进行找零策略的最优子结构性质证明。

3. 探讨贪心算法的应用领域。

第 11 章
分治算法

分治算法的主要思想是将原问题分成若干个子问题，解决这些子问题再最终合并出原问题的答案。在计算过程中，子问题会被递归地分解成更小的子问题，直到子问题满足边界条件。最后，算法会层层递回原问题的答案。

11.1　分治算法原理

分治算法的原理可以用二叉树表示。如图 11-1 所示，假设给定的问题不能够被直接解决，这时，我们可以尝试将原问题分成相互独立的两个子问题。如果能将这两个子问题解决，那我们就离原问题的解不远了。如果子问题仍然复杂，我们就继续分解，直到子问题满足边界条件，小到可以直接得出答案为止。得到最小子问题的解后，我们往上递归，将子问题的解层层合并，最终获得原问题的解。

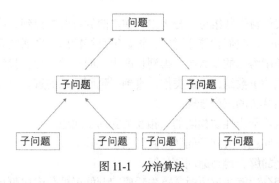

图 11-1　分治算法

实际上，我们不一定每一次都将原问题分成两个子问题。根据问题的需要，我们可以将原问题分成 k 个子问题，$k>1$。

需要注意的是，因为我们利用递归算法，所以需要保证子问题与原问题的结构和性质相同。也就是说，子问题和原问题问的是同一个问题，只不过子问题的规模较小。比如，排列 10 个数和排列 5 个数是两个结构和性质相同的问题，但是后者比前者的规模要小。

在之前的章节中讲到的归并排序是分治算法的代表性应用之一，让我们简略回顾归并排序并且通过它理解分治算法的原理。

我们即将升序排序以下数组：[10,6,2,9,5,1,12,4,0,4,1,2,1,3,2,9]。

如图 11-2 所示，我们将原问题分成了两个子问题，分别是排序[10,6,2,9,5,1,12,4]和排序[0,4,1,2,1,3,2,9]。也就是说，我们将数组一分为二，分成了两个长度减半的数组。这样做的理由是，如果我们将两个子数组排序完毕，就可以通过双指针的方法不费事地将原数组排序。

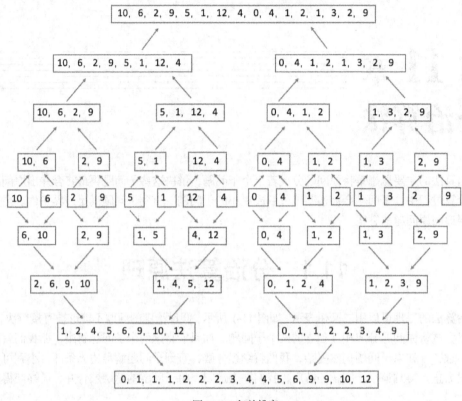

图 11-2　归并排序

利用同样的逻辑，我们将子数组也一分为二。在之前的章节中提到，停止递归的条件是数组的长度。一旦子数组长度为一，我们就停止递归，将数组直接输出。在那之后，我们会通过双指针的方法得到排序完毕的、长度为二的子数组。得到长度为二的子数组后，我们会通过双指针的方法得到排序完毕的、长度为四的子数组，以此类推，直到得到原问题的解。

最后，我们总结分治算法的三个步骤。

（1）将原问题分解成若干个性质相同的、相互独立的子问题。

（2）递归地解决各子问题，直到子问题小到可以直接被解决。

（3）逐层合并子问题的解，得到原问题的解。

判断一个问题能否用分治算法解决时，首先看原问题能否被分解成更小的子问题。如果可以，再看子问题的结构和性质是否与原问题一样。如果一样，那么问题很有可能能够用分治算法解决。

11.2　分治算法应用

11.2.1　二分查找

我们在之前的章节中仔细地讲解了二分查找的步骤。所谓二分查找，就是通过分治思想，在一个排序好的数组中找到目标值，并且输出目标值的坐标。

二分查找与归并排序有异曲同工之处：一个是将数组对半排序，一个是在排序好的数组中对半查找目标值。通过下面的例子，我们简单地回顾一遍二分查找，在过程中理解其分治思想。示例：在数组[0,1,2,3,4,5,6,9,10,12,11,15,16]中查找数字 3。

如图 11-3 所示，在分治算法的第一步中，我们取数组的中间值 6。因为 6 比 3 大，所以我们可以放心地直接排除掉数组的后半部分，并肯定目标值只能位于数组的前半部分。

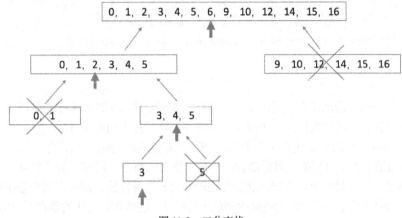

图 11-3　二分查找

遵循同样的逻辑，每一步我们都将数组一分为二，将原数组变成两个相互独立的子数组，并肯定目标值在其中的一个数组里。通过对比中间值，我们直接排除一个子数组，由此节省时间。

分治思想在于，每一次我们将原问题分解成两个子问题：目标值在左数组吗？目标值在右数组吗？

通过对比中间值，我们直接否定一个子问题，并递归地解决另一个子问题，直到子问题满足边界条件。

11.2.2　二维数组的查找

问题是这样的：给定一个 $m \cdot n$ 的二维数组，其中每行的元素从左到右升序排序，每列的元素从上到下升序排序，又给定一个目标值，请返回目标值是否存在于二维数组里。这个问题与二分查找有相似之处，不同的是搜索范围从一维数据结构变成了二维数据结构。

问题示例：

```
[
  [1,   4,  7, 11, 15],
  [2,   5,  8, 12, 19],
  [3,   6,  9, 16, 22],
  [10, 13, 14, 17, 24],
  [18, 21, 23, 26, 30]
]
输入目标值=12
输出: True
输入目标值= 45
输出: False
```

我们可以怎样利用矩阵的特殊条件呢？如图 11-4 所示，通过观察发现，每一个元素都是以它为左上角的矩阵中的最小值。

因此，如果目标值小于左上角的值，那目标值肯定不在矩阵里面，我们可以直接返回 False。问题是如果目标值大于左上角的值怎么办，我们应该如何确定目标值位于矩阵中？

图 11-4　思路一

　　一个办法是一排一排地检查，另一个办法是把矩阵划分成两个或四个子矩阵再递归检查。但是有一个更好的办法，它需要我们换一个思路，从观察矩阵的左下角的值开始。

　　如图 11-5 所示，暂时用 x 代称左下角的值。通过观察得出，同行的值都大于 x，同列的值都小于 x。因此，如果 x 大于目标值，目标值肯定不在 x 所在的行中；同理可循，如果 x 小于目标值，目标值肯定不在 x 所在的列中。这样，我们每比较一次 x 与目标值，都可以缩小查找范围。这很像二分查找，在二分查找中，我们对比的是中间值与目标值，这里我们对比的是左下角的值和目标值。

　　在二分查找中每次我们排除子数组一半的数字，在这里我们每次排除矩阵一行或者一列的数字，直到 x 等于目标值或整个矩阵都被排除。

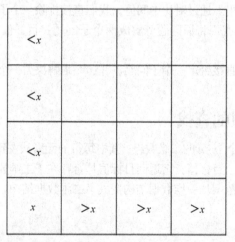

图 11-5　思路二

　　下面两段代码的思路是一样的，不同的是第一段代码利用递归技巧，第二段代码利用 while 循环。两者时间的复杂度都是 $O(m+n)$，选择哪一种写法都可以。

　　递归代码如下：

```
#如果 target 在 matrix 中，返回 True
def searchMatrix(matrix, target):
    m = len(matrix)
    n = len(matrix[0])
    #检查 target 是否存在于当前左下角定义的矩阵中
    # i, j 是当前左下角的坐标
    def helper(i,j):
        if i < 0 or j >= n:                #如果当前矩阵为空
            return False
```

```
            if matrix[i][j] == target:        #如果找到目标值, 返回 True
                return True
            elif matrix[i][j] < target:        #如果目标值大于左下角的值
                return helper(i,j+1)           #缩小范围, 排除列
            else:                              #如果目标值小于左下角的值
                return helper(i-1,j)           #缩小范围, 排除行
        return helper(m-1,0)                   #从 matrix 的左下角开始
```

　　每一次递归都是在缩减搜索范围，排除一行或者一列。因为原问题的答案就是子问题的答案（True 或 False），因此我们不需要做额外的合并工作。

　　非递归，while 循环代码如下：

```
#如果 target 在 matrix 中, 返回 True
def searchMatrix(matrix, target):
    m = len(matrix)
    n = len(matrix[0])
    i = m - 1
    j = 0
    while i >= 0 and j < n:
        if matrix[i][j] == target:        # 如果找到目标值
            return True
        elif matrix[i][j] < target:        # 如果目标值大于左下角的值
            j = j + 1                      # 排除当前列
        else:                              # 如果目标值小于左下角的值
            i = i - 1                      # 排除当前行
    return False
```

11.2.3　快速凸包算法

　　如图 11-6 所示，凸包问题是：给定一个点集合，找出能够将所有点包围的、最小面积的凸多边形。凸包相当于凸多边形。凸多边形的定义是没有任何内角为优角的多边形，也就是说，凸多边形的所有内角都小于等于 180°。

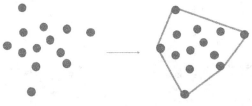

图 11-6　凸包问题

　　可以将每一个点都想象成一根铁柱子，用一个橡皮圈将这些铁柱子套起来，橡皮圈的形状就是凸包。

　　凸包问题有不同的解法，其中包括 Graham 扫描法、卷包裹算法、旋转卡壳算法和快速凸包算法。快速凸包算法的时间复杂度为 $O(n\lg n)$，n 为点的数量。下面我们介绍快速凸包算法。给定点集合，快速凸包算法能够输出凸包的顶点集合。

　　如图 11-7 所示，在任意给定的点集合中，最上面、最下面、最左面和最右面的点一定在凸包的顶点集合中。

　　如图 11-8 所示，如果将最左端的点与最右端的点相连，并将点集合对于直线分成上下两部分，

那么在上半部分，与这条线直线距离最远的点正好是最上面的点。同样，在下半部分，与这条直线距离最远的点正好是最下面的点。

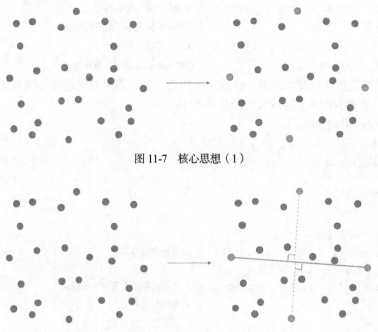

图 11-7　核心思想（1）

图 11-8　核心思想（2-1）

如图 11-9 所示，如果将四个已知顶点相连，将会得到四条直线。目前凸包不包含位于四边形外部的点。如果重复上一步骤，将外部点关于四条直线分成四组，并在每一组找出离直线距离最长的点，那么这些点一定是凸包的顶点。原因很简单，如果它们不是顶点，得到的凸包将不可能包含它们，所以想让凸包包含它们，它们必须是顶点。

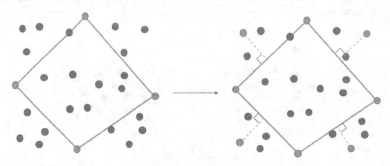

图 11-9　核心思想（2-2）

如图 11-10 所示，将顶点用直线连接，在下半部分的两条直线外部各有一个点。这两个点肯定是凸包的顶点，因为不用比较它们就是直线距离最长的点，将它们加入顶点集合。此时，我们得到了最终的凸包。

快速凸包算法和快速排序算法不但名字相似，还都用到了分治的思想，并且都设置了基准值。在上述的快速凸包算法中，基准值就是连接顶点的直线，基于这条直线我们对比点的距离。

快速凸包算法的分治思想在于每一次递归，我们只传入一条直线，一个点集合，找出距离直线最远的点，并将点加入顶点集合。剩余的工作我们传给两个子问题，让子问题将凸包剩余的顶点加入顶点集合。也就是，我们将最远的点分别与直线的两个末端点相连，得到两条直线，并筛选点集合，得到两个更小的点集合，将新的直线与新的点集合传入子问题。

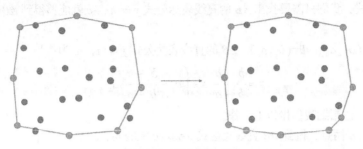

图 11-10　核心思想（3）

如图 11-11 所示，如果第一次递归传入 L_1 和 S_1，那么第二次递归时分别传入 L_2、S_2 和 L_3、S_3。

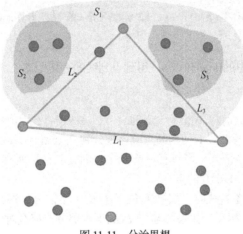

图 11-11　分治思想

递归的边界条件是点集合为空。如果点集合为空，直接返回。全部递归结束后，我们得到凸包的最终顶点集合。

总结快速凸包算法如下。

（1）给定点集合和一条连接两个已知顶点的直线 AB。（在算法的第一步，我们一般选择连接最左边的点和最右边的点的那条直线。）

（2）在点集合中找出距离 AB 最远的点，称之为 P。将 P 加入顶点集合。

（3）将位于三角形 APB 中的点删除。

（4）在剩余的点中，将位于直线 AP 外部的点放入点集合 S_1 中，将位于直线 PB 外部的点放入点集合 S_2 中。

（5）用 AP、S_1 和 PB、S_2 递归地寻找剩余顶点。边界条件为点集合为空。

有以下两个细节我们需要处理。

（1）如何计算点与线的直线距离。

（2）如何判断点应该被分到 S_1 还是 S_2，还是已经在 ABC 中。

先来看第一个问题。给定一条直线 $y = mx + c$ 和任意点 (p,q)，点与线的直线距离为：

$$d = \frac{mp - q + c}{\sqrt{(m^2 + 1)}}$$

如果 d 为正数，那么点(p,q)在直线上方。相反，如果 d 为负数，那么点(p,q)在直线下方。我们也将利用这个条件解决第二个问题。

有了这个公式，我们只需要找出 AB 的直线表达公式 $y = mx+c$ 就能够得到 AB 与任一点的直线距离了。

那么，令$A=(a_x,a_y)$，$B=(b_x,b_y)$，AB 的直线表达公式 $y = mx+c$ 为：

$$y = \frac{b_y - a_y}{b_x - a_x}x + \left(a_y - \frac{b_y - a_y}{b_x - a_x}a_x\right)$$

下面写两个方法帮助我们做以上工作。

（1）给定 A、B 两点，得到 AB 直线表达式 $y=mx+c$ 中的 m、c。

```
#输出 AB 直线表达式的系数和常数
def findLine(A, B) :
    if(A[0] == B[0]):                    #如果 AB 是一条竖线
            return [1, A[0]]
    m = (B[1]-A[1])/(B[0]-A[0])          #如果 AB 不是一条竖线，计算 m 和 c
    c = A[1] - m*A[0]
    return [m, c]
```

（2）给定直线 $y=mx+c$ 中的$[m,c]$和点 p，得到点到线的直线距离。

```
#输出 p 到 line 的距离
def findDist(line, p):
    return (line[0]*p[0] - p[1] + line[1] ) / sqrt( line[0]*line[0] + 1)
```

下面我们来解决第二个问题，如何判断点应该被分到 S_1 还是 S_2，还是已经在 ABC 中。

如图 11-12 所示，看左半部分，当只有一条直线 L_1 时，S_1 包括所有直线距离到 L_1 大于 0 的点，而 S_2 包括所有直线距离到 L_1 小于 0 的点。

再看右半部分，当有多条直线时，如果 L_i 位于 L_1 的上半部分，那么对应 L_i 的点集合就是所有直线距离到 L_i 大于 0 的点。相反，如果 L_i 位于 L_1 的下半部分，那么对应 L_i 的点集合就是所有直线距离到 L_i 小于 0 的点。

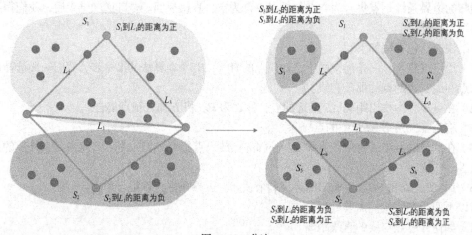

图 11-12　分边

因此，在写代码的时候，我们需要用一个布尔变量 up 表示子问题的位置。如果 up 为 True，那么点集合和直线都在 L_1 的上半部分。

比如，S_3 和 S_4 位于 L_1 上方，它们分别包括所有直线距离到 L_2 和 L_3 大于 0 的点。S_5 和 S_6 位于

L_1 下方，它们分别包括所有直线距离到 L_4 和 L_5 大于 0 的点。

另外，S_3 与 S_4 互斥，因为一个点不可能同时满足 S_3 与 S_4 的条件。同时，因为所有已经位于凸包中的点到 L_2 和 L_3 的距离都为负数，所以它们不可能满足 S_3 也不可能满足 S_4 的条件。

之前讨论的步骤中，我们需要先筛选出 S_i，将其和对应的直线一起传给子问题，然后子问题再在其中寻找最远的点。也就是说，我们需要写两个 for 循环，一个在原问题中负责筛选，一个在子问题中负责寻找最远点。我们可以利用点集合互斥的事实简化算法，让子问题同时负责筛选和找最远点。

简化后的算法如下。

（1）给定点集合和一条连接两个已知顶点的直线 AB 和布尔值 up。

（2）如果 up 为 True，在点集合中筛选出距离 AB 为正数的点，加入新的点集合 S，并记录最远的点，称之为 P。将 P 加入顶点集合。

（3）如果 up 为 False，在点集合中筛选出距离 AB 为负数的点，加入新的点集合 S，并记录最远的点，称之为 P。将 P 加入顶点集合。

（4）用 AP、S 和 PB、S 递归地寻找剩余顶点，子问题继承原问题的 up 值。边界条件为点集合为空。

如图 11-13 所示，第一步，将 L_1、S_1+S_2、up=True 和 L_1、S_1+S_2、up=False 分别传入递归算法。第二层递归时，传入的是 L_2、S_1、up=True，L_3、S_1、up=True，L_4、S_2、up=False 和 L_5、S_2、up=False。

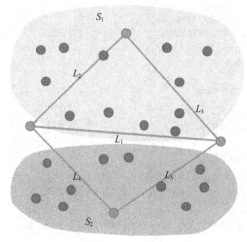

图 11-13　新步骤

代码如下：

```python
from math import sqrt
#输出包围pts的凸包
def quickHull(pts):
    if len(pts)<=3:                         #少于三点直接返回点集合
        return pts
    solution = []
    pts.sort(key=lambda x: x[0])            #点按x坐标排序
    A = pts[0]                              #最左点
    B = pts[-1]                             #最右点
    solution.extend([A,B])                  #将两点加入顶点集合
    helper(pts,A,B,True,solution)           #找出包围上凸包的点
```

```
        helper(pts,A,B,False, solution)          #找出包围下凸包的点
        return solution
#已知A、B为包围pts的凸包的其中两个顶点，找出剩余顶点
def helper(pts,A,B,up,solution):
    if len(pts) == 0:                            #边界条件
        return
    l = findLine(A,B)                            #连接AB
    newPts = []
    maxDist = 0
    Pmax = None                                  #目标顶点
    if up:                                       #如果点集合位于上半部分
        for p in pts:
            distance = findDist(l,p)             #p离AB的距离
            if distance > 0:                     #筛选条件为距离大于0
                newPts.append(p)
                if distance>maxDist:
                    maxDist = distance
                    Pmax = p
    else:                                        #如果点集合位于上半部分
        for p in pts:
            distance = findDist(l,p)
            if distance < 0:
                newPts.append(p)
                if distance<maxDist:
                    maxDist = distance
                    Pmax = p
    if Pmax:
        solution.append(Pmax)
        helper(newPts,A,Pmax,up, solution)       #递归AP
        helper(newPts,Pmax,B,up, solution)       #递归PB

#输出AB直线表达式的系数和常数
def findLine( A, B) :
    if(A[0] == B[0]):                            #如果AB是一条竖线
        return [1, A[0]]
    m = (B[1]-A[1])/(B[0]-A[0])                  #如果AB不是一条竖线，计算m和c
    c = A[1] - m*A[0]
    return [m, c]
#计算点p到线line的直线距离
def findDist(line, p):
    return (line[0]*p[0] - p[1] + line[1] ) / sqrt( line[0]*line[0] + 1)
```

运行示例：

```
solution = convexHull([[0,10],[0,-12],[-10,5],[10,3],[2,3],[5,4],[3,2]])
print (solution)
```

输出：

```
[[-10, 5], [10, 3], [0, -12], [0, 10]]
```

11.2.4 快速傅氏变换

快速傅氏变换简称 FFT，用于获得两个多项式的乘积，比如 $f(x)=1+5x+3x^2+2x^3$ 与 $g(x)=10+3x+x^5$ 的乘积为 $f(x)g(x)=10+53x+45x^2+29x^3+6x^4+x^5+5x^6+3x^7+2x^8$。

用暴力法计算两个多项式的乘积的时间复杂度为 $O(n^2)$ ，但用 FFT 算法的时间复杂度仅为 $O(n\lg n)$ ，n 为乘积的次数。

我们正式的问题为：给定两个多项式 $f(x)$ 与 $g(x)$ 的系数，输出 $f(x)g(x)$ 的系数。

比如：

输入：f(x) = [1,5,3,2], g(x) = [10,3,0,0,0,1]

输出：[10,53,45,29,6,1,5,3,2]

请注意在输入和输出中，如果某个 x^n 项为 0，则它的系数为 0。另外，系数的顺序从常数项开始，按照 x 的次数升序排序。

在理解 FFT 之前，我们需要先理解多项式的点值表示方式。一般情况下，我们都用系数表示多项式，比如[10,3,0,0,0,1]代表 $10+3x+x^5$ 。按照这个式子，我们能够画出一条独一无二的曲线。但是，除了系数表示方式，多项式还有一种表达方式叫作点值表示方式。

如果多项式的次数为 n ，那么多项式的点值表示为 $n+1$ 个相互独立的点值对。例如，因为 $10+3x+x^5$ 的次数为 5，所以它的点值表示就是 6 个相互独立的点值对。点值对就是曲线上的(x,y) 坐标。比如，$(1,14)$是$10+3x+x^5$ 的一个点，所以$(1,14)$是$10+3x+x^5$ 的一个点值对。

下面我们将系数表示转化成点值表示。

多项式：$y=10+3x+x^5$ 。

取 6 个点：$x=-2,-1,0,1,2,3$ 。

点值表示：$(-2,-28),(-1,6),(0,10),(1,14),(2,48),(3,262)$ 。

以上 6 个点值对是 $y=10+3x+x^5$ 的点值表示方式，因为没有第二个多项式同时穿过这 6 个点。

当两个多项式相乘时，我们只需相乘它们的点值对就可以获得乘积的点值表示。例如：

$$f(x) = 1+5x+3x^2+2x^3$$
$$g(x) = 10+3x+x^5$$

求 $f(x)g(x)$ 的点值表示。

取 9 个点：$x=-4,-3,-2,-1,0,1,2,3,4$ 。

计算点值对如下。

$f(x)$ ：$(-4,-99),(-3,-41),(-2,-13),(-1,-3),(0,1),(1,11),(2,39),(3,97),(4,197)$ 。

$g(x)$ ：$(-4,-1026),(-3,-245),(-2,-28),(-1,6),(0,10),(1,14),(2,48),(3,262),(4,1046)$ 。

点值乘积：$(-4,101574),(-3,10045),(-2,364),(-1,-18),(0,10),(1,154),(2,1872),(3,25414),(4,202122)$ 。

以上 9 个点值对就是乘积 $10+53x+45x^2+29x^3+6x^4+x^5+5x^6+3x^7+2x^8$ 的点值表示。

需要注意的是，我们在开始之前必须知道需要选择多少个点。也就是说，我们需要提前知道乘积的次数。多项式乘积的次数是两个多项式次数的和。比如如果 $f(x)$ 和 $g(x)$ 的次数分别为 3 和 5，那么它们的乘积的次数就是 3+5=8。

到目前为止，我们得到的结论是：计算两个多项式的点值表示，再将点值相乘，就能获得乘积的点值表示。我们只差一步就能得到答案：将乘积的点值表示转化为系数表示。

FFT 在解决多项式乘法问题中的作用有两个，一是将系数表示快速地转化为点值表示，二是将乘积的点值表示快速地转化为系数表示。FFT 算法是一个独立的算法，通过传入不同的参数，可以解决不同的问题。因此，解决第一部分和解决第二部分时我们需要向 FFT 方法传入不同的参数。

FFT 算法之所以快速，是因为它巧妙地选择了单位根为点。我们先来通过一个例子理解 FFT 怎样解决第一部分：将系数表示快速地转化为点值表示。

$$h(x) = a_0+a_1x+a_2x^2+a_3x^3+a_4x^4+a_5x^5+a_6x^6+a_7x^7$$

$h(x)$ 的系数表示为 $\left[a_0,a_1,a_2,a_3,a_4,a_5,a_6,a_7\right]$ 。

我们的目的是得到 $h(x)$ 的点值表示。最简单的方法是选择 8 个实数 x 值，代入 x 值得到 y 值。下面的方法是更加快速的 FFT 方法。

声明以下两个数组。

$[a_0, a_2, a_4, a_6]$ 包括偶数项的系数，也就是说对应的 x^n 项的 n 为偶数。

$[a_1, a_3, a_5, a_7]$ 包括奇数项的系数。

令 $h_1(x)$ 和 $h_2(x)$ 为次数为 3 的多项式：

$$h_1(x) = a_0 + a_2 x + a_4 x^2 + a_6 x^3$$
$$h_2(x) = a_1 + a_3 x + a_5 x^2 + a_7 x^3$$

注意到：

$$h(x) = h_1(x^2) + x h_2(x^2)$$
$$h(-x) = h_1(x^2) - x h_2(x^2)$$

这意味着，只要我们得到 $h_1(x^2)$ 和 $x h_2(x^2)$，就能同时得到 $h(x)$ 和 $h(-x)$。换句话说，我们为了得到 $h(x)$ 而计算的信息，可以被二次利用，用来计算 $h(-x)$。这样的话，我们付出一份时间能够得到两个值。

因此，我们理所当然地应该选择正负对称的点，比如，如果乘积的次数为 6，我们应选 $[-3,-2,-1,0,1,2,3]$ 为点。这样，计算 $f(1)$、$f(2)$、$f(3)$ 的同时即可得到 $f(-1)$、$f(-2)$、$f(-3)$。

读者可能会有疑问，我们并不是花了一份时间，而是两份时间，因为我们计算了 $h_1(x^2)$ 和 $h_2(x^2)$，这不是两次运算吗？

FFT 算法巧妙的地方就在于，我们可以递归地计算 $h_1(x^2)$ 和 $h_2(x^2)$，这导致它们的计算时间也被优化。

而唯一能够满足重复递归条件的，只有单位根。平方根能够满足在每一次递归时，传入的值都是正负对称的。

例如，令 8 个点为单位的 8 次根：$[1, \omega, i, \omega^3, -1, -\omega, -i, -\omega^3]$。$\omega$ 是第一个单位根，为 $2\sqrt{2} + 2\sqrt{2}i$。

在第二次递归的时候，我们会计算 $h_1(x^2)$，也就是 $h_1(1)$、$h_1(i)$、$h_1(-1)$、$h_1(-i)$ 的值。对我们有利的是，$[1, i, -1, -i]$ 是正负对称的。因此：

$$h_1(x) = a_0 + a_2 x + a_4 x^2 + a_6 x^3$$
$$h_{11}(x) = a_0 + a_4 x$$
$$h_{12}(x) = a_2 + a_6 x$$

并且：

$$h_1(x) = h_{11}(x^2) + x h_{12}(x^2)$$
$$h_1(-x) = h_{11}(x^2) - x h_{12}(x^2)$$

在第三次递归的时候，我们会计算 $h_{11}(x^2)$，也就是 $h_{11}(1)$ 和 $h_{11}(-1)$ 的值。同样的，$[1,-1]$ 是两个正负对称的数字。

在第四次递归的时候，因为只需要计算一个值，所以直接计算并输出答案即可。

接下来我们将子答案层层合并，得到 $h(x)$ 的点值表示。

在解决多项式乘法问题时，我们需要传入第二个多项式，将步骤重复一遍，得到第二个多项式的点值表示。

读者可能会觉得这样计算点值表示麻烦，不如随便选择几个点，将 x 值直接代入。但是，如果输入的多项式的项数更大，我们就可以清晰地发现用单元根的优势。更重要的是，我们还有另外一项工作需要单元根的帮助：将点值表示转化为系数表示。

在解释 FFT 算法怎样做第二项工作之前，我们先通过一个例子解释为什么实数不满足重复递归条件。

假设乘积的次数为 7，按照以上原则，我们选择的 8 个点应为 [-4，-3，-2，-1，1，2，3，4]。在第二次递归的时候，也就是计算 $h_1(x^2)$ 的时候（或者 $h_1(-x^2)$ 的时候，但是我们只看前者的情况就够了），我们想要得到 $h_1(1)$、$h_1(4)$、$h_1(9)$、$h_1(16)$ 的值。但是，我们没有办法继续优化这个过程，因为 1、4、9、16 全都是正数。毕竟传入的是实数的平方，所以我们不可能得到负数。

在做第一项工作的时候，我们用 n 个系数值求 n 个点值。现在做第二项工作，用 n 个点值求 n 个系数值。这两项工作看上去需要用到不同的方法，其实不然。

如方程所示，左边第一个矩阵代表单位根，第二个矩阵代表系数，右边的矩阵代表我们想要得到的点值。在求点值表示的时候，我们相当于在求两个矩阵的乘积。

$$\begin{bmatrix} 1 & 1 & 1 & \cdots & 1 \\ 1 & \omega & \omega^2 & \cdots & \omega^{n-1} \\ \vdots & \vdots & \vdots & \ddots & \vdots \\ 1 & \omega^{n-1} & \omega^{2(n-1)} & \cdots & \omega^{(n-1)^2} \end{bmatrix} \begin{bmatrix} a_0 \\ a_1 \\ \vdots \\ a_{n-1} \end{bmatrix} = \begin{bmatrix} y_0 \\ y_1 \\ \vdots \\ y_{n-1} \end{bmatrix}$$

现在，做第二项工作的时候，我们在两边同时乘以单元根矩阵的逆矩阵。得到：

$$\begin{bmatrix} a_0 \\ a_1 \\ \vdots \\ a_{n-1} \end{bmatrix} = \frac{1}{n} \begin{bmatrix} 1 & 1 & 1 & \cdots & 1 \\ 1 & \omega^{-1} & \omega^{-2} & \cdots & \omega^{-(n-1)} \\ \vdots & \vdots & \vdots & \ddots & \vdots \\ 1 & \omega^{-(n-1)} & \omega^{-2(n-1)} & \cdots & \omega^{-(n-1)^2} \end{bmatrix} \begin{bmatrix} y_0 \\ y_1 \\ \vdots \\ y_{n-1} \end{bmatrix}$$

$$n \begin{bmatrix} a_0 \\ a_1 \\ \vdots \\ a_{n-1} \end{bmatrix} = \begin{bmatrix} 1 & 1 & 1 & \cdots & 1 \\ 1 & \omega^{-1} & \omega^{-2} & \cdots & \omega^{-(n-1)} \\ \vdots & \vdots & \vdots & \ddots & \vdots \\ 1 & \omega^{-(n-1)} & \omega^{-2(n-1)} & \cdots & \omega^{-(n-1)^2} \end{bmatrix} \begin{bmatrix} y_0 \\ y_1 \\ \vdots \\ y_{n-1} \end{bmatrix}$$

右边的第一个矩阵里面是单位根的倒数，第二个矩阵里是已知的点值，左边的矩阵是我们想要得到的系数。

这意味着，求系数表示的时候，我们可以传入多项式：

$$f(x) = y_0 + y_1 x + y_2 x^2 + \cdots + y_{n-1} x^{n-1}$$

同时，让 $1, \omega^{-1}, \omega^{-2}, \cdots, \omega^{-(n-1)}$ 为点即可得到系数表示。再将得到的系数除以 n 就是最终答案。

用 FFT 解决多项式乘法的过程如下。

（1）根据乘积的次数计算对应的单位根。

（2）将单位根和系数表示传入 FFT 方法，递归地得到两个多项式的点值表示。

（3）将两个多项式的点值表示相乘，得到乘积的点值表示。

（4）将单位根的倒数和乘积的点值表示传入 FFT 方法，递归地得到乘积的系数表示。

有一点我们在写最终代码的时候需要特别注意。

因为我们需要递归地调用 FFT 方法，并且 FFT 方法要求传入的系数数组正负对称，所以我们需要保证每一次传入 FFT 方法的系数数组的长度为 2 的倍数。这意味着一开始的系数数组的长度应为 2 的平方。如果原数组的长度不是 2 的平方，我们应该在它的尾部填 0，直到它的长度变成 2 的平方。

比如，第一个多项式是 $f(x) = 1 + 4x - 9x^2$，第二个多项式是 $g(x) = -7 + 4x - 9x^2 + 9x^6$，它们的次数分别是 2 和 6，所以乘积的次数会是 8。乘积的点值数组的长度会是 9。

我们希望乘积的点值数组的长度是 2 的平方，也就是 16。因为在做第二项工作的时候，我们会将乘积的点值当作系数传入 FFT 方法中，而 FFT 方法要求传入的数组经过多次递归获得长度仍然是 2 的倍数。

因此，我们需要得到 16 个乘积的点值对。这意味着我们需要 16 个 $f(x)$ 的点值对和 16 个 $f(x)$ 的点值对，它们相乘的结果就是乘积的 16 个点值对。所以，$f(x)$ 的系数数组从[1,4,-9]变成 [1,4,-9,0,0,0,0,0,0,0,0,0,0,0,0,0]，同时 $g(x)$ 的系数数组从长度 7 的[-7,4,-9,0,0,0,9]变成长度 16 的 [-7,4,-9,0,0,0,9,0,0,0,0,0,0,0,0,0]。

代码如下：

```python
from cmath import pi
from cmath import exp
import numpy as np
#输出系数表示 A 所对应的点值表示
#w 为 A 数组长度所对应的单位根
def FFT(A,w):
    length = len(A)
    if length==1:                         #边界条件
        return [A[0]]                     #直接返回常数项
    else:
        A1 =[]                            #偶数次数项的系数
        A2 = []                           #奇数次数项的系数
        for i in range(0,length//2):      #length 肯定是 2 的倍数
            A1.append(A[2*i])
            A2.append(A[2*i+1])
        F1 = FFT(A1, w**2)
        F2 = FFT(A2,w**2)                 #计算 A1 与 A2 的点值表示
        x=1
        #默认 values 第 i 坐标上的是第 i 个单位根对应的 y 值
        values = [None for _ in range(length)]
        #通过 A1 和 A2 的点值表示计算 A 的点值表示
        for i in range(0,length//2):
            values[i]=F1 [i] + x*F2[i]
            values[i+length//2]= F1[i] - x*F2[i]
            x=x*w
        return values
#输出多项式 A、B 的乘积
def solver(A,B):
    #填充 0，将 A、B 的长度扩展到 2 的次数
    length = len(A)+len(B)-1
    n = 1
    while 2**n < length:
        n+=1
    length = 2**n
    A.extend([0]*(length-len(A)))
    B.extend([0]*(length-len(B)))

    w = exp(2*pi*1j/length)               #n 次的第一个单位根
    #通过 A、B 的点值表示，计算 A×B 的点值表示
    A_values = FFT(A,w)
    B_values = FFT(B,w)
    AB_values = [A_values[i]*B_values[i] for i in range(length)]
```

```
#将点值表示变成系数表示
    result = [round((x/length).real) for x in FFT(AB_values,w**-1)]
    while result[-1] == 0:                #将 result 尾部不必要的 0 删除
        del result[-1]
    print(result)
solver([1,5,3,2],[10,3,0,0,0,1])
```

输出：

```
[10,53,45,29,6,1,5,3,2]
```

11.3　小结

本章详细介绍了分治算法。分而治之是分治算法的主要思想。在解决问题的时候，首先判断问题是否能够被分成两个或者更多规模较小的独立子问题，这些子问题是否比原问题容易了一些，解决子问题的时候是否需要递归，以及解决子问题后是否能够合并出原问题的答案。如果答案是肯定的，那么这个问题就能够被分治算法解决。有些问题是能够被分治算法解决的，但是它们分割子问题的方式很独特，并不是简单地将数组分成两半。这时就需要读者发挥想象力，不断地尝试一些有创意的思路。

11.4　习题

1. 4 有四种划分方式：$1+1+1+1,1+1+2,1+3,2+2$。5 有六种划分方式：$1+1+1+1+1,1+1+1+2,1+1+3,1+2+2,1+4,3+2$。给定一个数字 n 和子集 $1,2,3,\cdots,n-1$，请用数组输出所有不同的划分方式。例如：

输入：4
输出：[[1,1,1,1], [1,1,2], [1,3], [2,2]]

2. 给定一个没有重复数字的数组，输出第 k 小的元素。例如：

输入：[2,1,3,4,5,0,9], 4
输出：3

输入：[6, -1, 4, 5, 2, -10], 2
输出：-1

3. 给定一个数组，输出拥有最大和的连续子数组。例如：

输入：[-1,2,3-1]
输出：[2,3]

输入：[2,3,-4,5,-1,-10,4,3]
输出：[4,3]

输入：[-1,-2]
输出：[-1]

4. 有 n 名选手参加一个进行 $n-1$ 天的比赛。每一名选手都需要和其他 $n-1$ 名选手进行一场比赛，且每位选手每天只进行一场比赛。请为比赛安排日程。输入 n，输出一个二维数组，令第 i 行、第 j 列的值代表第 i 个选手在第 j 天的比赛。

第 12 章
并查集

并查集是解决图的遍历问题的一种优化数据结构，在元素的划分和查找问题中，可以有效降低解决问题时的时间复杂度。

12.1　并查集介绍

并查集是一种表示不相交集合的数据结构。并查集由一组彼此之间元素各不相同的集合组成，常用于表示一组不相交元素构成的动态集合。

在并查集结构中，每个集合都有一个代表元素，用于表示该集合。代表元素可在集合内的元素中任意选取。

12.1.1　并查集的构造方法

并查集中包含 3 种基础操作，包括构建新的集合（MAKE-SET）、合并集合（UNION）和查找某个元素所在的集合（FIND-SET）。

设 x、y 分别为并查集中任意集合中的元素，则各操作详情如下：

（1）MAKE-SET(x)：构建新的集合。

在初始化阶段，需要将元素构建成并查集结构。在此过程中，为所有的元素都建立一个独立的集合，每个新集合中仅包含一个元素，即对于 MAKE-SET(x)过程，构建一个只包含 x 元素的集合。由于并查集中的各个集合不相交，因此，元素 x 不会出现在其他集合中。

（2）UNION(x,y)：合并两个集合。

该过程中，将 x 元素所在的集合 S_x 和 y 元素所在的集合 S_y 合并为一个新的集合。为了保持并查集中各个集合互不相交的特性，需要在完成合并后删除原集合 S_x 和 S_y，同时，从新集合 $S_x \cup S_y$ 中任意选取一个元素作为新集合的代表元素。

在实际操作中，为了提升执行效率，通常将其中一个集合并入另一个集合中来代替删除操作。

（3）FIND-SET(x)：查找某元素所在的集合。

在该过程中，给定元素 x，需要返回一个指针，该指针指向包含 x 的集合的代表。

12.1.2　并查集的应用

并查集常用于在无向图中查找连通分量，延伸应用包括朋友圈查找、犯罪团伙判断等。

在解决上述问题时，通过常规的图算法，如广度优先遍历、深度优先遍历等，也可以实现目标。那么，为什么又要引入并查集这种新型的数据结构呢？

因为，有些问题需要不断将集合合并，而且要不断查找某个元素是否在某个集合中。若用传统方式解决，一方面空间复杂度很高，需要消耗大量的存储空间；另一方面时间复杂度也很高，很难在短时间内获得结果，在处理较大规模的集合时甚至往往无法顺利解决问题。并查集利用其特有的结构特点，可以在构造并查集的过程中对结构进行优化，方便后续查找操作的进行，可有效减少对解决问题无帮助的内容的检索，有效提升了解决方案的执行效率，降低了算法的时间和空间复杂度。

下面，我们通过一个具体问题来说明并查集的应用：查找亲戚关系问题。

给定 n 个人，其中存在 m 对亲戚关系。在这里，亲戚关系统一遵循以下原则——若甲和乙是亲戚，乙和丙是亲戚，那么可知甲和丙也是亲戚关系。

根据上述条件，求给定的 k 对人员之间是不是亲戚关系。

如图 12-1 所示，9 个人（分别用 a、b、…、i 表示）存在 7 对亲戚关系，分别为(a,b)、(a,d)、(b,d)、(c,d)、(e,f)、(g,i)、(g,h)，求(a,c)和(b,g)之间是否存在亲戚关系。

图算法解题思路：构造图结构，用节点表示个人，用边表示人与人之间的亲戚关系，构造出包含 n=9 个节点和 m=7 条边的图。解决问题时，对 k=2 个要判断的关系，分别检查关联的两个人是否在一个连通子图上来判断他们是否存在亲戚关系，如图 12-1 所示。

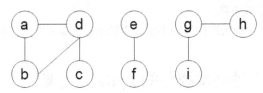

图 12-1　图算法解决查找亲戚关系示意图

图算法难点：若 n 和 m 过大，会导致图的构造和遍历过程占用大量的空间和时间，很难在可接受的时间内完成或者可能根本无法获得结果。另外，用图来解决该问题有些大材小用。例如，若给定的人数 n 较大，且已知的关系对 m 较大，则需要构建的图的规模就很大，而此时若要求的 k 对关系取值较小，则原本构建的很多关系是多余的，从而造成时间和空间资源的浪费。构造图的过程对求解时的图遍历过程没有助力，无法有效利用图构造过程中的信息来优化后续的关系求解问题。

并查集解决方案：引入并查集后，我们换一种解题思路，通过 MAKE-SET 构造并查集，通过 UNION 表示 n 个人之间的 m 对关系，之后通过 FIND-SET 判断 k 对亲戚关系。具体步骤如下：

先是通过 MAKE-SET 过程将所有 9 个人构造成 9 个独立集合，如表 12-1 所示。

表 12-1　　　　　　　　　　　　　　　并查集构建初始状态表

读入的关系	并查集构建情况							
初始状态	{a}	{b}	{c}	{d}	{e}	{f}	{g}	{h}	{i}

之后，不断遍历 7 条亲戚关系，每次迭代都通过 UNION 过程将有亲戚关系的两个集合进行合并，并随机选出两个集合中的一个代表作为新集合的代表。各 UNION 迭代之后的并查集状态如表 12-2 所示。处理完已知的 7 条关系，可获得 3 个互不相交的集合：{a,b,c,d}、{e,f}和{g,i,h}，与用图算法获取的连通子图结果一致。

表 12-2　　　　　　　　　　　　　　　迭代过程中并查集状态表

读入的关系	并查集构建情况							
初始状态	{a}	{b}	{c}	{d}	{e}	{f}	{g}	{h}	{i}
(a, b)	{a, b}		{c}	{d}	{e}	{f}	{g}	{h}	{i}
(a, d)	{a, b, d}		{c}		{e}	{f}	{g}	{h}	{i}

读入的关系	并查集构建情况							
(b, d)	{a, b, d}	{c}		{e}	{f}	{g}	{h}	{i}
(c, d)	{a, b, c, d}			{e}	{f}	{g}	{h}	{i}
(e, f)	{a, b, c, d}			{e, f}		{g}	{h}	{i}
(g, i)	{a, b, c, d}			{e, f}		{g,i}	{h}	
(g, h)	{a, b, c, d}			{e, f}		{g, i, h}		

获得最终的并查集结果后，可以进行(a,c)以及(b,g)两对关系是否为亲戚关系的判断。该操作等价于判断(a,c)两元素和(b,g)两元素是否在同一个集合中的问题。通过 FIND-SET 操作，分别定位元素 a、c、b、g 所在集合的代表元素，通过判断(a,c)两元素以及(b,g)两元素所在集合的代表元素是否相同即可分别判断它们是否属于一个子集，从而获知是否为亲戚关系。在本例中，若设定结果集合中的第一个元素为该集合的代表，则 a 和 c 所属集合的代表都是 a，说明两者在一个集合中，是亲戚关系；对于 b 和 g，由于 b 所属集合的代表是 a，而 g 所属集合的代表是 g，两者不相等，说明两者不在一个集合中，不是亲戚关系。

在查找过程中，可以记录每次迭代过程中所获得的当前元素的代表，对检索路径长度进行压缩，为后续查找提升效率。

12.1.3　并查集 3 种基本操作的 Python 实现

在实现过程中，维护两个数组分别保存各元素的所属集合的代表元素和集合的大小，分别用 fatherList 和 sizeList 表示。

MAKE-SET(x)过程，初始化每个节点的代表元素为自身，每个节点各自组成一个集合。

FIND-SET(x)过程，用递归的方式获取当前元素 x 所属集合的代表元素，同时在该过程中进行路径压缩。

UNION 过程，不断将两个集合进行合并，选择较大集合的代表元素作为新集合的代表元素，即修改较小集合中各个元素的代表元素信息，可减小改动量，提升操作效率。

并查集的 3 种基本操作代码：

```python
class Union_Find_Set(object):
    # 初始化
    def __init__(self, input):
        # 初始化两个列表
        self.fatherList = {}    # 保存元素所属集合的代表元素
        self.sizeList = {}      # 保存父节点包含的元素个数

        for x in input:
            self.make_set(x)

    # MAKE-SET 操作
    # 将节点的父节点设为自身，size 设为 1
    def make_set(self, x):
        self.fatherList[x] = x
        self.sizeList[x] = 1

    # FIND-SET 操作
    # 采用递归的策略定位父节点
    # 在父节点查找过程中，将当前节点连接到父节点上，进行路径压缩
```

```python
def find_set(self, x):
    father = self.fatherList[x]
    if(x != father): # 递归定位父节点
        father = self.find_set(father)
    self.fatherList[x] = father # 路径压缩
    return father


# UNION 操作
# 将 a 和 b 两个集合合并在一起
def union(self, a, b):
    if a is None or b is None:
        return

    a_father = self.find_set(a) # 获取两元素所在集合的代表元素
    b_father = self.find_set(b)

    if(a_father != b_father):
        a_size = self.sizeList[a_father] # 获取两元素所在集合的大小
        b_size = self.sizeList[b_father]
        if(a_size >= b_size): # 将规模较小的集合合并到规模较大的集合下面
            self.fatherList[b_father] = a_father
            self.sizeList[a_father] = a_size + b_size
            self.sizeList[b_father] = 0

        else:
            self.fatherList[a_father] = b_father
            self.sizeList[b_father] = a_size + b_size
            self.sizeList[a_father] = 0
```

12.2　朋友圈

朋友圈问题是并查集的一类经典应用。人与人之间的朋友关系可以用并查集结构进行表示和处理，利用并查集结构和基本算法，根据已知的朋友关系，可获取诸如朋友圈数量、朋友圈规模等信息，从而可以从中观察出朋友圈分布情况、社交网络中关键联络人情况、朋友圈中消息发布情况等信息，常用于流量统计、舆情控制等领域。

12.2.1　问题描述

我们来看一个关于朋友圈的具体问题，以及如何应用并查集结构和基本算法解决朋友圈相关的问题。

为了方便起见，我们沿用 12.1 节中亲戚关系中设定的模型。

已知有 9 个人（分别用 a,b,c,d,e,f,g,h,i 表示），他们之间的朋友关系如图 12-1 所示，即好友关系为：(a,b)、(a,d)、(b,d)、(c,d)、(e,f)、(g,i)、(g,h)。

根据上述条件，解决以下问题：

(a,c)是否在同一个朋友圈，(b,g)是否在同一个朋友圈。

12.2.2　问题分析

采用并查集算法解决该问题。利用并查集中的三种基本操作，按步骤构造并查集。

（1）初始化每个节点的代表为其本身（后面，把代表叫作"父节点"）。

利用 MAKE-SET 操作，将每个元素的父节点设置为其自身，即 a 的父节点为 a，b 的父节点为 b,…，如图 12-2 所示。

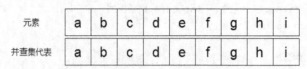

图 12-2　初始化后并查集状态示意图

（2）根据给定的好友关系(a,b)、(a,d)、(b,d)、(c,d)、(e,f)、(g,i)、(g,h)更新各个元素的父节点。

依次读入各好友关系，利用 UNION 操作，将具备好友关系的两个集合进行合并。为了减少需要查找和更新的元素数量，采用将规模较小的集合合并到规模较大的集合之上的策略。例如读入(a,b)后，首先获取两元素所在集合的代表元素，对比两者是否相等。在此处，两者不相等，将两元素所在的集合进行合并，如图 12-3 所示。

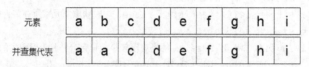

图 12-3　读入关系(a,b)后并查集状态示意图

合并完成后，并查集状态发生了改变，{a}和{b}合并到了一起，形成新的集合{a,b}，以元素 a 为代表。

同理，读入关系(a,d)后，根据将较小集合合并到较大集合中的策略，将集合{d}合并到{a,b}，同样以元素 a 为代表，如图 12-4 所示。

元素	a	b	c	d	e	f	g	h	i
并查集代表	a	a	c	a	e	f	g	h	i

图 12-4　读入关系(a,d)后并查集状态示意图

待所有关系处理完毕，最终形成的并查集结果为{a,b,c,d}、{e,f}和{g,h,i}，且全部完成了路径压缩，并查集状态如图 12-5 所示。

元素	a	b	c	d	e	f	g	h	i
并查集代表	a	a	a	a	e	e	g	g	g

图 12-5　所有关系处理完毕后并查集状态示意图

（3）并查集构造完成后，可以基于并查集结构解决题目中的问题。

确认两个人是否在同一个朋友圈问题，即为确认两个元素是否在一个并查集中。利用 FIND-SET(x)操作查找两个元素所属并查集的代表元素，若两代表元素相等，则两者在同一个集合中，两个人属于同一个朋友圈；否则，两者不在一个集合，两人不属于同一朋友圈。

12.2.3　代码

来看一下解决朋友圈问题的代码：

```
class Union_Find_Set(object):
    # 初始化
    def __init__(self, input):
        # 初始化两个列表
        self.fatherList = {}    # 保存元素所属集合的代表元素
        self.sizeList = {}      # 保存集合的元素个数

        for x in input:
            self.make_set(x)

    # MAKE-SET 操作
    # 将节点的父节点设为自身，size 设为 1
    def make_set(self, x):
        self.fatherList[x] = x
        self.sizeList[x] = 1

    # FIND-SET 操作
    # 采用递归的策略定位父节点
    # 在父节点查找过程中，将当前节点连接到父节点上，进行路径压缩
    def find_set(self, x):
        father = self.fatherList[x]
        if(x != father):              # 递归定位父节点
            father = self.find_set(father)
        self.fatherList[x] = father   # 路径压缩
        return father

    # 查看两个元素是不是在一个集合里面
    # 通过判断两个元素所在集合的代表元素（父节点）是否相等可获得结果
    def is_same_set(self, a, b):
        return self.find_set(a) == self.find_set(b)

    # UNION 操作
    # 将 a 和 b 两个集合合并在一起
    def union(self, a, b):
        if a is None or b is None:
            return

        a_father = self.find_set(a)           # 获取两元素所在集合的代表元素
        b_father = self.find_set(b)

        if(a_father != b_father):
            a_size = self.sizeList[a_father]  # 获取两元素所在集合的大小
            b_size = self.sizeList[b_father]
            if(a_size >= b_size):  # 将规模较小的集合合并到规模较大的集合下面
                self.fatherList[b_father] = a_father
                self.sizeList[a_father] = a_size + b_size
                self.sizeList[b_father] = 0
            else:
                self.fatherList[a_father] = b_father
                self.sizeList[b_father] = a_size + b_size
                self.sizeList[a_father] = 0
```

```
if __name__ == '__main__':
    # 输入各元素
    char = ['a', 'b', 'c', 'd', 'e', 'f', 'g', 'h', 'i']
    char_set = Union_Find_Set(char)
    # 输入各朋友关系
    char_set.union('a', 'b')
    char_set.union('a', 'd')
    char_set.union('b', 'd')
    char_set.union('c', 'd')
    char_set.union('e', 'f')
    char_set.union('g', 'i')
    char_set.union('g', 'h')

print('a和c是朋友: %s' %char_set.is_same_set('a', 'c'))  # True
print('b和g是朋友: %s' %char_set.is_same_set('b', 'g'))  # False
```

运行结果如下：

```
a和c是朋友: True
b和g是朋友: False
```

12.3　图的子元素

查找识别图的子元素（连通子图）是图算法中常用的操作，在现实中有广泛的应用，如欧拉提出的哥尼斯堡七桥问题，或者判断不同地理区域的连通性问题等，实质上都是确定图的子元素的问题。

12.3.1　问题描述

某公司中标了一个扶持贫困山区的道路畅通工程，需要把该地区附近未通车区域的道路进行铺设拓宽，打通整个地区的所有区域，使该地区各村庄之间彻底实现通车。

假设该地区的村庄数为 N，可通车道路数为 M，道路均为双向通车道路。该公司前期在做成本估算时，需要勘察整个区域，根据各个区域的道路连接情况确定需要铺设道路的数量。

给定 N 的取值为 7，分别用 A、B、C、D、E、F 和 G 表示该地区的 7 个村庄；M 取值为 3，具有可通车道路的村庄为(A,C)、(C,E)和(D,F)，采用并查集结构求解该公司最少需要铺设的道路的数量。

12.3.2　问题分析

该问题要求解连通任意两村庄所需铺设道路的最少条数，实质上是一个求解无向图的连通子图问题。该图以村庄为节点，以村庄之间的道路为边组成，最终求解的问题是要获取该图的连通子图个数。

若整个图为一个连通子图，即所有节点之间均相互可达，则表示各个村庄之间已经实现相互通车，此时不需要新修道路；若整个图由两个连通子图构成，则表示此区域中有两块子区域之间相互不能通车，此时需要在这两个子区域中修建一条道路即可打通所有村庄之间的通车道路。

以此类推，可以归纳出，若图中有 $n(n \geqslant 1)$ 个连通子图，则至少需要构建 $n-1$ 条道路，可以实现整个区域的通车。

根据以上分析，首先构建并查集。

（1）在初始阶段，通过 MAKE-SET 操作，将每个元素分别构造为一个集合，并查集状态如图 12-6 所示。

元素	A	B	C	D	E	F	G
并查集代表	A	B	C	D	E	F	G
元素个数	1	1	1	1	1	1	1

图 12-6　初始阶段并查集状态示意图

（2）读入第一条边(A,C)之后，将元素 C 所在的集合合并到元素 A 所在的集合中，以 A 为新集合的代表，并查集状态如图 12-7 所示。

元素	A	B	C	D	E	F	G
并查集代表	A	B	A	D	E	F	G
元素个数	2	1	0	1	1	1	1

图 12-7　读入(A,C)后并查集状态示意图

（3）读入第二条边(C,E)之后，将元素 E 所在的集合合并到集合{A,C}中，以 A 为新集合的代表，并查集状态如图 12-8 所示。

元素	A	B	C	D	E	F	G
并查集代表	A	B	A	D	A	F	G
元素个数	3	1	0	1	0	1	1

图 12-8　读入(C,E)后并查集状态示意图

（4）读入第三条边(D,F)之后，将元素 F 所在的集合合并到元素 D 所在的集合中，以 D 为新集合的代表，并查集状态如图 12-9 所示。

元素	A	B	C	D	E	F	G
并查集代表	A	B	A	D	A	D	G
元素个数	3	1	0	2	0	0	1

图 12-9　读入(D,F)后并查集状态示意图

至此，并查集结构构造完毕。

基于并查集状态信息，我们可以计算目前该图中的连通子图个数。

分析构建过程可知，在初始阶段，该图中的每个节点相互独立，此时图的连通子图个数即为图中节点数。每次新录入一条边，若此次新边的读入导致了 UNION 过程的发生，即可看作完成了两个独立的连通子图之间的连接，对应该状态的图中连通子图就应该减少一个。从上文中 UNION 过

程的实现中我们知道，每次 UNION 操作，规模较小的集合的代表对应的 sizeList 值均会重置为 0，表示该节点不再是集合的代表。对应的，sizeList 值不为 0 的元素，仍为某集合的代表，可以标识一个连通子图。

因此，根据并查集构造完成时对应的 sizeList 值，可以确定连通子图的数量。

获得连通子图数量 n 后，需要修路的数目即为 $n-1$。

12.3.3　代码

图的子元素的代码如下：

```python
class Union_Find_Set(object):
    # 初始化
    def __init__(self, input):
        # 初始化两个列表
        self.fatherList = {} # 保存元素所属集合的代表元素
        self.sizeList = {} # 保存集合的元素个数

        for x in input:
            self.make_set(x)


    # MAKE-SET 操作
    # 将节点的父节点设为自身，size 设为 1
    def make_set(self, x):
        self.fatherList[x] = x
        self.sizeList[x] = 1


    # FIND-SET 操作
    # 采用递归的策略定位父节点
    # 在父节点查找过程中，将当前节点连接到父节点上，进行路径压缩
    def find_set(self, x):
        father = self.fatherList[x]
        if(x != father): # 递归定位父节点
            father = self.find_set(father)
        self.fatherList[x] = father # 路径压缩
        return father


    # 根据 sizeList 取值计算图的子图个数
    # 通过累加 sizeList 的中取值大于 0 的元素数量可获得图的子图个数
    def get_component_count(self):
        count = 0
        for x in self.sizeList:
            if(self.sizeList[x] > 0):
                count += 1
        return count


    # UNION 操作
    # 将 a 和 b 两个集合合并在一起
    def union(self, a, b):
        if a is None or b is None:
            return
```

```
            a_father = self.find_set(a)  # 获取两元素所在集合的代表元素
            b_father = self.find_set(b)

            if(a_father != b_father):
                a_size = self.sizeList[a_father]  # 获取两元素所在集合的大小
                b_size = self.sizeList[b_father]
                if(a_size >= b_size):  # 将规模较小的集合合并到规模较大的集合下面
                    self.fatherList[b_father] = a_father
                    self.sizeList[a_father] = a_size + b_size
                    self.sizeList[b_father] = 0
                else:
                    self.fatherList[a_father] = b_father
                    self.sizeList[b_father] = a_size + b_size
                    self.sizeList[a_father] = 0

if __name__ == '__main__':
    # 输入各元素
    char = ['A', 'B', 'C', 'D', 'E', 'F', 'G']
    char_set = Union_Find_Set(char)
    # 输入各朋友关系
    char_set.union('A', 'C')
    char_set.union('C', 'E')
    char_set.union('D', 'F')

print('需要修%d条路' %(char_set.get_component_count()-1))
```

运行结果如下:

需要修 3 条路

12.4 小结

本章详细介绍了并查集结构及其 3 种基本操作: MAKE-SET(x)、UNION(x,y)和 FIND-SET(x),同时,通过朋友圈和连通子图的实例,讲解了并查集算法的实际应用策略。作为处理集合数据的一种高级数据结构,并查集是图结构的一种有效补充,在进行不相交集合的相关操作时,可以高效地获取计算结果。

12.5 习题

1. 给出 FIND-SET(x)的非递归算法。
2. 给出并查集结构的链表表示方式。
3. 估计并查集结构 3 种基本操作的时间复杂度。

第13章
最短路径算法

从手机导航到人工智能，最短路径问题（Shortest Path Problems）在我们生活中无处不在。在之前我们介绍了关于图的基本知识，包括权重、路径、有向图及无向图。这一章我们学习 4 个解决最短路径问题的算法。

13.1　戴克斯特拉算法

利用戴克斯特拉算法（Dijkstra's Algorithm），我们可以获得有向加权图中来源节点与所有其他节点的最短路径。来源节点指起点节点，在运行算法之前我们需要定义一个节点为来源节点。有向图意味着图中每一条边都标记方向。加权图意味着图中每条边都标有一个数值，这个数值可代表距离、时间、费用等。戴克斯特拉算法要求权重必须为正数，但并不是所有的最短路径算法都有此项要求。

图 13-1 为有向加权图，因为每一条边都标记着权重和方向。边可以为双向（如 AC），也可以为单向（如 AB）。戴克斯特拉算法同样适用于图 13-2，图中虽然没有标记方向，但我们视所有边为双向边。

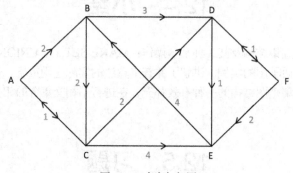

图 13-1　有向加权图

荷兰计算机科学家艾兹赫尔·戴克斯特拉在 1956 年提出了此算法。戴克斯特拉算法属于贪心算法，因为计算过程中它确保了局部最优解。戴克斯特拉算法的时间复杂度取决于如何实现，本章代码的时间复杂度为 $O(|v|^2)$，其中 $|v|$ 为节点数量。但是现实中如果用小堆来实现的话，算法的复杂度可以降低到 $O(|v|\lg|v|+|E|\lg|v|)$，其中 $|E|$ 为节点数量。

13.1.1　算法介绍

假设 A 是来源节点，戴克斯特拉算法计算从 A 到所有其余节点的最短路线。

第一步：设 A 的距离值为 0，其余节点的距离值为无限大。一个节点的距离值代表从起始节点到该节点的最短路线的长度。初始时，所有非 A 节点的距离值都为最大值，因为我们还没有开始规划任何路线。

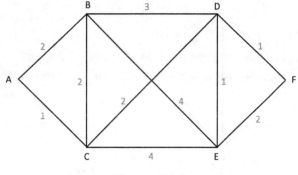

图 13-2　双向边

第二步：固定 A。固定一个节点代表该节点的距离值不会再改变。A 到自己的距离是 0，它的距离值肯定不会再改变。所有其余节点的距离值都还有缩小的空间，所以暂时不固定它们。在之后的每一个循环中，我们都会固定一个节点，它会是距离值最小的未固定节点。在第一次循环中，A 的距离值最小，所以我们固定了 A，如图 13-3 所示。

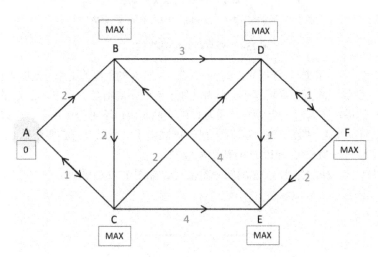

图 13-3　戴克斯特拉例图（1）

例表负责记录并更新所有节点的距离值，如图 13-4 所示。

步骤	A	B	C	D	E	F
1	0	MAX	MAX	MAX	MAX	MAX

图 13-4　戴克斯特拉例表（1）

第三步：松弛所有从 A 出发的边。以 AB 为例，松弛的意思是：如果 A 的距离值+AB 的权重<B 的距离值，则令 B 的距离值=A 的距离值+AB 的权重。

从 A 出发的有两条边，分别为 AB 与 AC。

松弛 AB：因为 0+2<MAX，所以 B 的新距离值=2。

松弛 AC：因为 0+1<MAX，所以 C 的新距离值=1。

更新后，如图 13-5 所示。

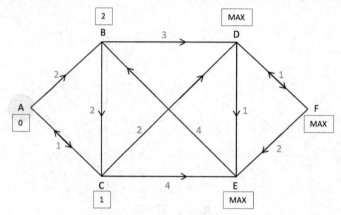

图 13-5　戴克斯特拉例图（2）

更新表格，标记 A 为 B 和 C 的前任节点，即 B、C 最短路径的上一点是 A，如图 13-6 所示。

步骤	A	B	C	D	E	F
1	0	MAX	MAX	MAX	MAX	MAX
2	0	A-2	A-1	MAX	MAX	MAX

图 13-6　戴克斯特拉例表（2）

第四步：选择表中距离值最小的未固定节点——C。虽然 A 的距离值更小，但是 A 已经被固定了。

我们可以肯定 C 的距离值不会再缩小，因为其他节点的距离值都等于或大于 C 的距离值，所以如果改变路线，C 的最短距离值只会增大。因为 C 的当前距离值不可能更小了，所以我们固定 C。

从 C 出发的边有：CA、CD、CE。因为 A 已经被固定了，所以没有必要松弛 CA。

松弛 CD：因为 1+2<MAX，所以 D 的新距离值=3。

松弛 CE：因为 1+4<MAX，所以 E 的新距离值=5，如图 13-7 所示。

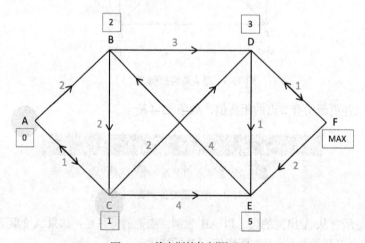

图 13-7　戴克斯特拉例图（3）

例表中 A 与 C 已被固定，如图 13-8 所示。

第五步：选择表中未固定距离值最小的节点——B。固定 B。

步骤	A	B	C	D	E	F
1	0	MAX	MAX	MAX	MAX	MAX
2	0	A-2	A-1	MAX	MAX	MAX
3	0	A-2	A-1	C-3	C-5	MAX

图 13-8　戴克斯特拉例表（3）

从 B 出发的边有：BD、BC。节点 C 已被固定，所以跳过 BC。

松弛 BD：因为 2+3>3，所以不更新 D，如图 13-9 和图 13-10 所示。

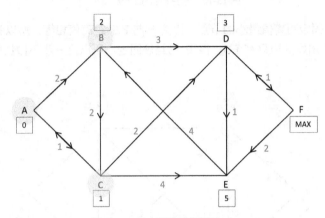

图 13-9　戴克斯特拉例图（4）

步骤	A	B	C	D	E	F
1	0	MAX	MAX	MAX	MAX	MAX
2	0	A-2	A-1	MAX	MAX	MAX
3	0	A-2	A-1	C-3	C-5	MAX
4	0	A-2	A-1	C-3	C-5	MAX

图 13-10　戴克斯特拉例表（4）

第六步：固定 D，松弛 DE、DF。

松弛 DE：因为 3+1<5，所以 E 的新距离值=4。

松弛 DF：因为 3+1<MAX，所以 F 的新距离值=4，如图 13-11 和图 13-12 所示。

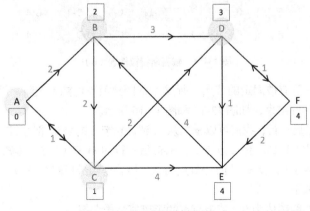

图 13-11　戴克斯特拉例图（5）

步骤	A	B	C	D	E	F
1	0	MAX	MAX	MAX	MAX	MAX
2	0	A-2	A-1	MAX	MAX	MAX
3	0	A-2	A-1	C-3	C-5	MAX
4	0	A-2	A-1	C-3	C-5	MAX
5	0	A-2	A-1	C-3	D-4	D-4

图 13-12　戴克斯特拉列表（5）

第七步：选择未固定距离值最小的节点。因为 E 与 F 的距离值相等，所以我们可以任选其一。选择并固定 E。从 E 出发的边只有 EB，但 B 已经被固定，所以这一步不做任何松弛，如图 13-13 和图 13-14 所示。

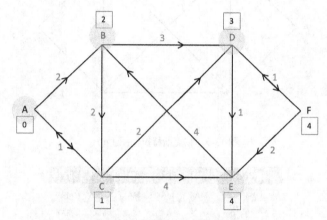

图 13-13　戴克斯特拉例图（6）

步骤	A	B	C	D	E	F
1	0	MAX	MAX	MAX	MAX	MAX
2	0	A-2	A-1	MAX	MAX	MAX
3	0	A-2	A-1	C-3	C-5	MAX
4	0	A-2	A-1	C-3	C-5	MAX
5	0	A-2	A-1	C-3	D-4	D-4
6	0	A-2	A-1	C-3	D-4	D-4

图 13-14　戴克斯特拉例表（6）

第八步：F 为唯一没有被固定的节点，所以 F 的距离值不可能再更新。固定 F，因为所有节点都被固定，所以算法到此结束，如图 13-15 和图 13-16 所示。

通过图 13-16 的最后一行，我们可以推出从 A 到任意节点的最短路线。以 A 到 F 为例，从最后一行的 F 格（D-4）得知 F 的前任节点为 D，从最后一行的 D 格（C-3）得知 D 的前任节点为 C，从最后一行的 C 格（A-1）得知 C 的前任节点为 A，最后得到最短路线 A→C→D→F。

戴克斯特拉算法如下：

（1）设来源节点的距离值为 0，其余节点的距离值为最大值。

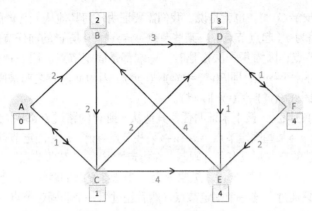

图 13-15 戴克斯特拉例图（7）

步骤	A	B	C	D	E	F
1	0	MAX	MAX	MAX	MAX	MAX
2	0	A-2	A-1	MAX	MAX	MAX
3	0	A-2	A-1	C-3	C-5	MAX
4	0	A-2	A-1	C-3	C-5	MAX
5	0	A-2	A-1	C-3	D-4	D-4
6	0	A-2	A-1	C-3	D-4	D-4
7	0	A-2	A-1	C-3	D-4	D-4

图 13-16 戴克斯特拉例表（7）

（2）选择并固定距离值最小的非固定节点。

（3）依次松弛起点为当前节点的所有边，跳过终点已被固定的边。

（4）重复（2）~（4）至所有节点都被固定。

当我们的目的不是获得来源节点到所有节点的最短路线，而只是到某个指定节点的最短路线时，比如从 A 到 D 的最短路线时，我们不必等所有节点都被固定时再结束算法，而是在指定节点 D 被固定时就可直接结束算法。

13.1.2　算法证明

我们通过数学归纳法证明戴克斯特拉算法的正确性。

需要证明的是：当节点 v 被固定时，v 已经找到了从来源节点出发的最短路线。

因为在算法结束后所有节点都被固定，所以如果我们证明成功，那么来源节点到所有节点的路线都是正确的最短路线。

证明第一步：初始时只有来源节点被固定，来源节点的最短路线就是原地不动。这肯定是正确的路线。

证明第二步：假定在第 k 次循环后，已被固定的 k 个节点已经找到了正确的最短路线。换句话说，一直到第 k 次循环，假定算法做的每一个决定都是正确的。

证明第三步：来观察第 $k+1$ 次循环。我们知道算法固定了一个距离值最小的非固定节点，称这个节点为 v^*。

用 $P(v^*)$ 表示 v^* 的当前路线，$C(v^*)$ 表示 v^* 的正确最短路线。

我们需要证明 $P(v^*)=C(v^*)$。也就是说，我们需要证明任何其他从 s 到 v^* 的路线都比 $P(v^*)$ 长。

假设 $P(v^*)$ 的线路为 s（起点节点）$\rightarrow$ 某些节点 $\rightarrow v \rightarrow v^*$。$v$ 是 v^* 的前任节点。算法保证了 $P(v^*)$ 中只有 v^* 是非固定节点，因为每一次松弛时，一端都是固定节点。用 $|P(v^*)|$ 表示 $P(v^*)$ 的长度，$|P(v^*)|=|s\rightarrow$ 某些节点 $\rightarrow v|+|v\rightarrow v^*|$，即 $|P(v^*)|=|P(v)|+|(v,v^*)|$。因为 v 在 v^* 之前被固定，所以根据第二步的假定，$P(v)=C(v)$。因此 $|P(v^*)|=|C(v)|+|(v,v^*)|$。

我们得到了 $P(v^*)$ 的长度，接下来证明任何其他从 s 到 v^* 的路线 P 都比 $P(v^*)$ 长。

令随机路线 P 为 $s\rightarrow$ 某些固定节点 $\rightarrow u \rightarrow w \rightarrow$ 某些节点 $\rightarrow v^*$，u 是固定节点，w 是非固定节点，而用"某些节点"代替的节点则没有条件限制。在指定情况下，"某些节点"与"某些固定节点"可以为空，s 可以等于 u，w 可以等于 v^*。想象 P 是一条错综复杂的路线。这条路线首先通过一组固定节点，当然也可能只通过 s 这一个固定节点，然后经过第一个非固定节点 w，之后可能穿过一些固定节点，也可能穿过一些非固定节点，还可能穿过一些固定节点后再穿过一些非固定节点，也可以直接连接 v^*，总之 P 路线有无数可能。最终 P 抵达 v^*。虽然看上去 P 是一条很特殊的路线，但是如果在图中随便选择一条从 s 到 v^* 的路线，P 一定包括它。

P 的长度是 $|P|=|P(u)|+|(u,w)|+|w\rightarrow$ 某些节点 $\rightarrow v^*|$。因为图中权重不能为负，所以 $|w\rightarrow$ 某些节点 $\rightarrow v^*|$ 一定大于等于 0。

因此 $|P|\geq|P(u)|+|(u,w)|$。又因为 u 是固定节点，所以 $|P|\geq|C(u)|+|(u,w)|$

到目前为止我们有两个重要的结果：

$$|P|\geq|C(u)|+|(u,w)| \tag{13-1}$$

$$|P(v^*)|=|C(v)|+|(v,v^*)| \tag{13-2}$$

因为 w 是未固定节点，所以在第 $k+1$ 次循环时，它也是固定节点的候选之一。然而，v^* 被选中固定而 w 没有，说明 w 的距离值比 v^* 的距离值大。w 的距离值正是 $|C(u)|+|(u,w)|$，而 v^* 的距离值正是 $|C(v)|+|(v,v^*)|$。

所以我们得到不等式：

$$|C(v)|+|(v,v^*)|\leq|C(u)|+|(u,w)| \tag{13-3}$$

结合以上 3 个等式，我们得出 $|P(v^*)|\leq|P|$。

因为 P 可以是任何从 s 到 v^* 的路线，所以我们证明了 $P(v^*)$ 比任何其他从 s 到 v^* 的路线都短或一样短。因此，$P(v^*)$ 是正确的。我们证明了在第 $k+1$ 次循环中，被固定的节点肯定找到了最短路线。

证明第四步：如果前 k 次循环算法正确，那么第 $k+1$ 次循环算法一定正确。因为第一次循环算法正确，所以算法正确。

13.1.3　算法代码

我们创建 1 个图类和 7 个子方法。我们的想法是先创建出图的对象，再在图上运行戴克斯特拉算法。

```python
import sys
#创建图类，图由节点集和边集定义
#子方法包括：添加边，输出路线，输出相邻节点，检查无负权重，输出最小未固定节点
#创建图后调用dijkstra方法
class Graph():
    def __init__(self):
        self.vertices = {}                      #节点
        self.edges = []                         #边
    #添加边（起点，终点，权重，双向布尔值）
    def addEdge(self, start, end, dist, biDirectFlag = True):
```

```python
    if biDirectFlag:                                    #双向边
      self.edges.extend([[start, end, dist],[end, start, dist]])
    else:
      self.edges.append([start, end, dist])


#输出节点合集
def getVertices(self):
    return set(sum(([edge[0], edge[1]] for edge in self.edges), []))


#输出所有节点的最短路径和路径距离
def printSolution(self, dist, predecessór):
    for v in self.vertices :
      path = self.getPath(predecessor, v)
      print (self.src, "to ", v, " - Distance: ", dist[v], " Path :", path)


#输出 v 节点的最短路径
def getPath(self,predecessor, v):
    pred = predecessor[v]
    path = []
    path.append(v)
    while (pred!= None):
    path.append(pred)
    pred = predecessor[pred]
  path.reverse()
  return(path)


#返回 vertice 节点的相邻节点集
def getNeighbours(self,vertice):
  neighbours = []
  for edge in self.edges:
    if edge[0] == vertice:
      neighbours.append([edge[1],edge[2]])      #节点，距离
  return (neighbours)


#输出 tempVertices 中距离值最小的非固定节点
def getCurrentV(self, tempVertices, dist):
  if len(tempVertices) == 0: return None
  return (min(tempVertices, key=lambda v: dist[v]))


#输出图中是否有权重为负的边，没有返回 False
def checkForNegativeWeights(self):
  for edge in self.edges:
    if edge[2]<0:
      return True
  return False


#最短路径算法，输出从 src 起始的，到所有节点的最短路线
 def dijkstra(self, src):
   if (self.checkForNegativeWeights()):
     print("权重不能为负")
     return

   self.src = src                                #来源节点
   self.vertices = self.getVertices()            #节点集合
```

```
                    dist = {v: sys.maxsize for v in self.vertices}    #初始距离值为最大数
                    dist[src] = 0
                    predecessor = {
                       v: None for v in self.vertices                 #初始前任节点为None
                    }
                    tempVertices = self.vertices.copy()               #未固定节点集合，初始为所有节点
                    currentV = src

                    while len(tempVertices)> 0:                       #循环至所有节点都被固定
                       neighbours = self.getNeighbours(currentV)

                       for n in neighbours:                           #松弛
                         if n[0] in tempVertices and dist[currentV] + n[1] < dist[n[0]]:
                             dist[n[0]] = dist[currentV] + n[1]
                             predecessor[n[0]] = currentV
                       tempVertices.remove(currentV)                  #固定当前节点
                       currentV = self.getCurrentV(tempVertices, dist)  #更新当前节点

                    self.printSolution (dist, predecessor)            #输出结果
```

以上为算法代码，以下为实现例图：

```
graph = Graph()                                       #创建对象

graph.addEdge("a", "b", 2, False)                     #单向边
graph.addEdge("a", "c", 1, True)                      #双向边
graph.addEdge("b", "d", 3, False)
graph.addEdge("d", "f", 1, True)
graph.addEdge("f", "e", 2, False)
graph.addEdge("c", "e", 4, False)
graph.addEdge("b", "c", 2, False)
graph.addEdge("e", "b", 4, False)
graph.addEdge("d", "e", 1, False)
graph.addEdge("c", "d", 2, False)

graph.dijkstra("a")                                   #来源节点是a
```

以下为输出结果：

```
a to  e  - Distance:  4  Path : ['a', 'c', 'd', 'e']
a to  c  - Distance:  1  Path : ['a', 'c']
a to  d  - Distance:  3  Path : ['a', 'c', 'd']
a to  a  - Distance:  0  Path : ['a']
a to  f  - Distance:  4  Path : ['a', 'c', 'd', 'f']
a to  b  - Distance:  2  Path : ['a', 'b']
```

13.2　贝尔曼-福特算法

　　贝尔曼-福特算法与戴克斯特拉算法相似，它被用于寻找有向加权图中来源节点到所有其他节点的最短路线。两个算法不同的一点是后者要求权重不为负，而前者则没有此要求。不过注意，虽然贝尔曼-福特算法中权重可为负，但是它要求图中不存在负权回路，因为反复遍历回路可令距离值不断缩小，因此陷入无限循环，例如，图 13-17 中的两个图不满足条件。

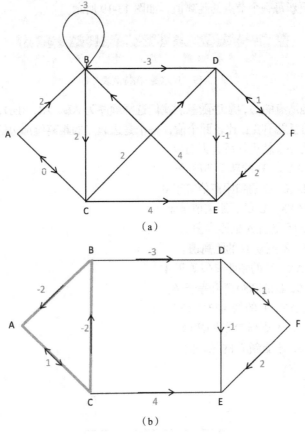

（a）

（b）

图 13-17　不满足要求的图

　　戴克斯特拉算法每一次都选取距离值最小的未固定节点，将其边进行松弛，而贝尔曼-福特算法只是简单地对所有边进行 n-1 次松弛，n 为节点数量。

　　因为更简单，所以贝尔曼-福特算法的时间复杂度高于戴克斯特拉算法。它的时间复杂度为 $O(|v||E|)$，$|v|$ 为节点数量，$|E|$ 为边数量。

13.2.1　算法介绍

　　第一步：选择 A 为来源节点。设 A 的距离值为 0，其余节点的为最大值，如图 13-18 所示。

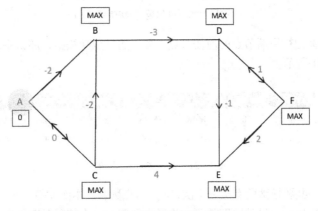

图 13-18　贝尔曼-福特例图（1）

用例表来记录并更新每一个节点的距离值，如图 13-19 所示。

STEP	A	B	C	D	E	F
1	0	MAX	MAX	MAX	MAX	MAX

图 13-19　贝尔曼-福特例表（1）

第二步：依次松弛所有的边，顺序随意。我们选择顺序为 AB、AC、BD、CA、CB、CE、DE、DF、FD、FE。松弛的意思不变：比较两个值，一个是边起点的距离值加边的权重，另一个是边终点的距离值。如果前者小，就更新后者为前者。

松弛 AB：0+-2<MAX，B 的新距离值等于-2。

松弛 AC：0+0<MAX，C 的新距离值等于 0。

松弛 BD：-2-3<MAX，D 的新距离值等于-5。

松弛 CA：0+0=0，不更新 A 的距离值。

松弛 CB：0-2=-2，不更新 B 的距离值。

松弛 CE：0+4<MAX，E 的新距离值等于 4。

松弛 DE：-5-1<-6，E 的新距离值等于-6。

松弛 DF：-5+1<MAX，F 的新距离值等于-4。

松弛 FD：-4+1>-5，不更新 D 的距离值。

松弛 FE：-4+2>-6，不更新 E 的距离值。

松弛后如图 13-20 所示。

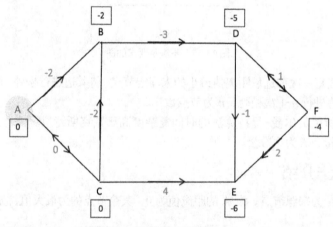

图 13-20　贝尔曼-福特例图（2）

在列表里我们标记被更新节点的前任节点。如果边被成功松弛，那么将边终点的前任节点改为边起点，如图 13-21 所示。

STEP	A	B	C	D	E	F
1	0	MAX	MAX	MAX	MAX	MAX
2	0	A--2	A-0	B--5	D--6	D--4

图 13-21　贝尔曼-福特例表（2）

第三步：我们一共要松弛所有边 $n-1$ 次，n 为节点数量。本例 n 等于 6，所以我们一共要松弛 5 次。现在进行第二次松弛。松弛顺序随意，为了方便我们一直使用顺序 AB、AC、BD、CA、CB、

CE、DE、DF、FD、FE。

　　松弛 AB：0+2>-2，不更新 B 的距离值。

　　松弛 AC：0+0=0，不更新 C 的距离值。

　　松弛 BD：-2-3=-5，不更新 D 的距离值。

　　松弛 CA：0+0=0，不更新 A 的距离值。

　　松弛 CB：0-2=-2，不更新 B 的距离值。

　　松弛 CE：0+4>-6，不更新 E 的距离值。

　　松弛 DE：-5-1=-6，不更新 E 的距离值。

　　松弛 DF：-5+1=-4，不更新 F 的距离值。

　　松弛 FD：-4+1>-5，不更新 D 的距离值。

　　松弛 FE：-4+2>-6，不更新 E 的距离值。

　　第二次松弛过后的例图没有改变，如图 13-22 和图 13-23 所示。

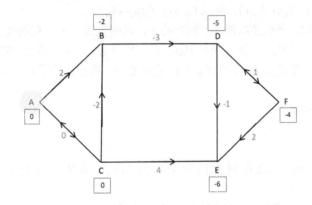

图 13-22　贝尔曼–福特例图（3）

STEP	A	B	C	D	E	F
1	0	MAX	MAX	MAX	MAX	MAX
2	0	A--2	A-0	B--5	D--6	D--4
3	0	A--2	A-0	B--5	D--6	D--4

图 13-23　贝尔曼–福特例表（3）

　　第四步：两次连续得到了同样的结果，意味着当前结果已是最终结果。

　　利用例表 3 的最后一行查询来最短路线。以 AF 为例，F 的前任节点是 D，D 的前任节点是 B，B 的前任节点是 A，所以 AF 的最短路线是 A→B→D→F，路线距离为-4。

　　我们总结贝尔曼–福特算法如下。

　　（1）选择来源节点，设来源节点距离值为 0，其余节点距离值为最大值。

　　（2）依次松弛所有边。

　　（3）重复上一步 $n-2$ 次，n 为节点数量，直到两次连续得到同样的结果。

13.2.2　算法证明

　　我们依然用数学归纳法来证明贝尔曼–福特算法的正确性。

　　设 s 为来源节点，v 为任意节点。令 $P_k(v)$ 代表第 k 次松弛后 s 到 v 的路线，$C_k(v)$ 代表最多经过 k 条边的，从 s 到 v 的正确最短路线。

证明：在第 k 次松弛后，$P_k(v)=C_k(v)$。

如果证明成功，在第 $n-1$ 次松弛后，$P_{n-1}(v)$ 肯定是最多经过 $n-1$ 条边的最短路线。因为图中没有负回路，所以最短路线最多经过 $n-1$ 条边，因此，最多经过 $n-1$ 条边的最短路线就是最后的正确最短路线。

证明第一步：当 k 为 0 时，所有节点的路线都未明确，也就是说，$P_0(v)=$空，v 为任何节点。初始情况满足条件，因为 $C_0(v)=$空，毕竟图中没有经过 0 条边的路线。

证明第二步：假定 $P_k(v)=C_k(v)$，v 为任意节点，也就是说，假定从开始一直到第 k 次松弛，算法都做了正确的决定。这意味着在第 k 次松弛后，从 s 到任何 v 的路线都是正确的最多通过 k 条边的最短路线。

证明第三步：证明 $P_{k+1}(v)$ 是最多通过 $k+1$ 条边的正确路线。也就是说，证明 $P_{k+1}(v)=C_{k+1}(v)$。

假设 $C_{k+1}(v)=s\rightarrow$（某些节点）$\rightarrow u\rightarrow v$，$u$ 是 v 在这条最佳路径上的前任节点。因为最佳路径中的子路径一定也是最佳的，所以我们知道 $s\rightarrow$（某些节点）$\rightarrow u=C_k(u)$，所以，$C_{k+1}(v)=C_k(u)\rightarrow v$。由于我们在第二步假定了 $P_k(u)=C_k(u)$，所以 $C_{k+1}(v)=P_k(u)\rightarrow v$。

在第 $k+1$ 次松弛时，我们依次松弛了所有的边，其中包括 $u\rightarrow v$。在松弛 uv 的过程中，我们对比了两个路线，第一个是 $P_k(v)$，第二个是 $P_k(u)\rightarrow v$，然后令 $P_{k+1}(v)$ 为两者中较短的那个路线，这是松弛的定义。第二个选择 $P_k(u)\rightarrow v$ 等于 $C_{k+1}(v)$，也就是说，算法比较了 $P_k(v)$ 和 $C_{k+1}(v)$。我们需要证明算法令 $P_{k+1}(v)=C_{k+1}(v)$。

一共有以下两种可能：

（1）$P_k(v)=C_{k+1}(v)$。

（2）$P_k(v)\neq C_{k+1}(v)$。

如果 $P_k(v)=C_{k+1}(v)$，那么被对比的两个选择相同，选哪个都是一样的效果，算法令 $P_{k+1}(v)=P_k(v)=C_{k+1}(v)$。

如果 $P_k(v)\neq C_{k+1}(v)$，我们需要证明在所有情况下，$C_{k+1}(v)<P_k(v)$，只有那样算法才会令 $P_{k+1}(v)=C_{k+1}(v)$。以下是证明：因为 $C_{k+1}(v)\neq P_k(v)$，所以 $C_{k+1}(v)$ 比 $P_k(v)$ 多了一条边 uv，而 uv 的权重一定为负，所以 $C_{k+1}(v)<P_k(v)$。如果 uv 的权重不为负，那么算法在上一次循环时就不会更新 $C_k(v)$ 增长路线，而如果不增长路线，即 $C_{k+1}(v)=C_k(v)=P_k(v)$，我们就会回到第一种情况。

因此，不论是哪一种可能，我们都可以肯定 $P_{k+1}(v)=C_{k+1}(v)$。也就是说，如果从开始到第 k 次松弛算法都做了正确的决定，那么在第 $k+1$ 次松弛中，算法也一定会做出正确的决定。

证明第四步：如果 $P_k(v)=C_k(v)$，那么 $P_{k+1}(v)=C_{k+1}(v)$。因为 $P_0(v)=C_0(v)$，所以所有 $P_k(v)$,$k>0$ 都成立，包括 $P_{n+1}(v)$。

我们证明了在 $n-1$ 次松弛后，所有节点的最短路线为正确的最短路线。

13.2.3 算法代码

与戴克斯特拉算法相似，我们首先定义图类与构件图的子方法。主方法是 bellmanFord()，其中我们松弛边集合 $n-1$ 次，n 为节点数量。我们也可以加一个判断条件，让程序在特定的情况下提前终止，但是一般来说，直接松弛 $n-1$ 次更方便。最后我们通过前任节点字典获得每一个节点从来源节点开始的最短路线。

```python
import sys
#创建图类，先创建图类对象再运行 bellmanford 方法
class Graph():                                          #创建图类

    def __init__(self):
        self.vertices = {}                              #顶点
```

```
            self.edges = []                                     #边
#添加边（起点，终点，权重，双向布尔值）
    def addEdge(self, start, end, dist, biDirectFlag = True,):

      if biDirectFlag:                                          #双向边
        self.edges.extend([[start, end, dist],[end, start, dist]])
      else:                                                     #单向边
        self.edges.append([start, end, dist])

    #输出节点集合
    def getVertices(self):
      return set(sum( ([edge[0], edge[1]] for edge in self.edges), [] ))

    #输出所有节点的最短路径和路径距离
    def printSolution(self, dist, predecessor):
      for v in self.vertices :
        path = self.getPath(predecessor, v)                     #最短路线
        print (self.src, "to ", v, " - Distance: ", dist[v], " Path - :", path)
    #输出 v 节点的最短路线
    def getPath(self,predecessor, v):
      pred = predecessor[v]
      path = []
      path.append(v)
      while (pred!= None):
        path.append(pred)
        pred = predecessor[pred]
      path.reverse()
      return(path)
    #最短路径算法
    def bellmanFord(self, src):
      self.src = src
      self.vertices = self.getVertices()

      dist = {v: sys.maxsize for v in self.vertices} #距离值字典
      dist[src] = 0
      predecessor = {                               #前任节点字典
        v: None for v in self.vertices
      }

      for i in range(len(self.vertices)-1):          #遍历 n-1 遍
        for edge in self.edges:                       #松弛所有边
          if dist[edge[0]] + edge[2] < dist[edge[1]]:
            dist[edge[1]] = dist[edge[0]] + edge[2]
            predecessor[edge[1]]= edge[0]

      self.printSolution (dist, predecessor)
```

以上为算法代码。以下为实现例图：

```
graph = Graph()
graph.addEdge("a", "b", 2, False)
graph.addEdge("a", "c", 0, True)
graph.addEdge("c", "b", -2, False)
graph.addEdge("b", "d", -3, False)
graph.addEdge("c", "e", 4, False)
graph.addEdge("d", "e", -1, False)
graph.addEdge("d", "f", 1, True)
```

```
graph.addEdge("e", "f", 2, False)

graph.bellmanFord("a")
```
输出结果：
```
a to e - Distance: -6 Path - : ['a', 'c', 'b', 'd', 'e']
a to c - Distance: 0 Path - : ['a', 'c']
a to a - Distance: 0 Path - : ['a']
a to b - Distance: -2 Path - : ['a', 'c', 'b']
a to f - Distance: -4 Path - : ['a', 'c', 'b', 'd', 'f']
a to d - Distance: -5 Path - : ['a', 'c', 'b', 'd']
```

13.3　弗洛伊德算法

通过弗洛伊德算法（Floyd Algorithm），我们可以获得有向加权图中所有节点对的最短路线。与戴克斯特拉算法不同的是，第一，弗洛伊德算法不设定来源节点；第二，弗洛伊德算法图中权重可为负。弗洛伊德算法唯一的条件是不能有权重为负的回路。

弗洛伊德算法的时间复杂度为 $O(|v|^3)$，其中 $|v|$ 为节点数量。

13.3.1　算法介绍

第一步：创建两个矩阵：D 和 P。这里我们用 $D[i][j]$ 代表从 i 节点到 j 节点的最短距离，$P[i][j]$ 代表从 i 节点到 j 节点的最短路线中经过的第一个节点。

如果节点 i、j 相连，$D[i][j]$ 初始值为共享边的权重。如果节点 i、j 不相连，$D[i][j]$ 初始值为最大值。另外，$D[i][i]$ 为 0，也就是说，从节点到自身的距离为 0。

$P[i][j]$ 的初始值为 j，因为从 i 到 j 的初始路线为 $i{\to}j$，j 是路线经过的第一个节点，如图 13-24 所示。

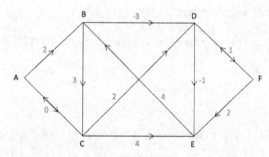

图 13-24　弗洛伊德例图（1）

以下是初始时的 D 矩阵和 P 矩阵，如图 13-25 所示。

D	A	B	C	D	E	F
A	0	2	0	MAX	MAX	MAX
B	MAX	0	3	-3	MAX	MAX
C	0	MAX	0	2	4	MAX
D	MAX	MAX	MAX	0	-1	1
E	MAX	4	MAX	MAX	0	MAX
F	MAX	MAX	MAX	1	2	0

P	A	B	C	D	E	F
A	A	B	C	D	E	F
B	A	B	C	D	E	F
C	A	B	C	D	E	F
D	A	B	C	D	E	F
E	A	B	C	D	E	F
F	A	B	C	D	E	F

（a）　　　　　　　　　　（b）

图 13-25　弗洛伊德例表（1）

第二步：依次令所有节点为中介点，比较任何两个节点通过中介点的路线距离和当前路线距离，如果前者更小则更新矩阵，如图 13-26 所示。

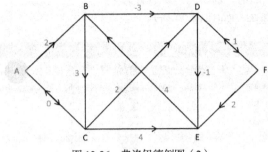

图 13-26　弗洛伊德例图（2）

如图 13-26 所示，先令 A 为中介点。尝试所有节点对：BC、BD、BE、BF、CB、CD、CE、CF、DB、DC、DE、DF、EB、EC、ED、EF、FB、FC、FD、FE。如果两个节点通过 A 的路线更短，则更新 **D** 矩阵和 **P** 矩阵。

以 BC 为例，对比 $D[B][A]+D[A][C]$ 和 $D[B][C]$，如果前者小则更新 $D[B][C]$ 与 $P[B][C]$。也就是说，如果从 B 到 A，再从 A 到 C 的路线长度比直接从 B 到 C，不经过 A 的路线短的话，就更新两个矩阵。但是，$D[B][A]+D[A][C]=MAX+0$，$D[B][C]=3$，因为 MAX 不比 3 小，所以我们没有理由更新。

通过观察，所有节点对中只有 CB 的距离缩短。因为 $D[C][A]+D[A][B]=2$，而 $D[C][B]=MAX$。更新后，CB 的新路线是 C→A→B。路线的距离是 2，经过的第一个节点是 A。所以更新 $D[C][B]$ 为 2，$P[C][B]$ 为 A。

更新后的 **D** 矩阵和 **P** 矩阵，如图 13-27 所示。

D	A	B	C	D	E	F
A	0	2	0	MAX	MAX	MAX
B	MAX	0	3	-3	MAX	MAX
C	0	2	0	2	4	MAX
D	MAX	MAX	MAX	0	-1	1
E	MAX	4	MAX	MAX	0	MAX
F	MAX	MAX	MAX	1	2	0

P	A	B	C	D	E	F
A	A	B	C	D	E	F
B	A	B	C	D	E	F
C	A	A	C	D	E	F
D	A	B	C	D	E	F
E	A	B	C	D	E	F
F	A	B	C	D	E	F

（a）　　　　　　　　　　　　（b）

图 13-27　弗洛伊德例表（2）

第三步：如图 13-28 所示。令 B 为中介点。尝试更新所有的节点对：AC、AD、AE、AF、CA、CD、CE、CF、DA、DC、DE、DF、EA、EC、ED、EF、FA、FC、FD、FE。

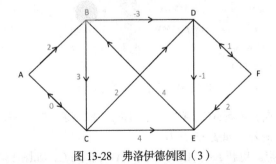

图 13-28　弗洛伊德例图（3）

经过对比，AD、CD、EC、ED 的最短路线应当更新。A→D 更新为 A→B→D，C→D 更新为 C→A→B→D，E→C 更新为 E→B→C，E→D 更新为 E→B→D。更新 C→D 时对比的是 $D[C][B]+D[B][D]$ 与 $D[C][D]$ 的值，前者为-1，后者为 2。

更新后的 **D** 矩阵和 **P** 矩阵，如图 13-29 所示。

D	A	B	C	D	E	F
A	0	2	0	-1	MAX	MAX
B	MAX	0	3	-3	MAX	MAX
C	0	2	0	-1	4	MAX
D	MAX	MAX	MAX	0	-1	1
E	MAX	4	7	1	0	MAX
F	MAX	MAX	MAX	1	2	0

P	A	B	C	D	E	F
A	A	B	C	B	E	F
B	A	B	C	D	E	F
C	A	A	C	A	E	F
D	A	B	C	D	E	F
E	A	B	B	B	E	F
F	A	B	C	D	E	F

（a）　　　　　　　　　　　（b）

图 13-29　弗洛伊德例表（3）

第四步：如图 13-30 所示，令 C 为中介点。尝试所有可能节点对。A→E 更新为 A→C→E，B→A 更新为 B→C→A，B→E 更新为 B→C→E，E→A 更新为 E→B→C→A。更新 E→A 时对比的是 $D[E][C]+D[C][A]$ 与 $D[E][A]$ 的值。

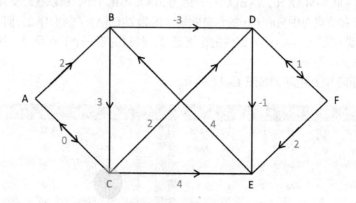

图 13-30　弗洛伊德例图（4）

更新后的 **D** 矩阵和 **P** 矩阵，如图 13-31 所示。

D	A	B	C	D	E	F
A	0	2	0	-1	4	MAX
B	3	0	3	-3	7	MAX
C	0	2	0	-1	4	MAX
D	MAX	MAX	MAX	0	-1	1
E	7	4	7	1	0	MAX
F	MAX	MAX	MAX	1	2	0

P	A	B	C	D	E	F
A	A	B	C	B	C	F
B	C	B	C	D	C	F
C	A	A	C	A	E	F
D	A	B	C	D	E	F
E	B	B	B	B	E	F
F	A	B	C	D	E	F

（a）　　　　　　　　　　　（b）

图 13-31　弗洛伊德例表（4）

第五步：令 D 为中介点。更新 AE、AF、BE、BF、CE、CF、EF、FE，如图 13-32 所示。更新后的 **D** 矩阵和 **P** 矩阵，如图 13-33 所示。

第六步：令 E 为中介点。更新 DA、DB、DC、FA、FB、FC，如图 13-34 所示。

更新后的 **D** 矩阵和 **P** 矩阵，如图 13-35 所示。

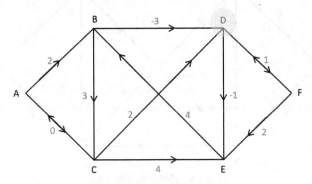

图 13-32　弗洛伊德例图（5）

D	A	B	C	D	E	F
A	0	2	0	-1	-2	0
B	3	0	3	-3	-4	-2
C	0	2	0	-1	-2	0
D	MAX	MAX	MAX	0	-1	1
E	7	4	7	1	0	2
F	MAX	MAX	MAX	1	0	0

P	A	B	C	D	E	F
A	A	B	C	B	B	B
B	C	B	C	D	D	D
C	A	A	C	A	A	A
D	A	B	C	D	E	F
E	B	B	B	B	E	B
F	A	B	C	D	D	F

（a）　　　　　　　　　　　　（b）

图 13-33　弗洛伊德例表（5）

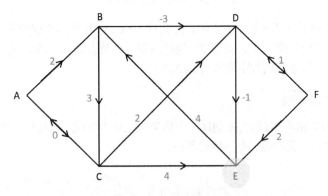

图 13-34　弗洛伊德例图（6）

D	A	B	C	D	E	F
A	0	2	0	-1	-2	0
B	3	0	3	-3	-4	-2
C	0	2	0	-1	-2	0
D	6	3	6	0	-1	1
E	7	4	7	1	0	2
F	7	4	7	1	0	0

P	A	B	C	D	E	F
A	A	B	C	B	B	B
B	C	B	C	D	D	D
C	A	A	C	A	A	A
D	E	E	E	D	E	F
E	B	B	B	B	E	B
F	D	D	D	D	D	F

（a）　　　　　　　　　　　　（b）

图 13-35　弗洛伊德例表（6）

第七步：令 F 为中介点，无可更新，如图 13-36 所示。

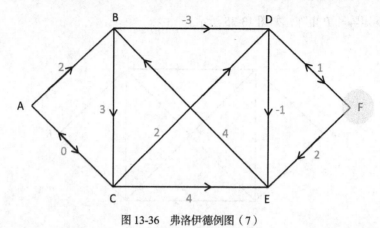

图 13-36 弗洛伊德例图（7）

最终 **D** 矩阵和 **P** 矩阵如图 13-37 所示。

D	A	B	C	D	E	F
A	0	2	0	-1	-2	0
B	3	0	3	-3	-4	-2
C	0	2	0	-1	-2	0
D	6	3	6	0	-1	1
E	7	4	7	1	0	2
F	7	4	7	1	0	0

P	A	B	C	D	E	F
A	A	B	C	B	B	B
B	C	B	C	D	D	D
C	A	A	C	A	A	A
D	E	E	E	D	E	F
E	B	B	B	B	E	B
F	D	D	D	D	D	F

（a）   （b）

图 13-37 弗洛伊德例表（7）

第八步：利用 *P* 矩阵可获得任意两点的最短路线。以 AF 为例，*P*[A][F]等于 B，所以 AF 经过的第一个节点是 B。*P*[B][F]等于 D，所以 BF 经过的第一个节点是 D，*P*[D][F]=F，所以 AF 的最短路线是 A→B→D→F。最短路线的距离值为 *D*[A][F]=0。

13.3.2　算法代码

与戴克斯特拉算法相同，我们首先创建一个图类与几个子方法。通过输入的边，我们建立 **D** 矩阵与 **P** 矩阵。在此之后，我们运行弗洛伊德算法。

```python
import sys
#创建图类
class Graph():
  def __init__(self):
    self.edges = []                                    #边列表
    self.vertices = []                                 #节点列表

  #添加边（起点，终点，权重，双向布尔值）
  def addEdge(self, start, end, dist, biDirectFlag = True):
    if biDirectFlag:
      self.edges.extend([[start, end, dist],[end, start, dist]])
    else:
      self.edges.append([start, end, dist])

  #返回节点列表
  def getVertices(self):
```

```
    vertices = list(set(sum( edge[0], edge[1]] for edge in self.edges), [] )))
    return (vertices)


#输出所有节点对的最短路线与最短距离值
def printSolution(self, DMatrix, PMatrix):
  n = len(DMatrix)
  for i in range(n):
    for j in range(n):
      print("From ", self.vertices[i], "to", self.vertices[j], " Distance:",
DMatrix[i][j], " Path:", self.getPath(i,j,PMatrix))


#通过 P 矩阵倒推出两个节点的最短路线
def getPath(self, i,j,PMatrix):
  node = i
  path = []
  while node!= j:
    path.append(self.vertices[node])
    node = PMatrix[node][j]
  path.append(self.vertices[j])
  return path


#初始 D 矩阵
def getDMatrix(self):
  n = len(self.vertices)
  DMatrix = []
  for i in range(n):
    row = []
    for j in range(n):
      if i==j:
        dist = 0
      else:
        dist = sys.maxsize                                #假设节点不相连
        for edge in self.edges:
          if self.vertices[i]== edge[0] and self.vertices[j]==edge[1] :
            dist = edge[2]
            break;
      row.append(dist)
    DMatrix.append(row)
  return DMatrix


#初始 P 矩阵
def getPMatrix(self):
  n = len(self.vertices)
  PMatrix=[]
  for i in range(n):
    row = []
    for j in range(n):
      row.append(j)
    PMatrix.append(row)
  return PMatrix


#弗洛伊德算法
def solveFloyd(self):
  self.vertices = self.getVertices()
```

```
            PMatrix = self.getPMatrix()                              #P 矩阵
            DMatrix = self.getDMatrix()                              #D 矩阵
        n = len(self.vertices)
        for k in range (n):                                          #k 是中介点
            #尝试更新所有节点对
            for i in range(n):
                for j in range(n):
                    if DMatrix[i][j] > DMatrix[i][k] + DMatrix[k][j]:
                        DMatrix[i][j] = DMatrix[i][k] + DMatrix[k][j]
                        PMatrix[i][j] = PMatrix[i][k]
        self.printSolution(DMatrix, PMatrix)
```

以上为算法代码，以下为实现例图：

```
graph = Graph()

graph.addEdge("a", "b", 2, False)        #加入边
graph.addEdge("a", "c", 0, True)         #双向边
graph.addEdge("e", "b", 4, False)        #单向边
graph.addEdge("b", "c", 3, False)
graph.addEdge("b", "d", -3, False)
graph.addEdge("c", "d", 2, False)
graph.addEdge("c", "e", 4, False)
graph.addEdge("d", "e", -1, False)
graph.addEdge("d", "f", 1, True)
graph.addEdge("e", "f", 2, False)

graph.solveFloyd()
```

以下为输出：

```
From  a to a  Distance: 0  Path: ['a']
From  a to e  Distance: -2  Path: ['a', 'b', 'd','e']
From  a to f  Distance: 0  Path: ['a', 'b', 'd', 'f']
From  a to d  Distance: -1  Path: ['a', 'b', 'd']
From  a to c  Distance: 0  Path: ['a', 'c']
From  a to b  Distance: 2  Path: ['a', 'b']
From  e to a  Distance: 7  Path: ['e', 'b', 'c', 'a']
From  e to e  Distance: 0  Path: ['e']
From  e to f  Distance: 2  Path: ['e', 'f']
From  e to d  Distance: 1  Path: ['e', 'b', 'd']
From  e to c  Distance: 7  Path: ['e', 'b', 'c']
From  e to b  Distance: 4  Path: ['e', 'b']
From  f to a  Distance: 7  Path: ['f', 'd', 'e', 'b', 'c', 'a']
From  f to e  Distance: 0  Path: ['f', 'd', 'e']
From  f to f  Distance: 0  Path: ['f']
From  f to d  Distance: 1  Path: ['f', 'd']
From  f to c  Distance: 7  Path: ['f', 'd', 'e', 'b', 'c']
From  f to b  Distance: 4  Path: ['f', 'd', 'e', 'b']
From  d to a  Distance: 6  Path: ['d', 'e', 'b', 'c', 'a']
From  d to e  Distance: -1  Path: ['d', 'e']
From  d to f  Distance: 1  Path: ['d', 'f']
From  d to d  Distance: 0  Path: ['d']
From  d to c  Distance: 6  Path: ['d', 'e', 'b', 'c']
From  d to b  Distance: 3  Path: ['d', 'e', 'b']
From  c to a  Distance: 0  Path: ['c', 'a']
From  c to e  Distance: -2  Path: ['c', 'a', 'b','d', 'e']
```

```
From  c  to  f  Distance: 0  Path: ['c', 'a', 'b', 'd', 'f']
From  c  to  d  Distance: -1 Path: ['c', 'a', 'b','d']
From  c  to  c  Distance: 0  Path: ['c']
From  c  to  b  Distance: 2  Path: ['c', 'a', 'b']
From  b  to  a  Distance: 3  Path: ['b', 'c', 'a']
From  b  to  e  Distance: -4 Path: ['b', 'd', 'e']
From  b  to  f  Distance: -2 Path: ['b', 'd', 'f']
From  b  to  d  Distance: -3 Path: ['b', 'd']
From  b  to  c  Distance: 3  Path: ['b', 'c']
From  b  to  b  Distance: 0  Path: ['b']
```

13.4　A*搜索算法

A*搜索算法（以下简称 A*算法）是戴克斯特拉算法的扩展算法。A*算法用于寻找加权有向图中指定两点之间的最短路线，并且要求图中权重不为负。

戴克斯特拉算法中每一个节点只对应一个距离值，也就是起点到当前节点的路线距离。然而，A*算法中每一个节点对应两个距离值，第一个距离值和戴克斯特拉算法中的距离值相同，第二个距离值是当前节点到终点的预估距离。预估值的存在令 A*算法减少遍历的节点数量，从而使得结果输出更加快速。但是预估值有一个条件限制，想要保证 A*算法输出正确的最短路线，节点的预估值必须小于或等于从节点到终点的真实距离。常见的预估值包括直线距离、曼哈顿距离和切比雪夫距离。预估值越接近真实值，算法越快速，因此 A*算法的时间复杂度在很大程度上取决于预估值。

预估值代表什么取决于算法当前解决什么问题。例如，如果我们在计算城市之间的最短路线，城市与城市之间的直线距离就是一个很好的预估值选择，因为直线距离只能小于或等于真实距离。A*算法有三个条件限制。

一是权重不能为负。

二是预估值不能比实际值低。

三是以下原则：

令 m,n 为任何节点，设 $d(m,n)$ 为从 m 到 n 的最短距离，设 $h(n),h(m)$ 为 n, m 的预估值，则

$$d(m,n)+h(n) \geqslant h(m)$$

如图 13-38 所示，条件 3 的意思是，任何节点 m, n 之间的距离加上 n 的预估值必须大于或等于 m 的预估值。虽然这个条件不是很容易直观地理解，但是它是证明算法正确性时很重要的一个条件。

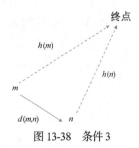

图 13-38　条件 3

13.4.1　算法介绍

第一步：设 A 为起点，F 为终点，并且视图中所有边为双向边。每一个节点对应着一个预估值，这个数值代表节点到终点的直线距离。比如，A 的预估值是 22，B 的预估值是 20。节点下面有两个框，实线的框记录着从起点到节点的当前距离，虚线的框记录着从起点经过节点再到终点，这条完整路线的预估值，虚线的框的值等于实线框里的值加上节点本身的预估值。我们称实线框中的数值为节点的距离值，虚线框中的数值为节点的完整路线预估值，如图 13-39 所示。

初始时，除起点 A 的距离值与完整路线的预估值是 0 与 22，其余节点的两个值都是最大值，因为目前为止它们还没有找到任何路线。

接下来，固定 A。固定代表 A 的距离值不会再改变。这里距离值仍然表示实线框里的值。因为 A 到自己的距离肯定是 0，所以 A 的距离值肯定不会变。

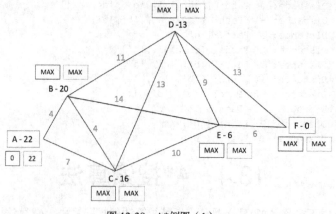

图 13-39　A*例图（1）

例表记录节点的整条路线的预估距离（浅色框里的数值）。已经固定的节点用加深色标记，如图 13-40 所示。

步骤	A	B	C	D	E	F
1	22	MAX	MAX	MAX	MAX	MAX

图 13-40　A*例表（1）

第二步：松弛从 A 出发的边：AB、AC。A*算法中的松弛与戴克斯特拉算法中的松弛完全一样。在对比的过程中我们无视预估值与完整路线预估值，只关注节点的距离值。

首先松弛 AB，因为 0+4（A 的距离值+AB 权重）<MAX（B 的距离值），所以更新 B 的距离值为 4。接着，更新 B 的完整路线预估值为 B 的新距离值+B 本身的预估值，4+20。之前 B 的完整路线预估距离是 MAX，现在是 24。

接下来松弛 AC，对比 MAX 和 0+7，更新 C 的距离值为 7，更新 C 的完整路线预估值为 23。

更新后我们得到例图，如图 13-41 所示。

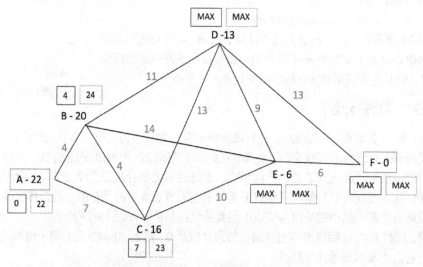

图 13-41　A*例图（2）

在表中同样更新 B、C 的完整路线预估值，并且标记它们的前任节点，这样方便我们最后倒导出 AF 的最短路线，如图 13-42 所示。

第三步：选择表中完整路线预估值最小的非固定节点：C。固定 C，和戴克斯特拉算法一样，我们可以确保 C 的距离值不会再改变，因为如果 C 改变路线，它的距离值只会增加，毕竟所有其他节点的距离值都大于它的距离值。从 C 出发的边有 CA、CB、CD、CE。但是因为 A 已经被固定，所以松弛 CA 不再有任何意义，我们只需松弛 CB、CD、CE。

步骤	A	B	C	D	E	F
1	22	MAX	MAX	MAX	MAX	MAX
2	22	A-24	A-23	MAX	MAX	MAX

图 13-42　A*例表（2）

松弛 CB：因为 7+4>4，所以不更新 B 的距离值。

松弛 CD：因为 7+13<MAX，所以更新 D 的距离值为 21，更新 D 的完整路线预估值为 34。

松弛 CE：因为 7+10<MAX，所以更新 E 的距离值为 17，更新 E 的完整路线预估值为 23。

更新后，如图 13-43 所示。

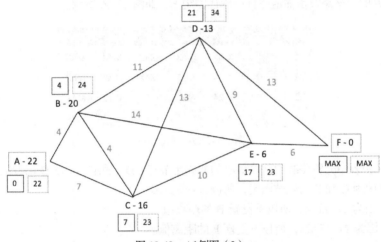

图 13-43　A*例图（3）

更新表中 D、E 的完整路线预估值，并且用深色标记节点 C，表示 C 已被固定，如图 13-44 所示。

步骤	A	B	C	D	E	F
1	22	MAX	MAX	MAX	MAX	MAX
2	22	A-24	A-23	MAX	MAX	MAX
3	22	A-24	A-23	C-21	C-17	MAX

图 13-44　A*例表（3）

第四步：选择表中完整路线预估值最小的非固定节点：E。固定 E。从 E 出发的边有 EC、EB、ED、EF。但是因为 C 已经被固定，所以只松弛 EB、ED、EF。

松弛 EB：因为 17+14>4，所以不更新 B 的距离值。

松弛 ED：因为 17+9<21，所以不更新 D 的距离值。

松弛 EF：因为 17+6<MAX，所以更新 F 的距离值为 23，更新 F 的完整路线预估值为 23。

更新后，如图 13-45 所示。

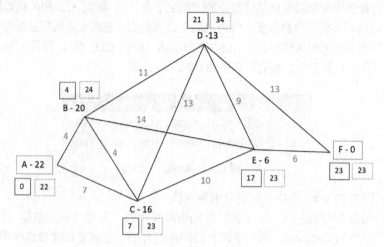

图 13-45　A*例图（4）

更新表中 F 的完整路线预估值并且用深色固定 E，如图 13-46 所示。

步骤	A	B	C	D	E	F
1	22	MAX	MAX	MAX	MAX	MAX
2	22	A-24	A-23	MAX	MAX	MAX
3	22	A-24	A-23	C-21	C-17	MAX
4	22	A-24	A-23	C-21	C-17	E-23

图 13-46　A*例表（4）

第五步：选择表中完整路线预估值最小的非固定节点：D。固定 D。从 D 出发的边有 DB，DC，DE，DF。但是因为 C 和 E 已经被固定，所以只松弛 DB，DF。

松弛 DB：因为 21+11>4，所以不更新 B 的距离值。

松弛 DF：因为 21+13<23，所以不更新 F 的距离值。

更新后的图和上一步一样，如图 13-47 所示。

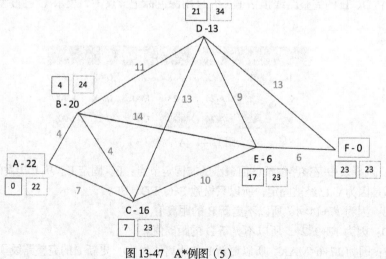

图 13-47　A*例图（5）

第六步：选择表中数值最小的非固定节点：F。固定 F。当我们知道 F 的距离值不会再改变时，可知 AF 的最短路线不会再更新。因此，虽然还有一个未固定节点 B，但我们仍然在此时结束算法，如图 13-48 所示。

步骤	A	B	C	D	E	F
1	0	MAX	MAX	MAX	MAX	MAX
2	0	A-24	A-23	MAX	MAX	MAX
3	0	A-24	A-23	C-21	C-17	MAX
4	0	A-24	A-23	C-21	C-17	E-23
5	0	A-24	A-23	C-21	C-17	E-23
6	0	A-24	A-23	C-21	C-17	E-23

图 13-48　A*例表（5）

通过图 13-48，我们可以倒导出 AF 的最短路线。在最后一行，我们首先查看 F 对应的格子 E-23，从而得知 F 的前任节点是 E。再看 E 对应的格子，得知 E 的前任节点是 C。同理可循，C 的前任节点是 A。因此，AF 的最短路线是 A→C→E→F。

13.4.2　算法证明

我们通过数学归纳法来证明 A*算法的正确性。A*算法的正确性证明与戴克斯特拉算法的正确性证明几乎完全一样。

我们需要证明的是：当节点 v 被固定时，v 已经找到了最短路线。

因为在算法结束后终点被固定，所以如果我们证明成功，起点到终点的路线肯定是正确的最短路线。

证明第一步：初始时只有起点被固定，起点的最短路线就是原地不动。这就是正确的路线。

证明第二步：假定在第 k 次循环后，已被固定的 k 个节点已经找到了正确的最短路线。换句话说，一直到第 k 次循环，算法做的每一个决定都是正确的。

证明第三步：在第 $k+1$ 次循环中，算法固定距离值最小的非固定节点，称这个节点为 v^*。

用 $P(v^*)$ 表示 v^* 的当前路线，$C(v^*)$ 表示 v^* 的正确最短路线。

我们需要证明 $P(v^*)=C(v^*)$。也就是说，我们需要证明任何其他从 s 到 v^* 的路线都比 $P(v^*)$ 长。

假设路线 $P(v^*)=s→$某些节点$→v→v^*$。v 是 v^* 的前任节点。我们知道 $P(v^*)$ 中只有 v^* 是非固定节点。用 $|P(v^*)|$ 表示 $P(v^*)$ 的长度。$|P(v^*)|=|P(v)|+|(v,v^*)|$，又因为 v 在 v^* 之前被固定，所以根据第二步的假定，$P(v)=C(v)$。因此 $|P(v^*)|=|C(v)|+|(v,v^*)|$。

接下来证明任何路线 P 都比 $P(v^*)$ 长。

令 P 为 $s→$某些固定节点$→u→w→$某些节点$→v^*$，u 是固定节点，w 是非固定节点，而用"某些节点"代替的节点则没有条件限制。在指定情况下，"某些节点"与"某些固定节点"可以为空，s 可以等于 u，w 可以等于 v^*。尝试在图中选择任何路线，P 肯定能够代表它。

P 的长度是 $|P|=|P(u)|+|(u,w)|+|w→(\cdots)→v^*|$。

又因为 u 是固定节点，所以 $|P|=|C(u)|+|(u,w)|+|w→(\cdots)→v^*|$。

到目前为止我们有两个重要的结果：

$$|P|=|C(u)|+|(u,w)|+|w→(\cdots)→v^*| \tag{13-4}$$

$$|P(v^*)|=|C(v)|+|(v,v^*)| \tag{13-5}$$

因为 w 是未固定节点，所以在第 $k+1$ 次循环时，它也是固定节点的候选之一。然而，v^* 被选中

固定而 w 没有，说明 w 的完整路线预估值大于或等于 $v*$ 的完整路线预估值。

用 $h(w)$ 代表 w 的预估值，$h(v*)$ 代表 $v*$ 的预估值。于是我们得到了第三个不等式：

$$|C(u)|+|(u,w)|+h(w)\geq|C(v)|+|(v,v*)|+h(v*)\qquad（13\text{-}6）$$

回忆 A* 算法的第三个要求并且代入 w 与 $v*$：

$$d(w\to(\cdots)\to v*)+h(v*)\geq h(w)\qquad（13\text{-}7）$$

利用以上不等式改写为

$$|C(u)|+|(u,w)|+|w\to(\cdots)\to v*|+h(v*)\geq|C(v)|+|(v,v*)|+h(v*)\qquad（13\text{-}8）$$

所以

$$|C(u)|+|(u,w)|+|w\to(\cdots)\to v*|\geq|C(v)|+|(v,v*)|\qquad（13\text{-}9）$$

代入式（13-1）和式（13-2），获得不等式：

$$|P|\geq|P(v*)|\qquad（13\text{-}10）$$

因为 P 可以是任何从 s 到 $v*$ 的路线，所以我们证明了 $P(v*)$ 比任何其他从 s 到 $v*$ 的路线等长或更短。因此，$P(v*)$ 是正确的。我们证明了在第 $k+1$ 次循环中，被固定的节点肯定找到了最短路线。

证明第四步：如果前 k 次循环算法正确，那么第 $k+1$ 次循环算法一定正确。因为第 1 次循环算法正确，所以算法正确。

13.4.3 算法代码

A* 算法和戴克斯特拉算法几乎一样。我们需要传入每一个节点的预估值、一个起点和一个终点。

```python
import sys
class Graph():

    def __init__(self):
        self.vertices = {}
        self.edges = []
        self.HValues = {}
    #添加边
    def addEdge(self, start, end, dist, biDirectFlag = True):

        if biDirectFlag:
            self.edges.extend([[start, end, dist],[end, start, dist]])
        else:
            self.edges.append([start, end, dist])


    #设预估值
    def setHValues(self, HValuesDict):
        self.HValues = HValuesDict


    #输出节点集合
    def getVertices(self):
     return set(sum(
        ([edge[0], edge[1]] for edge in self.edges), []
    ))
    #输出结果
    def printSolution(self, dist, predecessor, start, end):
        path = []
        path.append(end)
        pred = predecessor[end]
        while (pred!= None):
            path.append(pred)
            pred = predecessor[pred]
        path.reverse()
```

```
          print (start, "to ", end , " - Distance: ", dist[end], " Path :", path)

      #输出 vertice 节点的相邻节点
      def getNeighbours(self,vertice):
        neighbours = []
        for edge in self.edges:
          if edge[0] == vertice:
            neighbours.append([edge[1],edge[2]])
        return (neighbours)

      #输出 tempVertices 中距离值最小的节点
      def getCurrentV(self, tempVertices, HTotal):
        if len(tempVertices) == 0: return None
        return (min(tempVertices, key=lambda v: HTotal[v]))
      #检查有无负权重
      def checkForNegativeWeights(self):
        for edge in self.edges:
          if edge[2]<0:
          return True
        return False
      #A*算法，起点，终点
      def aStar(self, start, end):
        self.vertices = self.getVertices()

        if (len(self.vertices)!= len(self.HValues)):
          print("Missing Heuristic Value for some vertices")
          return

        if (self.checkForNegativeWeights()):
          print("Weights cannot be negative")
          return

        dist = {v: sys.maxsize for v in self.vertices}
        HTotal = {v: sys.maxsize for v in self.vertices}
        dist[start] = 0
        predecessor = {
          v: None for v in self.vertices
        }
        tempVertices = self.vertices.copy()

        currentV = start
        while end in tempVertices:
          neighbours = self.getNeighbours(currentV)
          for n in neighbours:
            if n[0] in tempVertices and dist[currentV] + n[1] < dist[n[0]]:
              dist[n[0]] = dist[currentV] + n[1]
              HTotal[n[0]] = self.HValues[n[0]]+ dist[n[0]]
              predecessor[n[0]] = currentV

          tempVertices.remove(currentV)
          currentV = self.getCurrentV(tempVertices, HTotal)
        self.printSolution (dist, predecessor, start, end)
```

以上为算法代码，以下为实现例图：

```
graph = Graph()
graph.addEdge("a", "b", 4)
```

```
graph.addEdge("a", "c", 7)
graph.addEdge("b", "c", 4)
graph.addEdge("b", "d", 11)
graph.addEdge("b", "e", 14)
graph.addEdge("c", "d", 13)
graph.addEdge("c", "e", 10)
graph.addEdge("d", "e", 9)
graph.addEdge("d", "f", 13)
graph.addEdge("e", "f", 6)
graph.setHValues({"a":22, "b":20, "c":16, "d":13,"e":6,"f":0})

graph.aStar("a","f")
```

输出：

```
a to f - Distance: 23 Path : ['a', 'c', 'e', 'f']
```

如果我们用戴克斯特拉算法实现本小节的例图，并且将其运行速度与 A*算法的运行速度进行对比，我们会发现其实 A*算法并不比戴克斯特拉算法快速。这是因为例图非常简单，如果我们的例图更加庞大复杂，如一个城市的公交车线路图，或一个国家的铁路图，那么 A*算法的优势会更明显。

13.5　小结

本章详细介绍了 4 个最短路径算法，分别是戴克斯特拉算法、贝尔曼-福特算法、弗洛伊德算法、和 A*算法。取决于问题的要求和图的特征，我们在不同的情况下选择用不同的最短路径算法。当图中没有负权重，且问题只要求获得从一个节点到一个或多个节点的最短路径时，戴克斯特拉算法和 A*算法是我们的首选算法。但是当图中有负权重时，我们则要依赖贝尔曼-福特算法和弗洛伊德算法，其中两者的区别是弗洛伊德算法计算所有节点对之间的最短路线，而贝尔曼-福特算法只计算图中一个节点到其他节点的最短路线。

13.6　习题

1. 画一个加权有向图，并选择一个起点，用戴克斯特拉算法在纸上计算出起点到每一个节点的最短路线，再运行代码进行检查。

2. 画一个复杂的加权有向图，选择一个起点与一个终点，分别用戴克斯特拉算法和 A*算法在纸上计算出起点到终点的最短路线，你认为哪一个算法更快速呢？

3. 为贝尔曼-福特算法和弗洛伊德算法代码添加一个方法，用于检测图中是否存在负权回路。

4. 为什么 A*算法中预估值不能大于实际值，并且简单作答。

5. 为什么贝尔曼-福特算法中权重可为负，但戴克斯特拉算法中不可以。

第14章
数论算法

很多数学算法，尤其是离散数学的算法，在计算机领域中拥有重要的位置。离散数学中包括数论与图论，我们已经在第 13 章了解了一些基本的图论算法，接下来我们学习几个重要的数论算法。

14.1 欧几里得算法

利用欧几里得算法（Euclidean Algorithm，又称辗转相除法），我们可以得出任何两个自然数的最大公约数（Greatest Common Divisor，GCD）。最大公约数指最大的更够被两个数字都整除的数字。比如，5 与 15 的最大公约数为 5，6 与 8 的最大公约数为 2，3 与 2 的最大公约数为 1。当遇到较大的数字时，如 409 和 1078、1030498 和 45091234，我们怎样得出它们的最大公约数呢？在这一小节，我们学习欧几里得在公元前 300 年想出来的解题方法。

欧几里得算法是数论中一个非常重要的基本工具，在密码学中尤其重要。它的应用十分广泛，包括解贝祖等式，解线性丢番图方程，在下一小节的中国余数定理中我们还会用到它来寻找满足条件的解。分析欧几里得算法后我们还会了解一下它的两个应用。

14.1.1 算法分析与证明

两个自然数 a 与 b 的最大公约数的正式的书写方式为 $\gcd(a,b)$。举例，$\gcd(5,15)=5$。

在学习算法之前，我们需要首先理解欧几里得证明的以下定理：

定理 14.1：

$$\gcd(a,b) = \gcd(b,r)$$

其中 a,b,r 为自然数，$a>b$ 且 $a=kb+r$，k 为正整数。定理表明两个数字的最大公约数同时也是较小数和两个数字的余数的最大公约数。

例如，$\gcd(36,15) = \gcd(15,6)$，因为 $36 = 2\times15+6$。

定理证明如下：

（1）令 g 为 a 与 b 的公约数，g 不一定是最大公约数。

（2）因为 a 与 b 为 g 的倍数，所以可以表示为 $a=mg,b=ng$，m 与 n 为自然数。

（3）由 $a=kb+r$ 得 $r=a-kb$。又由（3）得 $r=mg-kng=(m-kn)g$。

（4）从（3）得知 g 为 r 的因子。但同时 g 又为 b 的因子，所以 g 肯定也是 b 与 r 的公约数。

（5）从（4）得知所有 a 与 b 的公约数都是 b 与 r 的公约数，所以 a 与 b 的最大公约数肯定也是 b 与 r 的最大公约数，即 $\gcd(a,b) = \gcd(b,r)$。

欧几里得算法如下：

（1）已知两个自然数 a 与 b，$a > b$。

（2）计算 r；$r = a\%b$，即 a 除 b 的余数。

（3）如果 r 为 0，代表 a 可以被 b 整除，输出 b。如果 r 不为 0，返回步骤（1），设 a 为 b，b 为 r。

我们通过一个例子理解以上过程：找 54 与 20 的最大公约数，如图 14-1 所示。

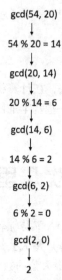

gcd(54, 20)

↓

54 % 20 = 14

↓

gcd(20, 14)

↓

20 % 14 = 6

↓

gcd(14, 6)

↓

14 % 6 = 2

↓

gcd(6, 2)

↓

6 % 2 = 0

↓

gcd(2, 0)

↓

2

图 14-1 欧几里得算法示例

欧几里得算法就是一个重复使用定理 14.1 的过程，算法在 $b=0$ 时结束。

欧几里得算法的优点在于它不断缩小两个数，因此在处理大数时十分快速。欧几里得算法的时间复杂度为 $O(\lg n)$，n 为 $\min(a,b)$。

14.1.2　算法代码

欧几里得算法代码如下，代码具有典型递归结构：

```python
#输出 a 与 b 的最大公约数
def euclidean(a, b):
    if (b==0):                      #边界条件
        return a
    else:
        return euclidean(b,a%b)     #定理14.1
```

测试代码：

```python
print(euclidean(54,20)
```

结果如下：

```
2
```

14.1.3　算法应用

接下来我们看一下欧几里得算法的几个应用。

1. 解贝祖等式

解贝祖等式（Bezout's Identity）需要用到扩展欧几里得算法（Extended Euclidean Algorithm）。

顾名思义，扩展欧几里得算法由欧几里得算法扩展得来，在原算法的基础上增加了找到整数 m，n，使得贝祖等式 $\gcd(a,b)=ma+nb$ 成立的作用。

定理 14.2：

设 g 为自然数 a 与 b 的最大公约数，m 与 n 为整数常数，a,b 的贝祖等式定义为

$$g=ma+nb$$

通过变化 m 和 n 的值，任何正整数组合 (a,b) 都有一个或多个对应的贝祖等式。利用扩展欧几里得算法，我们可以得到任意两个自然数的贝祖等式。

来看以下例子，我们将计算 a=54，b=20 时的贝祖等式。

首先我们用欧几里得算法找出 54 与 20 的最大公约数。

$\gcd(54,20)$

$=\gcd(20,14)$

$=\gcd(14,6)$

$=\gcd(6,2)$

$=\gcd(2,0)$

$=2$

接着我们从后往前推出贝祖等式，永远保持 2 在等式左边。

$\gcd(54,20)$

$=\gcd(20,14)$

$=\gcd(14,6)$

$\qquad\qquad 2=1\times 2+0\times 0$

$=\gcd(6,2)$

$=\gcd(2,0)$

$=2$

层层递进，保持式子的成立性，并且用上一层的数字代替当前层的数字。

$\gcd(54,20)$

$=\gcd(20,14)$

$=\gcd(14,6)$　　　$2=1\times 2+0\times(6-3\times 2)=0\times 6+1\times 2$

$=\gcd(6,2)$　　　$2=1\times 2+0\times 0$

$=\gcd(2,0)$

$=2$

$\gcd(54,20)$

$=\gcd(20,14)$　　　$2=0\times 6+1\times(14-2\times 6)=1\times 14-2\times 6$

$=\gcd(14,6)$　　　$2=1\times 2+0\times(6-3\times 2)=0\times 6+1\times 2$

$=\gcd(6,2)$　　　$2=1\times 2+0\times 0$

$=\gcd(2,0)$

$=2$

$\gcd(54,20)$

$=\gcd(20,14)$　　　$2=1\times 14-2\times(20-14)=-2\times 20+3\times 14$

$=\gcd(14,6)$　　　$2=0\times 6+1\times(14-2\times 6)=1\times 14-2\times 6$

$=\gcd(6,2)$　　　$2=1\times 2+0\times(6-3\times 2)=0\times 6+1\times 2$

$=\gcd(2,0)$　　　$2=1\times 2+0\times 0$

$=2$

gcd(54, 20)
= gcd(20, 14)
= gcd(14, 6)
= gcd(6, 2)
= gcd(2, 0)
= 2

$$2 = -2 \times 20 + 3 \times (54 - 2 \times 20) = 3 \times 54 - 8 \times 20$$
$$2 = 1 \times 14 - 2 \times (20 - 14) = -2 \times 20 + 3 \times 14$$
$$2 = 0 \times 6 + 1 \times (14 - 2 \times 6) = 1 \times 14 - 2 \times 6$$
$$2 = 1 \times 2 + 0 \times (6 - 3 \times 2) = 0 \times 6 + 1 \times 2$$
$$2 = 1 \times 2 + 0 \times 0$$

最终得到的等式为 $3 \times 54 - 8 \times 20 = 2$，所以 $m=3$，$n=-8$。扩展欧几里得算法的规律是用上一行的两个数字代替当前行的第二个数字，比如上例中，用 14 与 6 代替 2，用 20 与 14 代替 6，依此类推。如果再仔细观察一下，会发现当前行的第一个常数是下一行的第二个常数，如图 14-2 所示。

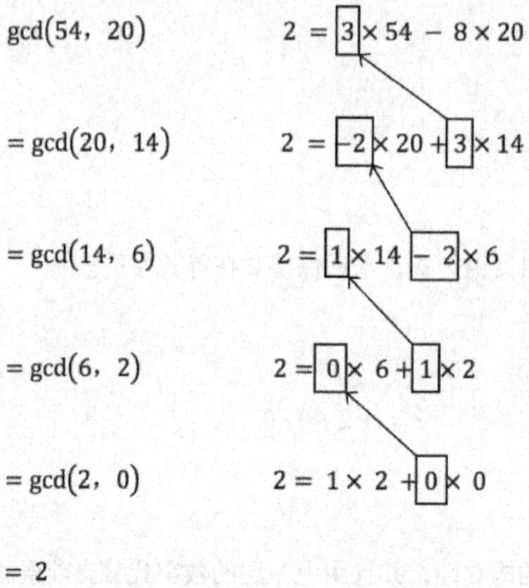

图 14-2　每一行的第一个常数是下一行的第二个常数

另外，当前行的第二个常数是下一行的第一个常数减去下一行的第二个常数与当前两个数字的整数商，如图 14-3 所示。

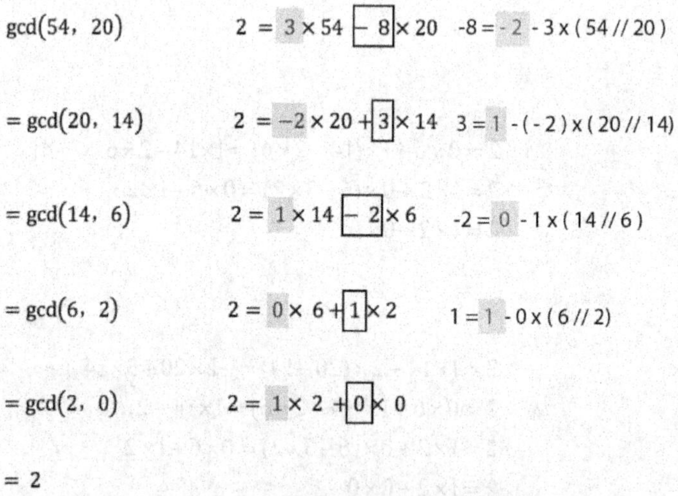

图 14-3　每一行的第二个常数计算方式的规律

226

读者能写出解扩展欧几里得算法的伪代码吗？可以先自己尝试一下，然后再看以下代码。

扩展欧几里得算法代码如下：

```
#输出贝祖等式 gcd(a,b)=ma+nb 的整数常数 m, n
def extendedEuclidean(a, b):
  if (b == 0):                        #边界条件
    return 1, 0                       #返回（1，0）因为 g = 1×a +0× 0
  else:
    m,n = extendedEuclidean(b, a % b)  #找到 b 和 r 的贝祖等式常数（m,n）
    quotient = a//b                    #计算 a 与 b 的整数商
    return n, m - (n × quotient)
```

2. 解线性丢番图方程

欧几里得算法的第二个应用是解线性丢番图方程（Linear Diophantine Equations）。解线性丢番图方程时，我们永远都不会和小数点打交道，方程的系数与解全部限制在整数范围。

定理 14.3：

a,b,c 为已知整数，常见的线性丢番图方程的形态为

$$ax + by = c$$

例如 $120x + 16y = 4$。我们的目的是得出满足条件的所有 (x,y) 整数对。

定理 14.4：

线性丢番图方程只有两种结果：无解或者无穷解。当 c 是 $\gcd(a,b)$ 的倍数时线性丢番图方程有解，否则无解。令 g 为 $\gcd(a,b)$，k 为整数常数，我们表达有解条件为

$$c = kg$$

证明定理 14.4：

已知 g 是 (a,b) 的最大公约数，因此我们肯定 $ax + by$ 可以被 g 整除。又因为 $ax + by = c$，所以 c 必须也可以被 g 整除，不然方程就无解。

比如 $5x + 6y = 2$ 有解，因为 $\gcd(5,6) = 1$，而且 2 是 1 的倍数；$8x + 6y = 3$ 无解，因为 $\gcd(8,6) = 2$，但 2 不是 3 的倍数。

下面我们来解线性丢番图方程。观察例子 $8x + 15y = 2$，我们判断方程有解，因为 $\gcd(8,15) = 1$，而 2 是 1 的倍数。暂时直接通过观察，我们得出其中一个解 (x_1, y_1) 为 $(4, -2)$。

剩余解我们可以直接通过线性丢番图方程解的表达方式 $x = x_1 + \left(\dfrac{b}{g}\right)t, y = y_1 - \left(\dfrac{a}{g}\right)t$，$t$ 为整数常数，直接得出。

回到例子代入公式，得到解为：$x = 4 + 15t, y = -2 - 8t, t \in \mathbb{Z}$。

然而大多数时候我们不容易直接观察出答案，所以需要采用以下方法：首先解贝祖等式 $g = ma + nb$，得出 m 与 n，令 $(x_1, y_1) = \left(m\left(\dfrac{c}{g}\right), n\left(\dfrac{c}{g}\right)\right)$。例如，在解 $8x + 15y = 2$ 时，先解 $8x + 15y = 1$，得到 $(m,n) = (2, -1)$，然后再接着推算 $(x_1, y_1) = (2 \times 2, -1 \times 2)$。

总结一下，在解线性丢番图方程时我们有两个地方可能需要用到欧几里得算法。

（1）判断方程是否有解，即 c 是否为 $\gcd(a,b)$ 的倍数，我们需要计算 $\gcd(a,b)$。

（2）计算 (x_1, y_1)，用扩展欧几里得算法解贝祖等式 $g = ma + nb$。

14.2 中国余数定理

在公元 4 世纪中国数学家孙子在《孙子数经》中提出了以下问题：一个数字被 3 除余 2，被 5 除余 5，被 7 除余 2，这个数字是什么？孙子并没有给出解决这种问题的方法，所以我们将要学习的方法是由印度数学家阿耶波多在公元 6 世纪提出的。

余数问题的正式形式描述如下：

给予一元性同余方程组 S，其中 $m_1, m_2, m_3, \cdots, m_n$ 为大于 1 的整数，$a_1, a_2, a_3, \cdots, a_n$ 为任意整数。

$$S = \begin{cases} x \equiv a_1 (\bmod m_1) \\ x \equiv a_2 (\bmod m_2) \\ \vdots \\ x \equiv a_i (\bmod m_i) \\ \vdots \\ x \equiv a_n (\bmod m_n) \end{cases}$$

求方程组 S 的有解条件，并在有解的情况下求解。

14.2.1 算法介绍

中国余数定理表示，如果 $m_1, m_2, \cdots, m_i, \cdots, m_n$ 为互质的整数则 S 有解，否则无解。互质意味着 $m_1, m_2, \cdots, m_i, \cdots, m_n$ 除 1 没有其他的公约数。比如（3,5,7）互质，（6,4,7）不互质，因为 6 与 4 的公约数是 2。

在有解的情况下，中国余数定理给出了解的形态表达公式。中国余数定理算法过程如下。

（1）令 $M = m_1 m_2 \cdots m_i \cdots m_n$。

（2）令 $M_i = M / m_i$。

（3）寻找 $c_1, c_2, \cdots, c_i, \cdots, c_n$，使 $c_i M_i = 1 (\bmod m_i)$。

（4）方程组的解为 $x = a_1 M_1 c_1 + a_2 M_2 c_2 + \cdots + a_i M_i c_i + \cdots + a_n M_n c_n (\bmod M)$。

让我们通过解决示例来更好地理解上述算法，我们要找到所有满足条件的 x。

$$S = \begin{cases} x \equiv 2 (\bmod 3) \\ x \equiv 3 (\bmod 5) \\ x \equiv 2 (\bmod 7) \end{cases}$$

（1）M 为除数的乘积。

$$M = 3 \times 5 \times 7 = 105$$

（2）M_i 为除了 m_i 所有其他除数的乘积

$$M_1 = 5 \times 7 = 35$$
$$M_2 = 3 \times 7 = 21$$
$$M_3 = 3 \times 5 = 15$$

（3）寻找 c_1，使 $c_1 M_1 \equiv 1 (\bmod m_1)$，也就是 $c_1 35 \equiv 1 (\bmod 3)$，我们得出 $c_1 = 2$。

（4）寻找 c_2，使 $c_2 M_2 \equiv 1 (\bmod m_2)$，也就是 $c_2 21 \equiv 1 (\bmod 5)$，我们得出 $c_2 = 1$。

（5）寻找 c_3，使 $c_3 M_3 \equiv 1 (\bmod m_3)$，也就是 $c_3 15 \equiv 1 (\bmod 7)$，我们得出 $c_3 = 1$。

（6）计算解

$$x \equiv a_1 M_1 c_1 + a_2 M_2 c_2 + a_3 M_3 c_3 (\bmod M)$$

$$x \equiv 2 \times 35 \times 2 + 3 \times 21 \times 1 + 2 \times 15 \times 1 (\mathrm{mod}\,105)$$
$$x \equiv 233 (\mathrm{mod}\,105)$$
$$x \equiv 23 (\mathrm{mod}\,105)$$

（7）检查。

我们得到的解为 $x=23+105k$，k 为任意整数。

首先检查 $x=23$：23 除 3 余 2，23 除 5 余 3，23 除 7 余 2。正确。

接着令 $k=1$ 检查 $x=23+105=128$：128 除 3 余 2，23 除 5 余 3，23 除 7 余 2。正确。

14.2.2　算法证明

首先证明有解条件：如果 $m_1, m_2, \cdots, m_i, \cdots, m_n$ 为互质的整数，则方程式 S 有解。

证明如下。

我们必须确保算法的第三步 $c_i M_i \equiv 1 (\mathrm{mod}\,m_i)$ 成立，必要的条件为 $\gcd(m_i, M_i) = 1$，也就是说，m_i 与 M_i 的最大公约数为 1。如果 $\gcd(m_i, M_i) \neq 1$，比如 $15 c_i \equiv 1 (\mathrm{mod}\,5)$，任何 c_i 都满足不了这个式子，毕竟任何数都不能"阻止"15 整除 5。

因为我们需要所有的 (m_i, M_i) 互质，所以我们需要所有的 $m_1, m_2, \cdots, m_i, \cdots, m_n$ 互质。证明完毕。

接下来我们证明解的形态表达公式。

$$x = a_1 M_1 c_1 + a_2 M_2 c_2 + \cdots + a_i M_i c_i + \cdots + a_n M_n c_n (\mathrm{mod}\,M)$$

证明如下：

考察

$$a_1 M_1 c_1 + a_2 M_2 c_2 + \cdots + a_i M_i c_i + \cdots + a_n M_n c_n (\mathrm{mod}\,m_i)$$

由于除 M_i 以外所有的 $M_1, M_2, \cdots, M_n$ 都有 m_i 为因数，因此除 $a_i M_i c_i$ 所有的 $a_1 M_1 c_1, a_2 M_2 c_2, \cdots, a_n M_n c_n$ 都能够被 m_i 整除，因此我们可以表达以上式子为

$$a_1 M_1 c_1 + a_2 M_2 c_2 + \cdots + a_i M_i c_i + \cdots + a_n M_n c_n (\mathrm{mod}\,m_i) = 0 + 0 + \cdots + a_i M_i c_i + \cdots + 0 (\mathrm{mod}\,m_i)$$
$$= a_i M_i c_i (\mathrm{mod}\,m_i)$$

另外，因为我们设定 $M_i c_i \equiv 1 (\mathrm{mod}\,m_i)$，所以可以继续简化以上式子为

$$a_i M_i c_i (\mathrm{mod}\,m_i) = a_i \times 1 (\mathrm{mod}\,m_i)$$
$$= a_i (\mathrm{mod}\,m_i)$$

这就是我们一开始的定义，x 除 m_i 余 a_i。公式成立。

14.2.3　算法代码

中国余数算法需要利用扩展欧几里得算法，去计算 $c_1, c_2, \cdots, c_i, \cdots, c_n$。该算法我们需要寻找 $c_1, c_2, \cdots, c_i, \cdots, c_n$，使 $c_i M_i \equiv 1 (\mathrm{mod}\,m_i)$。$c_i M_i \equiv 1 (\mathrm{mod}\,m_i)$ 也可以被表达为 $c_i M_i - k m_i = 1$，这不就是在 14.1.3 节中讲到的贝祖等式吗（因为 M_i 与 m_i 的最大公约数为 1）？因此我们可以通过扩展欧几里得算法找到满足条件的 c_i。

代码如下：

```
#扩展欧几里得算法,a 与 b 为自然数
defextendedEuclidean(a,b):
  if (b == 0):                    #边界条件
    return 1, 0                   #输出 1, 0 因为 g = 1*a+1*0
  else:
    m,n = extendedEuclidean(b, a % b)
    quotient = a//b
```

```
        return n, m - (n * quotient)          #输出整数 m, n, 使 gcd(a,b) =ma + nb
#中国余数算法，参数为两个二维数组
#reminder = [a₁,a₂,a₃,···,aₙ]
#divisor = [m₁,m₂,···,mᵢ,···,mₙ]
def CRT(reminder, divisor):
  X=0                                          #声明变量 X 用来储存方程解
  M = 1                                        #M 为除数的乘机
  Mi = []                                      #Mi 用来储存 M₁,M₂,···,Mᵢ,···,Mₙ
  ci = []                                      #ci 用来储存 c₁,c₂,···,cᵢ,···,cₙ
  for x in divisor:
    M = M*x
  for x in divisor:
    Mix = M//x
    Mi.append(Mix)
    ci.append(extendedEuclidean(Mix,x)[0])
  fori in range(0,len(reminder)):
    X+=reminder[i]*Mi[i]*ci[i]                 #计算 X
  return X%M,M
```

运行如下测试代码：

```
reminder = [2,3,2]
divisor = [3,5,7]
print(CRT(reminder, divisor))
```

解为 x = 23(mod105)，得到输出：

```
(23,105)
```

14.3　素性检验算法

你能很迅速地找出两个比 1000 大的素数吗？你能很迅速地分辨 754729 是哪两个素数的乘积吗？实际上，因为素数相对密集，所以我们可以相对迅速地找出两个大的素数。但是，现在还没有已知算法能够有效地分解乘机中的因子。因此，在现代密码学中，利用这个时间差距，计算机科学家们发明了安全的加密系统，如 RSA 与 Rabin。

简单来说，加密信息的人需要随机找出两个素数并且公开它们的乘积，如果他人想要破解信息的话必须分解被公开的乘积。这样，只要加密的人找到两个足够大的素数，第三方就没有方法破解信息。

但是，加密信息的人寻找素数时怎么才能知道一个随机的很大的数字到底是不是一个素数呢？他当然可以挨个数字尝试做除法检查，但是那样太耗时，毕竟他随机找出的是一个几百位长的数字。我们需要一个更有效率的算法。

14.3.1　费马素性检验

我们接下来了解费马素性检验，虽然这个算法在现实中不常用，但是却构成了绝大多数素性检验算法的底层逻辑。

首先，我们需要了解费马小定理（Fermat's Little Theorem）。

定理 14.5：

假如 a 是一个整数，p 是一个素数，且 a 不是 p 的倍数，那么

$$a^{p-1} \equiv 1(\bmod p)$$

比如，7 是一个素数，对任何一个不是 7 的倍数的整数 a 来说 $a^6 \equiv 1 \pmod{7}$。

费马素性检验算法如下。

（1）已知正整数 p，在 $[2, p-1]$ 的范围内随机选择 a。

（2）计算 $a^{p-1} \pmod{p}$。

（3）如果结果不等于 1，输出不是素数（是合数）。

（4）如果结果等于 1，输出可能是素数。

费马素性检验实际上就是费马小定理本身，如果一个数不满足费马小定理，则判断该数为合数；如果一个数满足费马小定理，则判断该数可能为素数。

费马小定理能够完全准确地判断一个数是不是素数，但它只能几乎完全准确的判断一个数是不是素数。比如，6 不是素数因为 $2^5 \equiv 1 \pmod{6}$，9 不是素数因为 $2^8 \equiv 1 \pmod{9}$，我们可以十分有把握地利用费马小定理来断定一个不定素数。

之前很长一段时间，学者们都猜测费马定理的逆命题同样成立，直到人们发现了伪素数的存在。伪素数是满足费马小定理的合数。比如，$2^{340} \equiv 1 \pmod{341}$，但是 341 并不是一个素数。我们称 341 为关于 2 的费马伪素数。伪素数出现率非常低，比 2.5×10^{10} 小的关于 2 的伪素数只有 21853 个，也就是说出现率为 0.0000009%。关于 2 的伪素数的意思是当 a 为 2 时，数字满足定理。换一个 a，这个伪素数就不一定满足定理了。但是有一些伪素数能够满足一个或更多的 a。比如 341 同时满足 a=2 和 a=3。

有一种更特殊的伪素数，我们称他们为卡迈克尔数（Carmichael Number）。即无论 a 是什么数，它都满足费马小定理。比如，561 是最小的卡迈克尔数，它满足 $a^{560} \equiv 1 \pmod{561}$，不论 a 是 2,3,4,…，只要不是 561 的倍数费马小定理都成立，然而 561=3×11×17。可想而知，卡迈克尔数的出现率更低，比 2.5×10^{10} 小的卡迈克尔数只有 2163 个。然而，虽然出现率低，世界上却有无穷个卡迈克尔数。

因为伪素数的存在，所以费马素性检验不完全可靠。但是，如果我们以不同的 a 为底重复测试，便可降低错误率。当我们随机选择 a 时，我们可以肯定"n 不是以 a 为底的伪素数"的概率至少是 50%。如果我们只做一次检验，那么成功率至少为 50%。如果做两次检验，成功率至少为 75%。如果我们做十次检验，成功率至少为 99.9%。这个成功率已经非常令人满意了。

然而，重复检验并不能避开狡猾的卡迈克尔数。而且世界上有无穷个卡迈克尔数，所以有时我们需要一个更加完整的素性测试。

14.3.2　米勒-拉宾素性检验

米勒-拉宾素性检验（Miller-Rabin Test）首先是由米勒（Gary Miller）在 1976 年提出的。后来在 1980 年，拉宾（Michael Rabin）对米勒的算法作了修改，所以检验以两者姓氏命名。

米勒-拉宾素性检验是目前最被认可的素性检验。它在费马素性检验的基础上又添加了另外的判断条件，令卡迈克尔数更难"骗"住它。但是，它和费马素性检验一样只能判断一个数字是合数还是**可能**是素数。

在分析米勒-拉宾素性检验之前，我们先了解一个数学知识。

定理 14.6：

当 p 为大于 2 的素数时，$x^2 \equiv 1 \pmod{p}$ 的解为 $x \equiv \pm 1 \pmod{p}$。

比如，因为 5 是一个大于 2 的素数，所以关于任何 x，$x^2 \equiv 1 \pmod{5}$ 的解都为 $x \equiv \pm 1 \pmod{5}$。与费马定义一样，是素数的数一定会满足这个条件，但满足条件的不一定全是素数。

证明定理 14.6：

$x^2 \equiv 1 \pmod{p}$ 可以被表达为 $x^2 - 1 \equiv 0 \pmod{p}$，即 $x^2 - 1$ 能够被 p 整除。而 $x^2 - 1 \equiv (x+1)(x-1)$，因此 $(x+1)$ 或 $(x-1)$ 肯定能够被 p 整除，即 $x \equiv \pm 1 \pmod{p}$。

让我们利用定理 14.6 测试一下 561。上节提到 561 是一个卡迈克尔数，虽然不是素数，但它仍然能通过以任何数为底的费马检验，比如以 2 为底时，$2^{560} \equiv 1 \pmod{561}$。

根据定理 14.6，如果 561 是一个素数的话，那么 $2^{280} \pmod{561}$ 只能等于 1 或 560。因为 2^{560} 相当于 $(2^{280})^2$，想象 x^2 等于 2^{560}，那么，x 就等于 $\pm 2^{280}$。如果 $2^{560} \equiv 1 \pmod{561}$，那么 $2^{280} \pmod{561}$ 只能等于 1 或 560。在这里，我们用 $x = 560 \pmod{561}$ 代替了 $x = -1 \pmod{561}$。

事实上 $2^{280} \pmod{561}$ 很幸运，真的等于 1。那我们继续，如果 561 是一个素数的话，$2^{140} \pmod{561}$ 只能等于 1 或 560。这一次，想象 x^2 等于 2^{280}，x 等于 $\pm 2^{140}$。如果 $2^{280} \equiv 1 \pmod{561}$，那么 $2^{140} \pmod{561}$ 只能等于 1 或 560。

这次 561 没有那么幸运，$2^{140} \pmod{561}$ 等于 536。因此我们成功判断 561 为合数。而另外两个例子，97 和 89，是素数并且被判断为可能为素数，如图 14-4 所示。

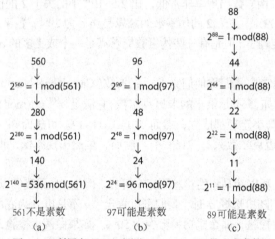

图 14-4　利用定理 14.6 测试 561、97、89 是否为素数

通过定理 14.6，我们可以得出以下结论。

令 n 为被检验的数字，表达 $n-1$ 为 $2^k d$，d 为奇数。比如 56 等于 $2^3 \times 7$。如果 n 是一个素数，那么只有以下两种可能：

（1）$a^d \equiv 1 \pmod{n}$ 或 $a^d \equiv n-1 \pmod{n}$。

（2）$a^{2^i d} \equiv n-1 \pmod{n}, 0 < i < k$。

第一种可能代表我们一直开方并且每一次的结果都是 1，直到 $2^k d$ 变成 a^d，例如图 14-4 中的 89。

第二种可能代表我们半途得到-1，所以不能再继续开方，例如图 14-4 中的 97。

另外，米勒-拉宾检验用不同的底数进行多次测试，从而避免 n "很幸运地" 是关于当前底数的伪素数的情况。

米勒-拉宾素性检验算法如下。

给定 n，m。n 为需要检验的数字，m 为测试重复次数，m 越大检验的精确性越高。

（1）表达 $n-1$ 为 $2^k d$。

（2）重复 m 次以下步骤。

① 随机在 $[2, n-2]$ 的范围内选择底数 a。

② 如果 $a^d (\bmod n) = 1$ 或 $n-1$，跳过本次循环。

③ 从 $i = 1$ 开始，计算 $a^{2^i d} (\bmod n)$。

④ 如果 $a^{2^i d} (\bmod n)$ 等于 $n-1$，跳过本次循环。

⑤ 返回 $c, i = i+1$，直到 $i = k-1$。

⑥ 判断 n 不是素数。

（3）判断 n 可能是素数。

第（2）步中的②步检查了 $a^d \equiv 1 (\bmod n)$ 或 $a^d \equiv n-1 (\bmod n)$ 的可能，第（2）步中的④步检查了 $a^{2^i d} \equiv n-1 (\bmod n), 0 < i < k$ 的可能。如果 n 没有满足任何一个条件，那么它肯定是合数。但是，即便 n 满足了其中一个条件，它还需要被不同的 a 继续检查，毕竟它可能是一个以当前 a 为底的伪素数。

概括地讲，米勒-拉宾素性检验做排除法，只在肯定的情况下否定一个数是素数；如果一直到循环尽头数字还没有被否定，就判断它可能是素数。

14.3.3　算法代码

我们定义两个方法，checkComposite()和 miller_rabin()。miller_rabin()调用 m 次 checkComposite() 方法，每一次传入不同的底数。如果数字是合数，checkComposite()返回 True。

```
from random import randrange    #引入 randrange
#以 a 为底数，检查 n 是否为合数，n-1 = (2^k)d
defcheckComposite(a,k,d,n):
  x = pow(a, d, n)                      #pow(a,d,n)代表 a^d(modn)
  if x == 1 or x == n - 1:              #满足条件 1
    return False
  for _ in range(k-1):
    x = pow(x, 2, n)
    if x == n - 1:                      #满足条件 2
      return False
  return True                           #两个条件都不满足，n 是合数
#n 是被检验的数，m 是精准度
#判断 n 是不是合数
defmiller_rabin(n, m):
  if n == 2 or n == 3:                  #2 和 3 需要独立考虑
    return True
  if n % 2 == 0:                        #偶数情况
    return False
  k = 0
  d = n-1
  while d % 2 == 0:                     #计算 k 与 d
    k += 1
    d = d//2
  for _ in range(m):                    #调用 checkComposite 方法 m 次
    a = randrange(2, n - 1)             #随机选择底数
    if (checkComposite(a,k,d,n)):
      return False
  return True                           #n 可能是素数
```

14.4　小结

本章详细介绍了欧几里得算法、扩展欧几里得算法、中国余数定理以及素性测试的两个检验方法：费马素性检验与米勒–拉宾素性检验。数论中的算法在计算机领域可能不像排列或查找那么常见，但是它们在密码学中十分重要。另外，除米勒–拉宾素性检验，这些算法都历史悠久，希望读者在学习的同时也感受一下古人的智慧。

14.5　习题

1. 用欧几里得算法计算 10987 与 5629 的最大公约数，并且求解 $10987x+5629y=1$。
2. 在有解的情况下求解

$$\begin{cases} x \equiv 2(\mathrm{mod}3) \\ x \equiv 4(\mathrm{mod}9) \\ x \equiv 1(\mathrm{mod}17) \end{cases}$$

$$\begin{cases} x \equiv 1(\mathrm{mod}3) \\ x \equiv 2(\mathrm{mod}4) \end{cases}$$

$$\begin{cases} x \equiv 3(\mathrm{mod}7) \\ x \equiv 7(\mathrm{mod}9) \\ x \equiv 9(\mathrm{mod}17) \\ x \equiv 17(\mathrm{mod}23) \end{cases}$$

3. 不用递归写出欧几里得算法的代码。提示：可以用 while 循环。
4. 写出费马素性检验的代码。
5. 举出费马素性检验与米勒–拉宾素性检验的三个不同点，并且分析为何米勒–拉宾素性检验更实用。